Jutta Portner

VIRTUELL VERHANDELN

Jutta Portner

VIRTUELL VERHANDELN

Online-Verhandlungen optimal führen

GABAL

Externe Links wurden bis zum Zeitpunkt der Drucklegung des Buches geprüft.
Auf etwaige Änderungen zu einem späteren Zeitpunkt hat der Verlag keinen Einfluss.
Eine Haftung des Verlags ist daher ausgeschlossen.

Ein Hinweis zu gendergerechter Sprache: Die Entscheidung, in welcher Form alle Geschlechter angesprochen werden, obliegt den jeweiligen Verfassenden.

Bibliografische Information der Deutschen Nationalbibliothek

Die Deutsche Nationalbibliothek verzeichnet diese Publikation in der Deutschen Nationalbibliografie; detaillierte bibliografische Daten sind im Internet über http://dnb.d-nb.de abrufbar.

ISBN 978-3-96739-164-0

Lektorat: Doreen Fröhlich, Chemnitz
Umschlaggestaltung: buddelschiff, Stuttgart | www.buddelschiff.de
Autorinnenfoto: Stefanie Aumiller, München
Satz und Layout: Das Herstellungsbüro, Hamburg | www.buch-herstellungsbuero.de
Druck und Bindung: Salzland Druck, Staßfurt

Wir drucken in Deutschland.

www.gabal-verlag.de
www.gabal-magazin.de
www.facebook.com/Gabalbuecher
www.twitter.com/gabalbuecher
www.instagram.com/gabalbuecher

PEFC
PEFC/04-31-2251

PEFC zertifiziert
Dieses Produkt stammt aus nachhaltig bewirtschafteten Wäldern und kontrollierten Quellen.
www.pefc.de

Inhalt

Auf ein Wort

Liebe virtuell Verhandelnde, liebe Leser:innen,

die Pandemie katapultierte uns in die Digitalisierung, was dazu führte, dass viele Begegnungen in unseren alltäglichen Leben nicht mehr von Angesicht zu Angesicht stattfanden. Davon blieben auch Verhandlungen nicht verschont, die zunehmend virtuell geführt wurden und bis heute werden: Gespräche mit der Chefin, dem Kunden, sogar im privaten Umfeld mit den Eltern, innerhalb des Freundeskreises, mit der Handwerkerin oder dem Dienstleister. Verhandlungen sind ein komplexes Thema, viele Beteiligte, schwierige Themen und das alles im Austausch mit meinem Computer? Ich kann Sie beruhigen: Eine solche Situation bringt Herausforderungen, aber auch Vorteile mit sich. Viele Verhandelnde haben in den letzten Jahren bereits erste Erfahrungen damit gesammelt. Es funktioniert meistens gut, manchmal vielleicht auch nicht. Was ist das Wichtigste, das Sie benötigen, um zu einem virtuellen Verhandlungserfolg zu kommen? Beschreiben Sie das in einem Wort oder einem kurzen Ausdruck! In den letzten Monaten habe ich Teilnehmenden in meinen virtuellen Verhandlungstrainings diese Frage gestellt. Mehr Worte? Braucht es nicht.

Aktiv zuhören. Alternativen. Aufmerksamkeit. Aufrichtigkeit. Ausdrucksstärke. Austausch. Bandbreite. BATNA. Beyond Reason. Computer. Dialog. Direkter Kontakt. Disziplin. Ehrlichkeit. Einbeziehen. Einsatz. Empathie. Erlebnis. Ernst nehmen. Experimentierfreude. Eye-Tracking-Software. Feedback. Feuer. Flexibilität. Fokus. Fragen. Freude. Fruchtbare Ergebnisse. Führung. Fun. Gemeinsam am Ziel arbeiten. Gemuted sein. Getting Past No. Getting to Yes. Glanz in den Augen. Glaubwürdigkeit. Hartnäckigkeit. Information. Intensität. Interessen. Kachel. Kaffee. Kamera. Klare Ziele. Klarheit. Kooperation. Kultur Lachen. Laptop.

Lob. Meeting-Links. Merkwürdigkeiten. Mikrofon. Miteinander. Motivation. Mut. Nachdenken. Nachhaltigkeit. Objektive Kriterien. Offenheit. Öffnung. Online-Plattform. Passion for Success. Rapport. Regeln. Respekt. Richtungen. Ringleuchte. Sharepoint. Small Talk. Softbox. Souveräne Führungskräfte. Spannung. Spaß. Spiel. Spirit. Strategien. Streitkultur. Tatkraft. Teamarbeit. Teamgeist. Tiefe. Überraschungen. Veränderungswille. Verbindlichkeit. Verhandlungsprozess. Verständnis. Vertrauen. Wert. Wertschätzung. Widerworte. Whiteboard. Wille. WLAN. Zeit. Zoom Fatigue. Zuhören. Zusammenfassen. Zusammenhalt.

Wenn Sie wissen wollen, was genau sich hinter all diesen spannenden Begriffen verbirgt und wie Sie in Ihrem nächsten Workshop, der nächsten Familienkonferenz oder Ihrem nächsten Kundengespräch besser virtuell verhandeln können, nehmen Sie sich ein paar Stunden Muße zum Lesen dieses Buch. Mehr müssen Sie gar nicht tun.

Viel Vergnügen und erkenntnisbringende Aha-Momente wünschen Ihnen

Jutta Portner
& das Team von C-TO-BE. THE COACHING COMPANY

Wie dieses Buch aufgebaut ist

Dieses Buch besteht aus sieben Kapiteln, die in verschiedene Praxistipps unterteilt sind. Das erste Kapitel, »Warum das Verhandeln in Videokonferenzen anders ist als in der analogen Welt«, beleuchtet Unterschiede zwischen Präsenz- und Online-Verhandlungen und beschäftigt sich mit Berührungsängsten mit dieser noch neuen und unerprobten Art des Verhandelns. Das zweite Kapitel, »Was hat die Bedürfnispyramide von Maslow mit Online-Verhandlungen zu tun?«, benutzt genau dieses Modell, das viele von Ihnen aus der Motivationspsychologie kennen, um zu verstehen, welche Bedürfnisse es bei virtuell Verhandelnden gibt und wie Sie diese stillen können. Kapitel 3, »Gut gerüstet an den Start«, zeigt Ihnen, wie Sie sich erfolgreich auf eine virtuelle Verhandlung vorbereiten. »Ganz nah und doch so fern« ist der Titel des vierten Kapitels. Auch in der Online-Welt können wir nicht ohne Kontakt und Kommunikation verhandeln, und doch funktioniert beides in virtuellen Galaxien unterschiedlich. Wie unangenehm es beispielsweise ist, in schwarze Löcher zu sprechen, werden viele von Ihnen schon erlebt haben. Das fünfte Kapitel, »Das Beste draus machen«, gibt Tipps, um die Limitationen der Körpersprache zu überwinden. Auch wenn wir in unserer Kachel leben, können wir sehr wohl eine professionelle Wirkung erzielen. In Kapitel 6, »Doch, es ist möglich! Einflussnahme in virtuellen Verhandlungen«, erfahren Sie, wie Sie virtuell am besten vorgehen, je nachdem, ob Sie kooperativ oder kompetitiv verhandeln wollen. Außerdem untersuchen wir, welche Schwierigkeiten bei Remote-Verhandlungen auftreten können und wie Sie als Verhandelnde:r am besten damit umgehen. Das letzte Kapitel, »Immer den Überblick behalten«, zeigt, wie wichtig es ist, den First Mover Advantage zu nutzen und von Anfang an zu führen. Nur so behalten Sie die Kontrolle in Ihrer virtuellen Verhandlung. Die

Begriffe remote, virtuell und online werden in Zusammenhang mit Verhandlungen synonym benutzt.

Folgende Stilmittel machen das Lesen hoffentlich zum Vergnügen:

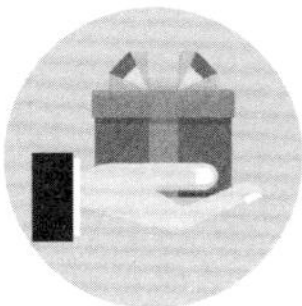

VIRTUELL VERHANDELN. TIPP

Insgesamt erhalten Sie in diesem Buch 25 Tipps zu den wichtigsten Themen rund um das virtuelle Verhandeln, umfassend recherchiert und für Sie aufbereitet.

VIRTUELL VERHANDELN. WISSEN

Wissen kann man nie genug. Nehmen Sie sich Zeit und lassen Sie sich inspirieren, tauchen Sie ab in neue Gefilde. Hier finden Sie erste Anregungen, wenn Sie sich weiter mit einzelnen Themen beschäftigen möchten. Jeder Deep Dive hat einen Anfang.

VIRTUELL VERHANDELN. QR

Ein YouTube-Video zur Auswahl des besten Mikrofons? Für Sie getestet von ausgewiesenen Profis. Ein Clip zum Einsatz von Conceptboard in virtuellen Verhandlungen? Der Link zum Experten für Sie ausgewählt. Nicht umsonst steht QR für »Quick Response«, also »schnelle Antwort«. Sie brauchen nur den QR-Code zu scannen und werden automatisch weitergeleitet, um auf schnellstem Weg alle benötigten Informationen zu finden, übersichtlich verpackt.

VIRTUELL VERHANDELN. INTERVIEW

Hinter C-TO-BE. THE COACHING COMPANY steckt ein großes Team. Unsere Expert:innen zu den unterschiedlichsten Themen bringen sich mit ihrem Wissen in kurzen Interviews ein. Freuen Sie sich auf Empfehlungen von einem Business-Schauspieler, einem Yoga-Lehrer und zwei Verhandlungsexpert:innen. Außerdem haben wir einen Experten zum Thema Täuschung in Verhandlungen sowie eine erfahrene virtuelle Verhandlerin eines großen deutschen Unternehmens für Sie interviewt.

VIRTUELL VERHANDELN. DENKZEIT

Die Theorie zu kennen ist schön und gut. Viel wichtiger ist es, zu überprüfen, ob die Empfehlungen Ihnen auch helfen, in Ihrer virtuellen Galaxie zu bestehen. Selbstreflexion ist der Schlüssel zur Veränderung – und der große Unterschied zwischen Erfahrung und Expertise. Nur wer sich Zeit nimmt, sich selbst zu überprüfen, wird besser und zu einem echten virtuellen Verhandlungsprofi werden. Am Ende jedes Kapitels haben Sie Zeit dazu.

In a Nutshell oder Deep Dive? Schnell und auf einen Blick finden Sie in diesem Buch Empfehlungen unter dem Stichpunkt VIRTUELL VERHANDELN. BEST PRACTICE. Möchten Sie abtauchen in die Tiefen des Expertentums, dann gibt es immer mal wieder VIRTUELL VERHANDELN. LESEFUTTER.

VIRTUELL VERHANDELN. BEST PRACTICE

»Best Practices« sind empfohlene Vorgehensweisen. Der Begriff stammt aus der angloamerikanischen Betriebswirtschaftslehre und bezeichnet praktische Erfolgsmethoden oder -modelle der Corporate-Welt. Sie könnten auch Erfolgsrezepte genannt werden. Viele Strategien, Taktiken und Tools sind beim Verhandeln in Präsenz und online im gleichen Maße wirksam, und doch gibt es immer wieder Unterschiede. Genau diese finden Sie nach einem meist vorangehenden Input zur allgemeinen Verhandlungstheorie unter VIRTUELL VERHANDELN. BEST PRACTICE zusammengefasst.

VIRTUELL VERHANDELN. LESEFUTTER

Der oder die hungrige Leser:in bekommt von mir wertvolle Empfehlungen für weiterführende Literatur, die Ihnen hilft, noch tiefer in die Gesamtzusammenhänge einzusteigen. Es werden Appetizer serviert, die die Lust anregen, mehr zu wissen, und ab und zu auch mal raffinierte Häppchen, über die wir staunen, weil sie uns überraschen.

Vielen Dank an Lisa Kohlrusch von PACTUM als Ideengeberin für die Herausforderungen in Online-Verhandlungen. In ihrem Blogbeitrag *13 Tipps, um erfolgreich zu verhandeln* hat die Prozessbegleiterin und Mediatorin bereits während der Pandemie wertvolle Empfehlungen gegeben.[1]

Online-Verhandeln: Ist das überhaupt möglich?

Seit eh und je wird in der Geschichte der Menschheit verhandelt. Die alten Germanen nahmen wochenlange Märsche auf sich, um bei Volksversammlungen über wichtige Belange zu entscheiden. Marco Polo reiste im 13. Jahrhundert entlang der Seidenstraße bis nach China, um Geschäftspartner zu treffen. Und heute ist die gamescom in Köln die größte Messe für Unterhaltungselektronik, in der nicht nur Onlinespiele vorgestellt, sondern auch mit Partnern aus aller Welt Lizenzen verhandelt werden. Natürlich persönlich, vor Ort, bei Kaffee oder Kölsch – trotz astronomischer Hotelpreise. Über Jahrtausende haben wir uns persönlich getroffen, wenn es um wichtige Verhandlungen ging. Kuriere, Briefe, Telefonate und in jüngster Zeit auch E-Mails oder Skype-Calls waren meist nur schmückendes Beiwerk persönlicher Geschäftstreffen.

Und dann kam die Pandemie. Über Nacht veränderte sich unsere Welt. Wir wurden in die digitale Welt katapultiert, mit all ihren noch unerprobten Gesetzmäßigkeiten. Heute sind Online-Verhandlungen aus unserem Alltag nicht mehr wegzudenken, und sie werden zukünftig weiterhin eine tragende Rolle spielen. Auch wenn wir uns wieder persönlich treffen können und dürfen. Online zu verhandeln ist jedoch für viele eine Herausforderung. Selbst brillante Verhandlungsprofis verzweifeln daran, dass ihre jahrzehntelange Erfahrung bei Videokonferenzen nicht den gewohnten Erfolg bringt. Es funktioniert einfach anders, fühlt sich anders an, und richtig viel Expertise hat noch niemand.

Vertrauen und Verlässlichkeit sind unverzichtbare Elemente erfolgreichen analogen Verhandelns. Dazu treffen sich Verhandlungspartner:innen auf ein Getränk, setzen sich gemeinsam an den Verhandlungstisch, verhandeln auf Augenhöhe, besiegeln ihre Vereinbarung mit einem Handschlag. Im Anschluss lädt man zu einem gemeinsamen Abendessen ein und stößt auf den Erfolg an. All das ist bei Online-Verhandlungen nicht möglich. Statt Geschäftsessen in schicker Businesskleidung und mit gepflegter Konversation schwappt jetzt unweigerlich unser Privatleben aus dem Homeoffice in die Verhandlung. Ihr kleiner Sohn winkt in die Kamera? Die Katze strawanzt durchs Bild auf der Suche nach Streicheleinheiten? Das ist überhaupt nicht schlimm, im Gegenteil: Das ist sogar ganz wunderbar! Denn ein bisschen reales Leben bei aller Professionalität macht uns menschlicher und schafft Nähe. Nähe, die wir für vertrauensvolle Verhandlungen gut brauchen können. Im Zuge der Pandemie ist es tatsächlich bereits zur Gewohnheit geworden, in der Corporate World via Bildschirm zu kommunizieren. Wir sind zwischenzeitlich schon recht gut darin, Teammeetings virtuell stattfinden zu lassen. Auch die meisten Verhandlungen werden heute per Videocall geführt, nur fehlt es da oft noch an Professionalität und Leichtigkeit. Wenn es um viel geht, dann bringen Online-Verhandlungen neben technischen auch weniger offensichtliche Herausforderungen mit sich:

Wir sind überlastet: Viele Eindrücke und alles zugleich prasselt auf Verhandelnde ein. Wir sind unkonzentriert: Hier noch eine ankommende Mail, da noch ein Anruf. Wir sind dauerhaft online und vergessen dabei, genügend Pausen zu machen. Wir sind unsicher: Wer liest mit? Wer hört mit? Wir reden wenig oder alle gleichzeitig. Der virtuelle Kontext macht Kommunikation und Einflussnahme schwerfällig.

Selbst für erfahrene Verhandelnde ist dies mit Unsicherheiten verbunden. Noch haben wir nicht genügend Expertise im remoten Verhandeln entwickelt. Die Quadriga Hochschule in Berlin führte in Zusammenarbeit mit dem C4 Center for Negotiation eine branchenübergreifende Befragung von 185 Unternehmen durch, in der Verhandelnde zu ihren Erfahrungen mit digitaler Verhandlungsführung befragt wurden.

Hier einige ausgewählte Ergebnisse des Surveys:

- Bei 75 Prozent der befragten Unternehmen lag der Anteil von digitalen Verhandlungen vor der Pandemie lediglich bei maximal 25 Prozent.
- Während der Pandemie führten hingegen fast 75 Prozent der Befragten 75 bis 100 Prozent aller Verhandlungen ausschließlich digital.
- Über 70 Prozent halten die digitale Verhandlungsführung für deutlich stärker herausfordernd als die Präsenzverhandlung.
- Nur 7 Prozent empfinden die digitale Verhandlung als weniger herausfordernd.
- In etwa der Hälfte der Unternehmen wurden Verhandlungsteams für Präsenzverhandlungen geschult und / oder weiterqualifiziert.
- Für digitale Verhandlungen wurden lediglich 23 Prozent geschult und / oder weiterqualifiziert.
- Als größten Nachteil der digitalen Verhandlungsführung erleben fast 85 Prozent der Befragten das Fehlen des persönlichen Kontaktes.
- Für über 80 Prozent stellt die fehlende Möglichkeit, die Körpersprache des Gegenübers gut zu erkennen, eine Einschränkung in der digitalen Verhandlung dar.
- 61 Prozent erleben in der digitalen Verhandlung das Aufbauen einer Vertrauensebene als sehr schwierig.
- Mehr als ein Drittel sehen die Vielzahl von Missverständnissen als großes Hindernis in der digitalen Verhandlung.
- Insgesamt ziehen über 62 Prozent die persönliche Verhandlung jeder anderen Verhandlungsform vor. Nur 20 Prozent der Befragten bevorzugen digitale Verhandlungen mit Online-Meeting-Systemen. Die Telefonverhandlung ist gerade einmal für knapp 8 Prozent der Teilnehmenden die bevorzugte Form.[2]

In »Virtuell verhandeln. Online-Verhandlungen optimal führen« lernen Sie, wie diese Herausforderungen überwunden werden können. Es lohnt sich, denn online verhandeln wird bleiben. Es ist die neue Art des Verhandelns, die nicht nur auf ihre ganz eigene Art Erfolg versprechend ist, sondern auch Ressourcen spart: Reisezeiten werden reduziert, die gewonnene Zeit kann effizienter genutzt werden. Reisekosten werden vermieden, das geschonte Budget kann anderweitig eingesetzt werden. Nur wer die Best-Practice-Tipps kennt, wird zum virtuellen Verhandlungsprofi.

Drei Argumente, warum es sich lohnt, dieses Buch zu lesen und Expert:in des virtuellen Verhandelns zu werden

1. Virtuell verhandeln ist neu. Verhandelnde haben noch wenig Expertise und sind unsicher. Bauen Sie Unsicherheiten durch Wissen ab und werden Sie zu einem Pionier auf diesem Gebiet.
2. Das virtuelle Verhandeln hat sich als entscheidender Bestandteil unserer alltäglichen Businesspraktiken etabliert. Investieren Sie in diese Kompetenz und eignen Sie sich eine positive Haltung an.
3. Best-Practice-Tipps sind übersichtlich strukturiert, von Profis für Profis erarbeitet und für Sie leicht anwendbar.

Bevor wir tiefer einsteigen, lassen Sie uns zunächst ein paar grundlegende Begriffe klären: Handelt es sich bei jedem Gespräch, jeder Diskussion, jeder Besprechung automatisch auch immer um eine Verhandlung?

Was ist eine Verhandlung? Eine kurze Definition

Wir sprechen im klassischen Sinne von »Verhandeln«, wenn Personen/Parteien unterschiedliche Interessen haben und miteinander kommunizieren, um zu einer Einigung zu kommen.

Dazu benötigt es immer vier Bedingungen:

- eine wechselseitige Abhängigkeit
- einen Interessenkonflikt
- ungefähr gleiche Machtverhältnisse
- eine Übereinkunft wird als Ziel der Verhandlung gesehen

Auch wenn es natürlich im privaten Kontext Interessenkonflikte und im Idealfall den Wunsch nach einer Übereinkunft geben kann, werde ich mich in diesem Buch überwiegend auf den beruflichen Rahmen einer Verhandlung beziehen: Wenn wir mit Dienstleistenden den nächsten Auftrag verhandeln, einen Pitch ausschreiben oder einen Preis für unsere Produkte und Dienstleistungen festlegen wollen. Aber auch im Business Development mit potenziellen Partner:innen wird verhandelt, oder Sie moderieren als Vorgesetzte:r einen Teamkonflikt.

1. Warum das Verhandeln online anders ist als in der analogen Welt

Viele virtuell Verhandelnde berichten von einer großen Erschöpfung. Die Teilnahme an etlichen virtuellen Meetings über den Tag zieht ein stundenlanges Sitzen am Schreibtisch nach sich. Abends schmerzt der Rücken, sind Hals und Nacken verspannt, die Augen brennen, und der Kopf ist leer. Dieses Phänomen ist international beobachtbar und hat sogar schon einen Namen: Zoom Fatigue. Der Begriff setzt sich zusammen aus dem Namen des amerikanischen Softwareunternehmens Zoom und dem französischen Wort »fatigue«, was »müde« oder »erschöpft« bedeutet. Natürlich taucht Zoom Fatigue auch bei MS Teams, Google Meet, Webex und Skype for Business auf. Die Symptome sind immer die gleichen. Auf Dauer remote zusammenzuarbeiten ist anstrengend und stresst. Von den Ergebnissen, die in Businessverhandlungen erzielt werden, hängt allerdings viel ab. Und natürlich werden bessere Ergebnisse erzielt, wenn virtuell Verhandelnde nicht ausgelaugt und ausgepowert sind. Lassen Sie uns einen Blick darauf werfen, was genau die Stressoren sind und wie virtuell Verhandelnde professionell mit ihnen umgehen, ohne Zoom Fatigue zum Opfer zu fallen.

Wir sind ausgelaugt: So viele Eindrücke und alles zugleich

Wer kennt es nicht? Dieser komplette Overload: Zu viele Fenster sind offen, zu viele Tasks poppen auf, zu viele Aufgaben sind zu erledigen, und dann versagt auch noch die Technik. Gerade hat es noch funktioniert, und plötzlich geht nichts mehr. Es hilft kein Klicken, kein Neustart. Der Computer streikt. Haben wir das Problem endlich in den Griff bekommen, manchmal ohne genau zu wissen, wie, hat das Meeting längst begonnen. Wir stammeln eine Entschuldigung und sind gestresst, noch bevor wir überhaupt anfangen.

Je mehr Verhandelnde an einer Session teilnehmen, desto mehr Kacheln sehen wir auf unserem Bildschirm. Da die Reihenfolge der Anzeige nach der Reihenfolge des Einloggens erfolgt, vermischt sich unser eigenes Team mit dem der Gegenseite. Eine klare optische Zuordnung der Verhandlungsparteien ist auf den ersten Blick nicht möglich.

Wir wissen gar nicht, wo wir unsere Aufmerksamkeit zuerst hinwenden sollen: Wir haben die Kamera an, die Gegenseite hat die Kamera aus. Gleichzeitig arbeiten wir oft mit mehreren elektronischen Geräten. Wir benutzen einen zweiten Bildschirm und kommunizieren gleichzeitig über WhatsApp mit den Kolleg:innen. Da kann sich schon mal Verzweiflung breitmachen. Um die Kontrolle zu behalten und trotz eines möglicherweise holprigen Starts erfolgreich ins Geschehen einsteigen zu können, müssen wir der Überforderung Einhalt gebieten. Doch wie?

Wichtig ist, sich zunächst zu versichern: Ein bisschen Stress schadet nicht und ist auch normal. Er fordert Verhandelnde, lässt sie sich aktiviert, stark und fokussiert fühlen. Herausgefordert zu sein ist hilfreich, um eine Verhandlung voranzutreiben. Doch wenn wir den Punkt erreichen, an dem es kippt, dann übernimmt die Orientierungslosigkeit das Ruder, denn Überforderung – und hier steckt es ja schon im Wort – ist das Zuviel. Wir machen einen inneren Abgleich, wie viel Kraft, Energie und Aufmerksamkeit wir haben. Dies stellen wir den momentanen Anforderungen gegenüber. Wenn wir dann das subjektive Gefühl haben, dem Ganzen nicht mehr gewachsen zu sein und nicht genügend Ressourcen zur Bewältigung zu haben, dann sind wir eben überfordert, und der Körper reagiert. Wir werden immer nervöser, fahriger und realisieren gleichzeitig unser Verhalten. Das kann dann zu einer Stressspirale beitragen. Je gestresster unser Körper ist, desto schlechter können wir komplexe kognitive Vorgänge bewältigen. Stress ist eine Alarmfunktion. Die Ausschüttung von Cortisol und Adrenalin bereitet uns seit jeher auf Angriff und Flucht vor. Doch Wegrennen oder Angreifen bringt uns am Schreibtisch nicht weiter, auch Gedanken wie »Ich habe das nicht im Griff« oder »Die Verhandlung wird scheitern, bevor sie überhaupt angefangen hat« sind nicht hilfreich. Je gestresster Verhandelnde sind, desto weniger sind sie fokussiert, umso weniger kreative Problemlösungen fallen ihnen ein. Daher ist es eine absolute Notwendigkeit, so schnell wie möglich aus dem gestressten Zustand wieder herauszukommen und konstruktiv statt abwertend zu handeln. Was also können Online-Verhandelnde tun?

VIRTUELL VERHANDELN. BEST PRACTICE

Akzeptieren, dass es gerade so ist, und zügig das Stressmuster durchbrechen, in dem wir stecken. Ob eine plötzliche bleierne Müdigkeit, ein eingefrorenes Gehirn oder hektische Übersprunghandlungen wie wildes Klicken: Online-Verhandelnde müssen zuerst aus der Situation raus, in der sie sich gefangen fühlen. Kamera aus, dreimal tief durchatmen, den Blick aus dem Fenster werfen, einen Schluck Wasser trinken – wichtig ist es, kurz etwas anderes zu tun. Ganz kurz! Warum? Für länger ist keine Zeit wenn die Verhandlungspartner:innen schon online sind. Und bereits kleine Aktionen geben dem Gehirn das Gefühl von Selbstwirksamkeit, worauf wir später detailliert eingehen werden.

Wir werden abgelenkt: Hier noch eine ankommende Mail, da noch ein Anruf

Der Mensch ist ein neugieriges Wesen. Natürlich schweifen wir immer wieder ab. Die Umgebung unserer Verhandlungspartner:innen ist hochinteressant. Wir versuchen Titel im gut gefüllten Bücherregal der Kollegin zu entziffern. Wir winken der süßen Tochter des Lieferanten zu und wundern uns über den dicken Kater des Chefs, der durchs Bild läuft. Die optischen Reize in Online-Verhandlungen sind mannigfaltig. Nach jedem Moment der Ablenkung braucht unser Gehirn Zeit und Energie, sich wieder auf das eigentliche Thema einzustellen und auf das ursprüngliche Konzentrationsniveau zurückzukommen. Im Selbstmanagement spricht man vom sogenannten Sägeblatteffekt. Hinzu kommen hintergründige Gedanken: Verhandelnde denken oft gleichzeitig an Zukünftiges und Altes, an Mögliches und Unmögliches, an morgen und übermorgen und gestern und vorgestern.

VIRTUELL VERHANDELN. BEST PRACTICE

Um einen Nervous Breakdown zu verhindern, verorten Sie sich im Hier und Jetzt. Eine Übung aus dem Achtsamkeitstraining, die blitzschnell und überall eingesetzt werden kann, lautet: Sie sagen laut »ICH JETZT HIER«. Konzentrieren Sie sich während des Sprechens bewusst darauf, wo Sie sich gerade befinden und was Sie jetzt tun wollen. Dazu aktivieren Sie Ihre Sinne und führen einen Bodyscan durch, denn der wirkt Wunder: Spüren Sie in Ihren Körper hinein, richten Sie sich auf und atmen Sie dabei tief ein und aus. Riechen Sie bewusst, vielleicht an einem Apfel, der auf dem Tisch liegt, oder am Kaffee in der Tasse vor Ihnen. »ICH JETZT HIER« ist ein Mantra. Je häufiger Sie es wiederholen, umso eher entsteht eine Routine, die Sie effektiv raus aus dem Gedankenkarussell und zurück in den konzentrierten Fokus bringt.

Wir sind pausenlos online: Kaum Zeit zum Luftholen

Was machen Sie, wenn Sie mit dem Auto eine lange Reise planen? Sie werden mit einem vollen Tank starten, das Kühlwasser gecheckt, den Luftdruck gemessen und die Scheibenwischanlage aufgefüllt haben. Ähnlich sollten Sie auch vor Videokonferenzen verfahren. Es ist wichtig, voll da und aufgetankt zu sein. Präsenzmeetings geben uns durch den Wechsel der Besprechungsräume

Zeit, kurz durchzuatmen. Schon kurze Momente des Abstands ermöglichen kleine mentale Pausen, die uns erfrischen. Online jagt im schlimmsten Fall ein Online-Meeting das nächste. Zur vollen Stunde startet der eine Termine, zur nächsten vollen Stunde findet der Folgetermin statt, und so geht es bei vielen Stunde um Stunde um Stunde ... Manchmal bleibt kaum Gelegenheit, für Kaffeenachschub zu sorgen oder eine Biopause zwischen den einzelnen Calls einzulegen. Wie wollen wir in diesem Setting Themen gedanklich abschließen, uns auf neue Partner:innen und ihre Anliegen einlassen und fokussiert kluge Beiträge leisten?

VIRTUELL VERHANDELN. BEST PRACTICE

Planen Sie die Pause VOR der Online-Verhandlung fest in den Terminkalender ein und machen Sie den »Ich bin in einer guten Verfassung-Check«. Fragen Sie sich: Habe ich genügend geschlafen? Brauche ich frische Luft? Habe ich Schmerzen? Verspüre ich Hunger, und brauche ich einen kleinen Snack? Oder habe ich Durst und muss einen halben Liter Wasser trinken? Bin ich verspannt, und muss ich mich kurz bewegen? Brauche ich einen Powernap? Kurz – ist alles okay mit mir?

Wir verlieren uns in der Komplexität und steigen aus

Es spricht nichts dagegen, mehrere Bälle in der Luft zu halten. Zu viele Bälle in der Luft zu halten fällt allerdings auch erfahrenen Jongleuren schwer. Zu viele anspruchsvolle Themen in einer Online-Verhandlung zu wuppen kostet sehr viel mentale Kraft und führt dazu, dass wir deutlich früher als in Präsenzverhandlungen geistig aussteigen. Zu viele gedankliche Aufgaben und Operationen gleichzeitig und nebeneinanderher bewältigen zu wollen ist online mit einer noch höheren Wahrscheinlichkeit des Scheiterns verbunden als in Face-to-Face-Verhandlungen. Noch hält sich der Mythos,

Multitasking sei eine Superkraft. Doch was hat Priorität unter den vielen Aufgaben?

VIRTUELL VERHANDELN. BEST PRACTICE

Stoppen Sie Multitasking sofort: Jetzt gilt es zu sortieren, zu filtern und zu priorisieren. Erstellen Sie eine realistische Agenda mit Pufferzeiten. Lassen Sie sich keine unrealistische Agenda von anderen aufs Auge drücken. Das hilft, sich nicht in der Komplexität zu versteigen und das große Ganze aus dem Auge zu verlieren. So können Sie sich auf das konzentrieren, was gerade dran ist. Eine radikale Übung ist, sich Folgendes vorzustellen: In zehn Minuten gibt es einen kompletten Stromausfall. Was muss jetzt noch passieren? Welches Ergebnis ist ein Minimum an Übereinstimmung, das Sie erzielen wollen, bevor das Licht ausgeht? Es gibt mit Sicherheit Aufgaben, von denen Sie erkennen, dass sie nachrangig behandelt oder vielleicht sogar delegiert werden können. Am besten nehmen Sie schon in der Vorbereitung einen Zettel und widmen sich der Priorisierung Ihrer Themen in die Kategorien HML (High/Medium/Low). Welches sind die Punkte, die nur und ausschließlich von Ihnen verhandelt werden können? Welche Aspekte wollen Sie in dieser Online-Verhandlung nicht besprechen und werden Sie vertagen, und welche sind vielleicht sogar Angelegenheiten, zu denen Sie auch mal Nein sagen werden? Wer kann Themen für Sie übernehmen? Nutzen Sie diese Gelegenheit. Sie sind meist nicht die einzige Person, die eine Aufgabe erledigen kann.

Wir sind misstrauisch. Wer liest mit? Wer hört mit?

Statt wie in Präsenz auf drei Dimensionen ist die Wahrnehmung unserer Gesprächspartner:innen in Online-Verhandlungen auf lediglich zwei Dimensionen reduziert. Die intuitive körpersprachliche Interpretation, wie wir sie aus persönlichen Begegnungen kennen, fällt bei »Speaking Heads« viel schwerer. Wir können nur mutmaßen, was links und rechts, vor und hinter der Kachel geschieht. Ist der Hintergrund geblurrt, stellen wir Vermutungen an, wo sich die andere Person befindet: im Homeoffice? Zu Workcation in einem anderen Land? Wir fragen uns schon mal: Wer hört heute noch mit? Wer kann vertrauliche Daten mit einsehen? Ein gesundes Misstrauen lässt viele Verhandelnde vorsichtiger mit Informationen umgehen. Das wiederum zieht automatisch nach sich, dass wir Vertrauen langsamer aufbauen.

VIRTUELL VERHANDELN. BEST PRACTICE

Manchmal gibt es keinen Quick-fix. Wenn wir uns in Online-Verhandlungen überfordert fühlen, weil unsere Annahmen über die Gegenseite einen großen Teil unserer Aufmerksamkeit binden, sind meist innere Glaubenssätze dafür verantwortlich. In einer Online-Verhandlung haben wir subjektiv ein großes Überforderungserleben. Wir fühlen uns gestresst und haben negative, stressverstärkende Gedanken. Tatsächlich gibt es aber einen Unterschied zwischen sich überfordert *fühlen* und überfordert *sein*. Zu unserem Überforderungserleben tragen wir oft selbst bei. Als Verhandelnde, so glauben wir, müssen wir fehlerlos Ergebnisse erzielen und perfekt sein. Wir müssen von allen gemocht werden, deshalb dürfen wir niemanden enttäuschen, verärgern oder wütend machen. Wir müssen alles möglich machen. Häufig hinterfragen wir unsere Glaubenssätze gar nicht mehr, sondern tragen sie wie Grundfeste mit uns herum. Wie Leuchttürme weisen sie uns im Alltag die Richtung, die wir einschlagen, und leiten uns doch in die falsche Richtung. Wir richten uns nach tief verankerten inneren Überzeugungen, als sei es so und nicht anders. Manchmal kann es allerdings notwendig sein, nicht die Symptome zu behandeln, sondern die Ursachen beim Schopf zu packen. Hinterfragen und überprüfen Sie doch mal Ihre Glaubenssätze in einer ruhigen Minute: »Online-Verhandlungen sind immer schwierig«, vielleicht. Oder: »Gute Geschäftsbeziehungen können nur in Präsenzverhandlungen aufgebaut werden.« Es ist richtig, grundsätz-

▶▶▶

lich misstrauisch zu sein, wenn online verhandelt wird. Tiefe innere Überzeugungen lassen sich nicht schnell ablegen. Oft fallen wir jedoch in alte Muster zurück, besonders wenn wir gestresst sind. Deswegen ist es wichtig, dranzubleiben und immer mal wieder vor, während und nach einer Online-Verhandlung innezuhalten und nachzusteuern. Auch ein professioneller Coach bietet gute Unterstützung und empowert Online-Verhandelnde dabei, Veränderungen ihrer Glaubenssätze einzuleiten.

Wir reden ungern oder sprechen gleichzeitig. Virtueller Kontext macht Austausch schwerfällig

Wer kennt das nicht? Das große Schweigen. Keiner sagt etwas, oder es werden online nur rudimentäre Beiträge ausgetauscht. Stumm wie ein Fisch erscheint die eine oder der andere Teilnehmende eines Online-Meetings. Das ist unangenehm. Lange Pausen, bevor endlich ein Beitrag eingeworfen wird, zwingen die Moderierenden, die Stille auszuhalten. Manchmal reden sie dann lieber selbst gleich weiter.

Die Audioqualität ist mal besser, mal schlechter: Latenzverzögerungen, knackende Headsets, oder Verhandelnde hören ihre eigene Stimme im Hintergrund der Gegenseite als Echo. Ein Austausch ist im Virtuellen meist mühsamer als im Analogen. Auch die Koordination von Redebeiträgen ist nicht einfach. Neben dem Schweigen kann es genauso zu einem wilden Durcheinander von Redebeiträgen kommen. Da wird gequasselt und schwadroniert ohne Punkt und Komma. Keiner weiß, wann die Gegenseite fertig ist, und mehrere Personen reden gleichzeitig. Ein anstrengendes Durcheinander ermüdet die Teilnehmenden schnell.

VIRTUELL VERHANDELN. BEST PRACTICE

Sprechen Sie zu Beginn des Calls aktiv an, wie Sie in der Online-Verhandlung kommunizieren wollen. Keine Sorge, das hat nichts mit Egoismus zu tun, sondern hilft allen Beteiligten im weiteren Verlauf. Geht währenddessen etwas schief, weisen Sie in dem Moment bewusst darauf hin, wo und wie die Kommunikation besser laufen könnte. Macht das niemand, wird sich auch nichts verändern. Ganz häufig kommt es zu Überforderung, weil andere nicht erkennen, dass die Verständlichkeit bereits am Limit ist. Und warum ist das so? Weil Sie immer noch nicken und lächeln und sich nicht äußern oder vielleicht etwas gequält gucken und hoffen, die Gegenseite wird Ihren Gesichtsausdruck schon richtig interpretieren und merken, was Sie brauchen. Doch niemand kann Ihre Gedanken lesen oder hellsehen. Weisen Sie deshalb unbedingt auf eine Störung oder einen Missstand hin, und zwar nicht erst, wenn es zu spät ist. Am besten ergreifen Sie das Wort, wenn Sie noch in der Stimmung dazu sind, und nicht erst dann, wenn es Ihnen reicht und Sie bombenartig explodieren und am liebsten alles hinschmeißen würden. Das ist eindeutig zu spät. Sprechen Sie die Art und Weise der Kommunikation freundlich und bestimmt an. Ganz gemäß dem 1. Prinzip des Harvard-Konzeptes: weich zur Person und hart in der Sache.

VIRTUELL VERHANDELN. DENKZEIT

In Kapitel 1 haben wir uns damit beschäftigt, warum das Verhandeln in Videokonferenzen im Vergleich zum Verhandeln von Angesicht zu Angesicht anders ist. Nehmen Sie sich ein paar Minuten Zeit und schätzen Sie Ihr persönliches Verhalten auf einer Skala von 1 für »gar nicht« bis 10 für »voll und ganz« für eine erste Bestandsaufnahme Ihres Mindsets ein:

Ich fühle mich ausgelaugt. So viele Eindrücke und alles zugleich

Skala 1 10

Ich werde abgelenkt. Hier noch eine ankommende Mail, da noch ein Anruf

Skala 1 10

Ich bin pausenlos online und habe kaum Zeit zum Luftholen

Skala 1 10

Ich verliere mich in der Komplexität und steige aus

Skala 1 10

Ich bin misstrauisch: Wer liest mit? Wer hört mit?

Skala 1 10

Wir reden ungern oder sprechen gleichzeitig. Virtueller Kontext macht unseren Austausch schwerfällig

Skala 1 10

Werten Sie die sechs Fragen für sich aus und ziehen Sie Ihr persönliches Fazit. Bei Antworten mit einer hohen Punktzahl ist es notwendig, in weitere Reflexion und Aktion zu gehen. Wie können Sie Ihre Einstellung ändern? Welche Personen, Informationen oder Tools benötigen Sie, um etwas zu verändern? Müssen eventuell auch Prozesse neu gedacht und verändert werden?

2. Was hat die Bedürfnispyramide von Maslow mit Online-Verhandlungen zu tun?

Die Maslow'sche Bedürfnishierarchie kennen viele von uns unter dem gängigen Begriff der Bedürfnispyramide.[3] Der US-amerikanische Psychologe Abraham Maslow erlangte durch seine vereinfachte Darstellung von menschlichen Bedürfnissen und deren Bedeutung zur Motivation weltweit Bekanntheit. Seine Theorie fand Eingang in viele andere Wissenschaften. Sie wird in den Wirtschaftswissenschaften, der Organisationspsychologie und auch in der Philosophie behandelt.

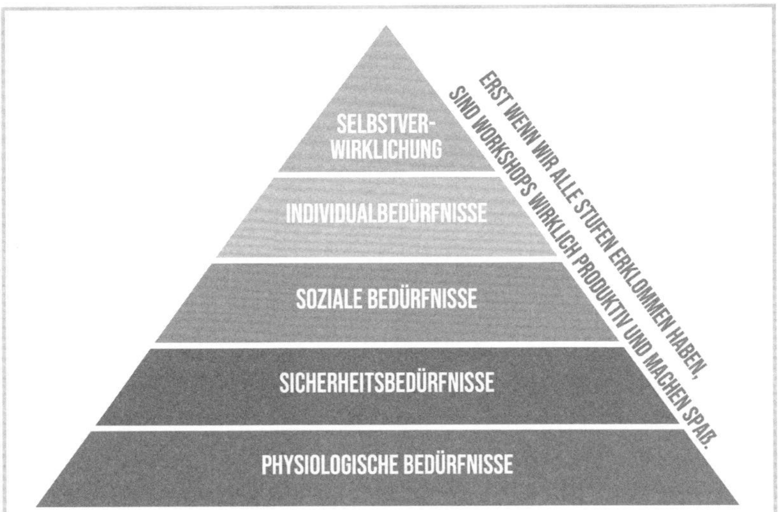

Das Prinzip der Bedürfnishierarchie basiert auf der Annahme, dass es unterschiedliche Arten von Bedürfnissen gibt, die durch unterschiedliche Inhalte und Wirkungen unsere Zufriedenheit und damit unser Verhalten bestimmen. Maslow beobachtete, dass einige Bedürfnisse Vorrang vor anderen haben. Konkrete Ranglisten aufzustellen hält Maslow für wenig hilfreich. Man könne Bedürfnisse jedoch zur groben Orientierung fünf größeren Bereichen zuordnen. Er beginnt mit den grundlegenden, den physiologischen Bedürfnissen (physiological needs) und den Bedürfnissen nach Sicherheit (safety needs). Diesen folgen soziale (love needs) und Individualbedürfnisse (esteem needs) bis hin zum hoch entwickelten humanen Bedürfnis nach Selbstverwirklichung (needs for self-actualization). Daraus ableitend erklärt Maslow, dass Bedürfnisse entweder gestillt oder unbefriedigt sein können. Unbefriedigte Bedürfnisse sind Mangelbedürfnisse, auch Defizitbedürfnisse genannt. Solange ein Bedürfnis unbefriedigt ist, beeinflusst und triggert es unser Handeln dahingehend, dass wir es stillen wollen. Mit zunehmender Befriedigung eines Bedürfnisses nimmt der Drang, aktiv zu werden, um dieses Bedürfnis zu befriedigen, zunehmend ab. Wenn der Magen nicht mehr knurrt, denken wir nicht mehr ununterbrochen ans Essen.

Lassen Sie uns die fünf Bedürfnisebenen in Bezug auf ihre Bedeutung für virtuelles Verhandeln genauer unter die Lupe nehmen.[4] Wir werfen zunächst einen Blick darauf, was die jeweilige Bedürfnisebene grundsätzlich bedeutet, dann überprüfen wir, was beim virtuellen Verhandeln anders ist, und im dritten Schritt erhalten Sie Empfehlungen und lernen Tools kennen, mit deren Hilfe Online-Verhandlungen produktiver werden können. Zuerst ein Blick auf die physiologischen Bedürfnisse:

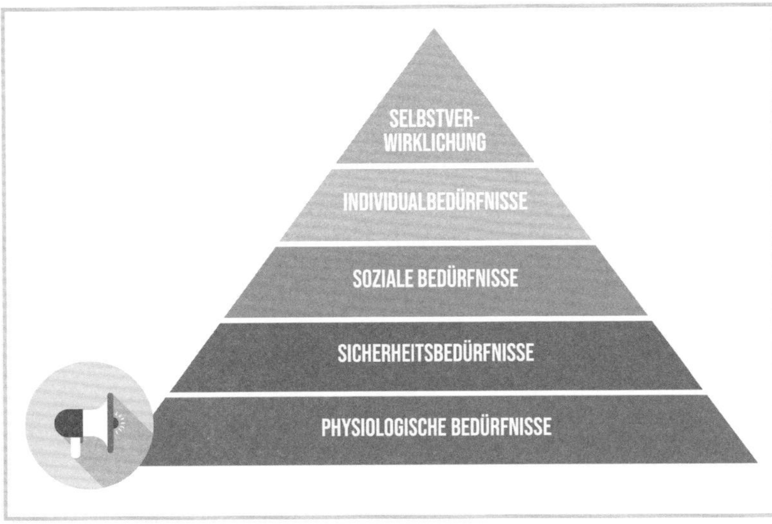

Physiologische Bedürfnisse. Gut hören. Gut sehen … und noch viel mehr

Physiologische Bedürfnisse sind Grundbedürfnisse. Sie sind zum Erhalt des menschlichen Lebens notwendig. Verfügt der Raum, in dem wir sitzen, über ein angenehmes Raumklima? Verhandelnde wollen weder frieren noch schwitzen. Auch Hunger und Durst wollen gestillt sein. Ein gesundes Frühstück und genügend Wasser am Arbeitsplatz tragen wesentlich dazu bei, konzentriert arbeiten zu können. Wir benötigen genügend Sauerstoff zum Atmen. Verbrauchte Luft lässt die Aufmerksamkeit sinken, gut gelüftete Räume wirken dem entgegen. Auch die Haltung unseres Körpers spielt eine große Rolle beim Verhandeln vor dem Bildschirm. Habe ich einen Bürostuhl, auf dem ich lange und bequem sitzen kann? Ist meine Haltung aufrecht, oder schmerzt der Rücken? Kann ich beim virtuellen Verhandeln das Gesagte gut hören, oder knackt und rauscht es im Hintergrund? Kann ich das Präsentierte gut sehen, oder sind die Kacheln mit den Gesichtern der Verhandlungspartner auf Briefmarkengröße geschrumpft? Darüber hinaus frisst es Verhandelnde förmlich auf, dass ein so großer Teil der Aufmerksamkeit gebunden ist, das Rauschen zu durchdringen und Texte auf eng beschriebenen Folien zu entziffern. Last but not least spielt auch die Wahrnehmung der Umwelt eine große Rolle: Spielt der 15-jährige Sohn ein Computerspiel im Hintergrund und battelt sich mit seiner Gang? Wird im Nachbarhaus das Dach abgedeckt, und den ganzen Tag schon fallen Ziegel scheppernd in den Container? Telefoniert die Kollegin am Schreibtisch gegenüber mit ihrer durchdringenden Stimme? Es fällt nicht schwer nachzuvollziehen, wie groß der Einfluss gestillter physiologischer Bedürfnisse auf das Wohlbefinden ist. Von der gefüllten Kaffeekanne übers Fensteröffnen vor der Verhandlung bis zur Überprüfung der Präsentationstechnik – für diese Dinge war bisher der/die Einladende verantwortlich. Jetzt ist es Aufgabe jedes virtuell Verhandelnden selbst.

Physiologische Bedürfnisse im digitalen Raum. Was ist anders?

Verhandelnde befinden nicht mehr gemeinsam in einem Raum. Jeder Einzelne sitzt allein am Arbeitsplatz oder im Homeoffice. Damit ist jede:r virtuell Verhandelnde selbst für die Versorgung mit Essen und Getränken sowie für ein angenehmes Raumklima und eine gesunde Arbeitsumgebung zuständig. Auch die Qualität des zu Sehenden und Hörenden hängt maßgeblich von den gewählten technischen Lösungen ab. Außerdem regen virtuelle Verhandlungen nicht zur körperlichen Bewegung an, sodass auch in diesem Punkt der Verhandelnde Verantwortung für sich übernimmt.

VIRTUELL VERHANDELN. BEST PRACTICE

Vor Beginn der Online-Verhandlung mit der Technik vertraut machen, Tools testen und sich selbst einen Kaffee oder Tee kochen. Noch ein kleiner Tipp: Legen Sie sich eine Vorverhandlungscheckliste an, die all Ihre physiologischen Bedürfnisse auf einen Blick erfasst und sich in der Vorbereitung Punkt für Punkt abhaken lässt!

Physiologische Bedürfnisse im digitalen Raum. Tools und Methoden

Für gutes Zusammenarbeiten im digitalen Raum benötigen wir vier Kanäle:

- Visualisierungs-Tool, zum Beispiel ein digitales Whiteboard für digitale Post-its.
- Sharing-Dienst oder eine Cloud-Lösung, um Inhalte zur Verfügung zu stellen.
- Videokonferenz-Tool, idealerweise mit Kachelansicht der Verhandelnden, um Echtzeit-Kommunikation zu ermöglichen.
- Kommunikationstool mit E-Mail- und Chatfunktion, auch dies ermöglicht Echtzeit-Kommunikation.

VIRTUELL VERHANDELN. BEST PRACTICE

Virtuell Verhandelnde müssen zwei Dinge gleichermaßen gut sehen können: sich gegenseitig und die Inhalte, die verhandelt werden. Benutzen Sie deshalb nach Möglichkeit zwei Bildschirme.

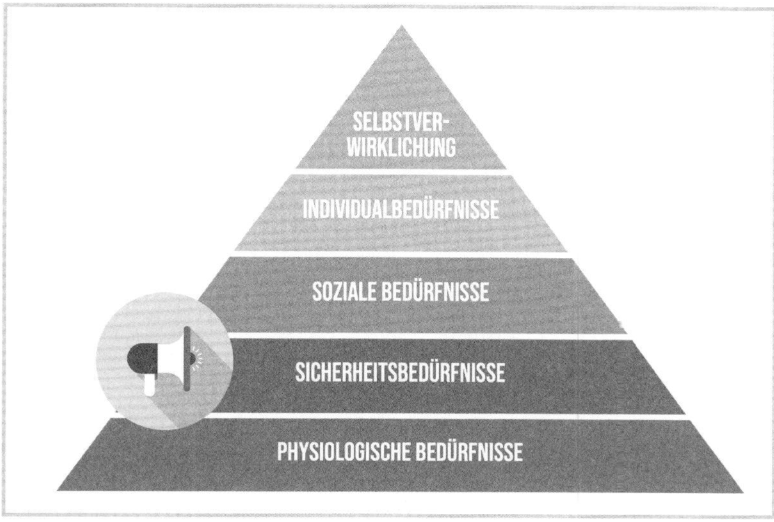

Sicherheitsbedürfnisse. So viel Inhalt. So viel Technik … HELP!

Sind physiologische Bedürfnisse im Großen und Ganzen befriedigt, melden sich zunehmend die Sicherheitsbedürfnisse. Fühlen Menschen sich sicher, haben sie das Gefühl, die Kontrolle über das Geschehen zu haben. Sie sind entspannt. Fehlende Sicherheit im Gegensatz dazu bedeutet Angespanntheit und das Gefühl von Ungewissheit durch fehlende Kontrolle. Das führt zu Stress und einem Gefühl von akuter Gefahr. Laut Maslow zeigt sich im weiteren Sinne die Suche nach Sicherheit und Stabilität auch in der menschlichen Bevorzugung des Bekannten gegenüber dem Unbekannten. Darüber hinaus strebt der Mensch danach, sich unbekannte Phänomene erklären und Zusammenhänge verstehen zu wollen. Auch die Suche nach einer beschützenden Person, die als Autorität vertrauensvoll die Richtung weist, gibt Sicherheit.

Sicherheitsbedürfnisse im digitalen Raum. Was ist anders?

Digitale Technik, Tools und Arbeitsweisen sind für viele Menschen ungewohnt und mitunter auch mit Vorbehalten verbunden. Deshalb ist eine gute Vorbereitung zentral für das Gelingen von virtuellen Verhandlungen – für beide Seiten. Dazu ist es hilfreich, die Teilnehmenden im Vorhinein nicht nur mit der Agenda, sondern auch mit Tutorials und Aufgaben zu versorgen. Denn erst wenn sich alle in der Situation und mit der Technik wohlfühlen, wird das notwendige Sicherheitsgefühl entstehen, das konstruktives Verhandeln ermöglicht.

Auch die Rolle von Verhandlungsführenden ist ein Stellhebel, den diese geschickt bedienen können, um ein Gefühl von Sicherheit zu vermitteln. Je ruhiger und entspannter die Moderierenden, desto relaxter sind die teilnehmenden Verhandelnden. Da die Technik als zusätzliches Element in einer Online-Verhandlung beherrscht werden muss, ist zudem die Aufmerksamkeitsspanne bei virtuellen Verhandlungen kürzer.

Sicherheitsbedürfnisse im digitalen Raum. Tools und Methoden

Alle Verhandelnden sollen sich im digitalen Workshop-Raum wohlfühlen. Dabei sind die Hürden oft eher neue Tools und Methoden, gar nicht so sehr die Motivation. Warm-ups und kurze Erklärungen helfen, um die Interaktion in der oft ungewohnten Umgebung besser kennenzulernen und zu verstehen. Besonders virtuell Verhandelnde, die schon länger mit einzelnen Plattformen arbeiten, vergessen manchmal, dass die gleiche Selbstverständlichkeit im Umgang mit der Technik bei Kolleg:innen im eigenen Team oder auch bei Partner:innen der Gegenseite nicht immer der Fall ist. Dabei ist es wichtig, eine vertrauensvolle Umgebung zu schaffen und die Teilnehmenden zu ermutigen, jederzeit Fragen zur Technik zu stellen und über ihre Unsicherheiten zu sprechen.

Um Hemmungen abzubauen, sollten alle Teilnehmenden bereits vor der Verhandlung genau wissen, welche Technik und welche

Tools verwendet werden, und sich damit grundlegend vertraut gemacht haben. Informationen und Vorabübungen können im digitalen Whiteboard oder Filehosting-Dienst bereitgestellt werden, um den Umgang mit den in der virtuellen Verhandlung verwendeten Tools zu schulen. Das digitale Trainingslevel der Verhandelnden ist daher zentral für Aufbau und Durchführung einer virtuellen Verhandlung.

VIRTUELL VERHANDELN. BEST PRACTICE

Beim Online-Verhandeln ist für alle und alles mehr Vorbereitungszeit notwendig.

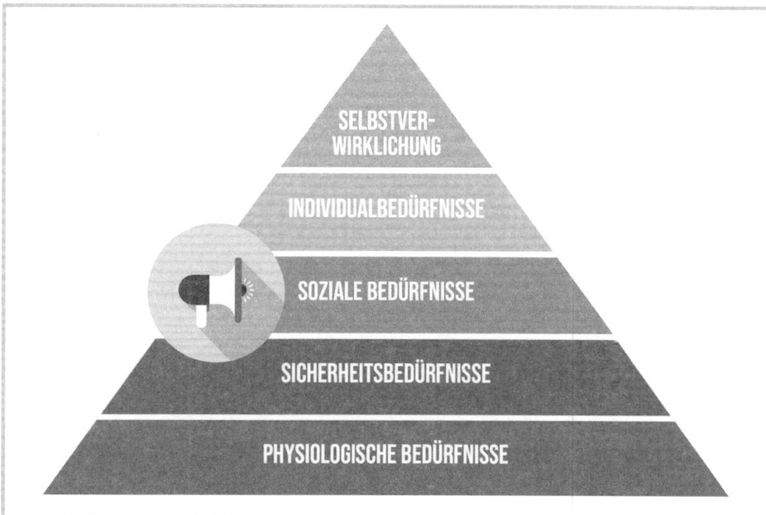

Soziale Bedürfnisse. Teamspirit? Online? Mehr einsame Wölfe denn je

Sind die physiologischen Bedürfnisse und das Sicherheitsbedürfnis befriedigt, erleben wir verstärkt den Wunsch nach dem Aufbau von sozialen Beziehungen. Verbundenheit zeigt sich in vielen verschiedenen Facetten: in einer persönlichen Freundschaft zu Kolleg:innen, manchmal auch zu Lieferant:innen oder Kund:innen, im Teamspirit oder in einem Zugehörigkeitsgefühl zu Menschen mit ähnlichen Interessen. Als soziale Wesen streben wir nach Austausch mit anderen, Gemeinschaft und gegenseitiger Unterstützung. Positive Beziehungen fördern Zuneigung und Kollaboration. Die Abwesenheit von Verbundenheit kann ein extrem demotivierender Faktor sein. Menschen investieren dann Energie, um diese Lücke zu schließen. Gelingt dies nicht, kommt es zu Frustration, innerer Kündigung oder dem Abbruch von Beziehungen.

Darüber hinaus nehmen wir in Gruppen bestimmte Rollen ein. In einer dynamischen Balance verändern sich Beziehungssysteme ständig. Das Zuwendungsbedürfnis vereint immer Geben und Nehmen von Aufmerksamkeit. Wir versuchen deshalb ständig, die Wahrnehmung von anderen zu beeinflussen, um nicht ignorant, störend oder inkompetent zu wirken oder, noch schlimmer: erniedrigt, blamiert oder zum Außenseiter zu werden.

Ein digitales Zusammentreffen ist nicht dasselbe, wie gemeinsam in einem Raum zu sitzen. Hier kommt es darauf an, dass wir die vorhandenen Kanäle gut nutzen und ganz bewusst Raum für Soziales schaffen, das sonst meist unbewusst passiert.

Soziale Bedürfnisse im digitalen Raum. Was ist anders?

Verhandlungsatmosphäre entsteht zu großen Teilen beim gemeinsamen Aufenthalt an einem Ort. Dieses fehlende Miteinander können Online-Verhandelnde ausgleichen – mit passenden Methoden und dem Wissen, dass die Situation »anders« ist. Virtuelle Verhandlungen zu führen ist reine Übungssache. Je mehr Erfahrung Verhandelnde mitbringen, desto einfacher wird es, die Beziehungsebene nicht aus dem Auge zu verlieren.

Im Digitalen gibt es immer zwei räumliche Ebenen: diejenige, von der aus wir der virtuellen Verhandlung folgen (z.B. das Büro oder Arbeitszimmer), und den digitalen Raum, in dem die Verhandlung stattfindet. Das heißt: Alle Verhandelnden verbinden sich aus getrennten Räumen in den gemeinsamen digitalen, sodass dort für alle dieselbe Ausgangssituation entsteht. In diesem abstrakten Raum wird gearbeitet. Dort finden beteiligte Verhandelnde zueinander. Gruppen sind grundsätzlich nicht von Anfang an arbeitsfähig, wir brauchen Zeit, um uns zu »beschnuppern«. Wie ist die Stimmung heute? Wie sind die Verhandlungspartner:innen drauf? Wie ist meine Rolle im Vergleich zu den anderen? Wo stehe ich? All diese Fragen werden ja nicht offen diskutiert, sondern Online-Verhandelnde machen das im Verborgenen mit sich aus. Viele einsame Wölfe sind in der virtuellen Welt unterwegs und damit auch in Online-Verhandlungen anzutreffen. Zugleich geben Mitarbeitende immer wieder an, im Homeoffice den Anschluss an das Team verloren zu haben. Sie fühlen sich »disconnected«. Auch Online-Verhandelnde wollen zu einem Team gehören, eine Gemeinschaft bilden und gegenseitige Unterstützung erleben. Wichtig ist nur, dem Zeit zu geben.

Soziale Bedürfnisse im digitalen Raum. Tools und Methoden

Vom Small Talk zum Big Talk. Auch wenn es ungewohnt ist, legen Sie nicht sofort mit den inhaltlichen Themen los. Gehen Sie respektvoll und wertschätzend miteinander um, kommen Sie erst mal an. Emojis und Reaktionen (z.B. Daumen hoch, klatschende Hände) können bewusst eingesetzt werden, um Emotionen zu transportieren. Das eignet sich besonders gut für die Ouvertüre (Warm-up) und den Ausklang (Feedback) der Online-Verhandlung.

Wenn Leitende einer Online-Verhandlung die Bedeutung der sozialen Bedürfnisse erkennen, dann werden sie diese besonders aufmerksam im Blick behalten und sie immer wieder aktiv in den Verhandlungsprozess einbinden. »Kontakt vor Kontrakt« ist ein starkes Motto, an dem Online-Verhandelnde sich orientieren können.

Legen Sie den Fokus auf stille Teilnehmende und diejenigen, die sich mit Technik und Tools noch schwertun! Diese geraten im digitalen Setting schneller aus dem Blick.

Arbeiten Sie so oft wie möglich mit eingeschalteter Kamera. Auch das ist eine wertvolle Investition in den Aufbau einer Beziehung der virtuell Verhandelnden.

VIRTUELL VERHANDELN. BEST PRACTICE

Reden Sie mit Ihren Verhandlungspartner:innen nicht nur über das, was Sie denken, sondern auch über Ihre Stimmung. Nutzen Sie die taktische Empathie.

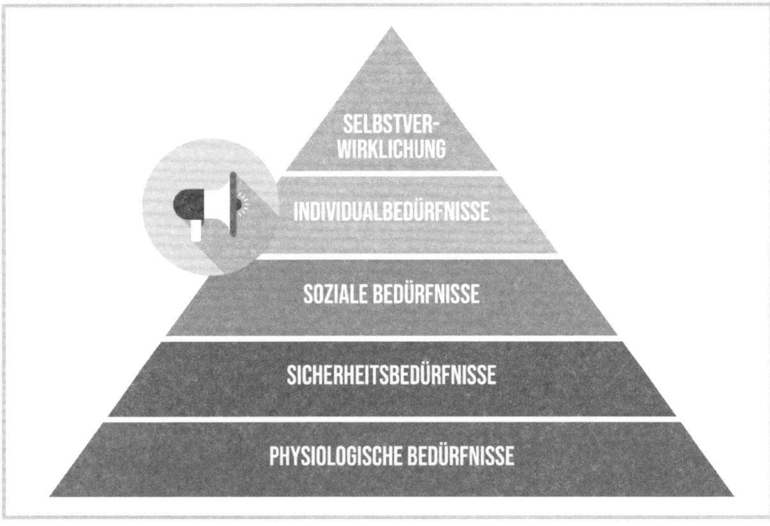

Individualbedürfnisse. Nimm mich wahr ... bitte!

Bei den Individualbedürfnissen handelt es sich um Bedürfnisse des Individuums, wie beispielsweise den Wunsch nach mentaler und körperlicher Stärke, Erfolg, aber auch Unabhängigkeit und Freiheit, sowie den Wunsch nach Ansehen, Prestige, Wertschätzung, Achtung und Bedeutung. So gesehen ist ein Individualbedürfnis eine passive Komponente der Selbstachtung, die nur von anderen Menschen für uns erfüllt werden kann. Menschen wollen wahrgenommen werden. Auch in der virtuellen Welt.

Individualbedürfnisse im digitalen Raum. Was ist anders?

Was wünschen sich Online-Verhandelnde nun in Remote-Verhandlungen von anderen, um ihre Individualbedürfnisse erfüllt zu bekommen? Sie wollen sachlich und emotional verstanden werden. Um sachliches Verständnis zu zeigen, ist es notwendig, gut zuzuhören, nachzufragen und zu paraphrasieren. Nicht immer einfach im virtuellen Raum, aber durchaus möglich. Empathisches Zuhören ist das passende Werkzeug, um emotionales Verständnis zu zeigen. Das ist schon schwieriger über die Ferne. Einfühlungsvermögen gelingt einfacher, wenn Verhandelnde die andere Person sehen und ihre nonverbalen Reaktionen aufnehmen und spiegeln können. Ebenso wünschen sich Online-Verhandelnde, dass sie ihre Meinungen und Sichtweisen einbringen und dass Verhandlungspartner:innen ihre Perspektiven nachvollziehen können. Das bestätigt Verhandelnden, auf dem richtigen Weg zu sein, und baut Selbstvertrauen auf.

Die Rolle einer moderierenden Person ist remote sehr zu empfehlen. Neben dem Steuerungs-Know-how kommt es online besonders auf die klassischen Moderations-Skills an. Eng damit verknüpft ist die richtige Auswahl an Kommunikationsmethoden.

Individualbedürfnisse im digitalen Raum. Tools und Methoden

Hier gilt: Reden ist Gold! Erklärungen zur Vorgehensweise können und müssen im digitalen Raum oft ausführlicher ausfallen, damit alle virtuell Verhandelnden gut folgen können. Fragende Blicke, eine gerunzelte Augenbraue oder eine unsichere Stimmung werden im digitalen Raum schlechter nonverbal wahrgenommen, weil man remote mit demjenigen, der solche Signale sendet, keinen unauffälligen bilateralen Kontakt aufnehmen kann. Daher gilt auch hier: Fragen. Nachfragen. Überprüfen. Anpassen. Auch die Erfahrung der Verhandelnden mit digitalem Arbeiten spielt eine große Rolle. Und sollte – wie im analogen Raum – ausschlaggebend für die Auswahl der Methoden sein. Erklären Sie Dinge so klar und eindeutig wie möglich. Wiederholen Sie Erklärungen so lange, bis alle wissen, was zu tun ist. Geschickte Aufgabenteilung: Nehmen Sie eine:n Co-Moderator:in mit in die Online-Verhandlung. Individuelle Hilfestellungen oder das kurzfristige Lösen von technischen Problemen werden von der Co-Moderation übernommen, damit die Hauptmoderation den roten Faden im Blick behalten kann. Schnüren Sie kleine Aufgabenpakete mit kurzen Zeitslots und eindeutig definierten Aufgabenstellungen. Ermutigen Sie die remote Verhandelnden dazu, Anregungen und Wünsche die virtuelle Verhandlung betreffend aktiv anzusprechen. Vielleicht ist hier etwas Übung und Mut notwendig. Moderation bedeutet auch im digitalen Raum Leiten und Steuern. Ein Zusatzfokus liegt bei den zur Verfügung stehenden Kanälen. Bitten Sie regelmäßig um Zwischenfeedbacks der Verhandelnden. Fassen Sie regelmäßig auch Zwischenergebnisse zusammen und betonen Sie damit, was Sie bereits geschafft haben.

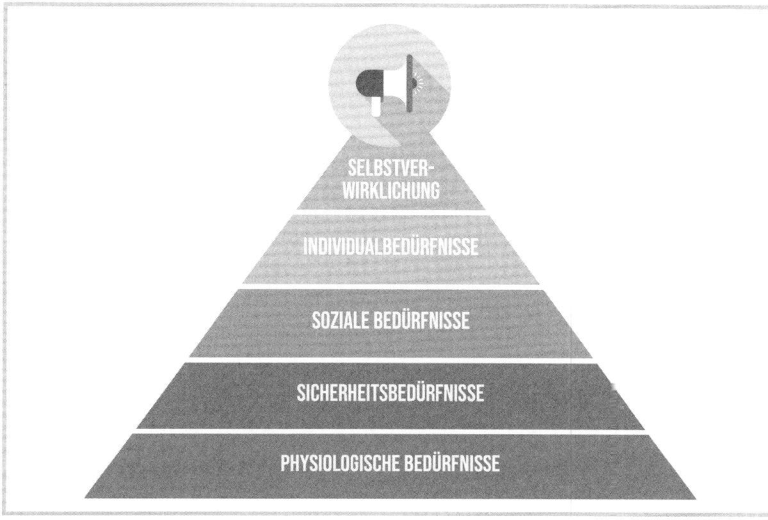

Selbstverwirklichung. Gestaltungswillen aktivieren und fördern

Selbstverwirklichung – ein Trendbegriff, der vom esoterisch angehauchten Yoga-Lehrer bis zur dynamischen Start-up-Gründerin immer wieder gerne verwendet wird. Doch was versteht Maslow darunter? Maslow formulierte folgende Merkmale: eine deutlich größere Gelassenheit, sogar Neugier im Sinne einer freudig stimulierenden Herausforderung gegenüber Unbekannten und Unsicherheit. Auch eine starke Akzeptanz eigener Schwächen und Unzulänglichkeiten als Ergebnis einer unbeeinflussbaren natürlichen Realität. Ferner schrieb Maslow sich selbst verwirklichenden Menschen Spontaneität, Einfachheit und Natürlichkeit zu. In diesem Zusammenhang sprach Maslow jedoch nicht mehr von Motivation, sondern von Entfaltung. Sich selbst Verwirklichende besitzen laut Maslow ein großes Maß an freiem Willen, einen scharfen Blick für Objektivität und einen hohen Grad an Autonomie. Sie empfinden Mitmenschen gegenüber Sympathie und Zuneigung, was Maslow als »Ältere-Bruder-Haltung« bezeichnet. Menschen wollen Sinn finden und sich verwirklichen, auch in der Arbeit. Es geht immer auch um immaterielle Werte. Verhandelnde streben danach, Ergebnisse aktiv mitzugestalten, keine Zeit mit unnötigen Dingen zu vergeuden. Ihr Handeln soll Sinn haben und ein klares, höheres Ergebnis erzielen, wobei Verhandelnde dabei ihre Stärken bewusst einsetzen.

Selbstverwirklichung im digitalen Raum. Was ist anders?

Während erfahrene Verhandelnde mit der Fähigkeit zur Selbstverwirklichung im analogen Setting Situationen und Bedürfnisse intuitiv gut einschätzen können, erfordert das digitale Setting auch von ihnen mehr Aufmerksamkeit dafür. Methoden, die im Analogen gut funktionieren, sind nicht automatisch gut für den digitalen Raum geeignet. Es kann passieren, dass sich selbst Verwirklichende ihre Verhandlungspartner:innen überfordern und dabei verlieren. Der Flow treibt sie an, der Sache zu dienen. Dabei kommt der Blick für die »niederen« Bedürfnisse zu kurz. Besonders in der Annahme, es wäre so weit alles okay, weil für sie ja alles okay ist. Kürzere sowie thematisch begrenztere virtuelle Verhandlungen sind oft sinnvoller, um allen die Gelegenheit zu geben, zu folgen.

Selbstverwirklichung im digitalen Raum. Tools und Methoden

Wie kann das Bedürfnis nach Selbstverwirklichung in Online-Verhandlungen Raum finden? Überprüfen Sie die Sinnhaftigkeit Ihres Ziels und stellen Sie dieses explizit vor. Denken Sie Methoden neu. Lassen Sie kreative Köpfe in kleinen Gruppen arbeiten. Agile Methoden oder auch Kreativitätstechniken eignen sich hervorragend. Die Charakteristik einer Online-Verhandlung bietet dabei sogar Vorteile: Mehrere kleine Sessions mit Arbeitsaufträgen für »zwischendrin« lassen sich oft besser in die Verhandlung integrieren als die klassische Ganztagesverhandlung. Nutzen Sie die Möglichkeiten des Online-Settings, wie das Arbeiten in Break-out-Räumen und eine Kollaborationssoftware wie Miro oder Conceptboard.

VIRTUELL VERHANDELN. DENKZEIT

In Kapitel 2 haben Sie erfahren, weshalb die Erfüllung von Bedürfnissen wichtig ist, damit Verhandelnde sich wohlfühlen und in Verhandlungen gute Ergebnisse erzielen können. Sie wissen, welche die fünf Ebenen der Maslow'schen Bedürfnispyramide sind, und kennen deren Bedeutung für virtuelle Verhandlungen. Nehmen Sie sich ein paar Minuten Zeit und überlegen Sie vor Ihrer nächsten Verhandlung, welche der Bedürfnisse bereits erfüllt sind und auf die Erfüllung welcher Bedürfnisse Sie noch achten wollen:

- **Physiologische Bedürfnisse.** Gut hören. Gut sehen ... und noch viel mehr
- **Sicherheitsbedürfnisse.** So viel Inhalt. So viel Technik ... HELP!
- **Soziale Bedürfnisse.** Teamspirit? Online? Mehr einsame Wölfe denn je
- **Individualbedürfnisse.** Nimm mich wahr ... bitte!
- **Selbstverwirklichung.** Gestaltungswillen aktivieren und fördern

3. Gut gerüstet an den Start. Erfolgreiche Vorbereitung von Online-Verhandlungen

Lassen Sie uns zunächst darauf schauen, in welchen Situationen Sie online verhandeln können und in welchen Fällen Sie auf jeden Fall Präsenzverhandlungen durchführen sollten. Im nächsten Schritt werden Sie verstehen, warum es hilfreich ist, den Verhandlungsprozess bis ins kleinste Detail gut zu kennen. Sie vermeiden damit, dass Verhandlungen sich im Kreis drehen. Das ist in Präsenzverhandlungen schon mehr als lästig. In Online-Verhandlungen kann es Beteiligten das Genick brechen, wenn Verhandlungspartner:innen genervt aussteigen, weil Argumente zum dritten Mal in Folge ausgetauscht werden oder die Verhandlung in eine Sackgasse geraten ist. Weiter gehört zu einer guten Vorbereitung der versierte Umgang mit der Technik. So können Sie Ihre Aufmerksamkeit vollkommen auf die Beteiligten und den Inhalt richten. Sie erfahren, warum es empfehlenswert ist, die Anzahl der Teilnehmenden und der Sessions zu limitieren, um einen geschmeidigen Ablauf sicherzustellen. Last but not least identifizieren wir Sicherheitsrisiken und eruieren Möglichkeiten, diese weitestgehend zu minimieren.

VIRTUELL VERHANDELN. TIPP #1

Zuerst entscheiden! Auktion oder Verhandlung? Virtuell oder in Präsenz?

Auktionen gelten im Einkauf als einfache und schnelle Methode, das beste Ergebnis zu erreichen. Diese Meinung ist weit verbreitet. Die meisten Konsumenten kennen Plattformen wie eBay, wo Regenschirme ebenso versteigert werden wie der Rasenroboter für den Garten. Für die gebrauchte Luxushandtasche entfacht sich ein wahrer Bieterkampf, während Großmutters Kaffeeservice auch in der digitalen Welt Staub ansetzen kann. Es scheint nichts zu geben, was nicht angeboten wird. Für Einkäufer von Commodities ist es heute schon eine gängige Vorgehensweise, E-Auktionen mit Lieferanten durchzuführen. Auch E-Auktionen sind eine Art von Online-Verhandlung. In ihrem Buch *The Art of M&A*, einem Fachbuch zur Abwicklung von Fusionen und Übernahmen, schreiben die Autoren Stanley Foster Reed und Alexandra Reed Lajoux: »Auktionen gelten immer noch als die beste Strategie, um den besten Preis zu erzielen.«[5] Diese gängige Ansicht gibt vermutlich den Ausschlag dazu, dass auch Unternehmensbereiche oder Tochtergesellschaften in Auktionen versteigert werden. Und da sich der Verkaufspreis aus dem Wettbewerb der Bietenden ergibt, muss auch keine Führungskraft befürchten, dafür in Kritik zu geraten. Zu den bekanntesten Auktionstheoretikern gehören Professor Jeremy I. Bulow vom Stanford Institute of Economics und Professor Paul Klemperer von der University of Oxford. Gemeinsam haben sie ein theoretisches Modell über Auktionen und Verhandlungen entwickelt, das die gängige Meinung über den Wertmaximierungseffekt bestätigt. Sie kamen zu dem Fazit, dass »aufgrund der Unabhängigkeit und Risikoneutralität der Bieter eine Auktion mit n+1 Bietern einer Verhandlung mit n+1 Bietern vorzuziehen ist«. Das Ergebnis lege nahe, so Bulow und Klemperer, dass die zusätzliche Wettbewerbskomponente von größerem Wert und Vorteil ist als ausgeprägtes Verhandlungsgeschick.[6] Dem widerspricht Guhan Subramanian, Professor an der

Harvard Law School und ausgewiesener Verhandlungsexperte, in seinem Buch *Negotiauctions* vehement. »Mit jeder Auktion sind beträchtliche Nachteile und Risiken verbunden, auf die weder theoretische Modelle noch Allerweltsweisheiten aufmerksam machen.«[7]

Subramanian verweist auf die anhaltende Debatte über die Zweckmäßigkeit von Online-Auktionen im Beschaffungswesen. Auktionen und Bieterverfahren (Tender) haben die betrieblichen Beschaffungskosten beträchtlich reduziert. Dazu beigetragen haben maßgeblich Softwareanbieter wie Aruba Networks oder SAP, die E-Procurement zu einem Kinderspiel werden lassen. Die Auftragsvergabe an Lieferanten wird einfach über Online-Ausschreibungen abgewickelt. Die Angebote von Suppliern gehen in Echtzeit im Einkauf ein, und beinahe zeitgleich kann die Beschaffung sich das günstigste Angebot herausgreifen und dem Unternehmen so stattliche Savings generieren. Ende der 1990er-Jahre erfasste das Beschaffungswesen eine wahre Flut von E-Auktionen. Doch die anfängliche überschwängliche Begeisterung verpuffte zunehmend, als Unternehmen oft auf die harte Tour zusehen mussten, dass wichtige nicht preisliche Entscheidungskriterien in einer E-Auktion nicht abgebildet werden können. Auch wenn Preise sich gut vergleichen lassen, kann nur schlecht erkannt werden, ob das günstigste Angebot auch qualitativ das beste ist. Folglich gingen Einkäufer dazu über, zwischen Commodities (standardisierte und damit vergleichbare Waren) und anspruchsvollen Gütern und komplexen Dienstleistungen zu unterscheiden. Letztere wurden in traditionellen Verhandlungen beschafft. Doch auch die Zulieferer lernten dazu. Immer weniger beteiligten sich an E-Auktionen. Ein Grund war, dass sich durch den Preiskampf weniger Profit erwirtschaften ließ. Hinzu kam, dass der Markt sich bereinigte und weder die Lieferanten, die keinen Zuschlag bekommen hatten, noch jene, die preislich sehr entgegengekommen waren, ein Interesse daran hatten, strategische Partnerschaften mit Kunden einzugehen, wenn es darum ging, gemeinsam Probleme zu lösen.

- **Definition Auktion.** Eine Auktion ist eine besondere Form der Preisermittlung. Charakteristisch für den Auktionsprozess ist, dass der Verkaufende zu einem nur noch passiv Teilnehmenden wird, sobald der Auktionsprozess begonnen hat. Wettbewerbsdruck entsteht aus den konkurrierenden Angeboten der Bieter. Es gibt verschiedene Varianten von Auktionen:

  - **Offene Auktion:** Ein Merkmal einer offenen Auktion ist ein transparenter Prozess, das bedeutet, dass Gebote über Zuruf oder Handzeichen erfolgen und so das aktuelle Höchstgebot immer allen Teilnehmenden bekannt ist. Verschiedene Arten von offenen Auktionen sind:
    - **Englische Auktion:** Niedriges Eröffnungsangebot, 50 Prozent des zu erwartenden Mindestgebots; Erhöhungsschritte sind anfangs groß und verringern sich im Verlauf der Auktion.
    - **Umgekehrte Auktion:** Hier gibt es zunächst einen hohen Anfangspreis, der dann schrittweise gesenkt wird. Kaufende und Verkaufende tauschen die Rollen. Das heißt, Kaufende sind Prozessgestalter, und Verkaufende sind Bietende.
    - **Holländische Auktion:** Die holländische Auktion zeichnet sich dadurch aus, dass es einen hohen Anfangspreis gibt, der vom Auktionator gesenkt wird. Aufgrund der Geschwindigkeit sind holländische Auktionen für zeitkritische Entscheidungen geeignet.
    - **Japanische Auktion:** Bei der japanischen Auktion ist der Anfangspreis niedrig und wird dann schrittweise erhöht. Auch sie zeichnet sich durch eine hohe Geschwindigkeit aus und ist deshalb ebenfalls für zeitkritische Entscheidungen geeignet.

  - **Verdeckte Auktion:** Merkmal einer verdeckten Auktion ist, dass der Prozess nicht transparent ist. Gebote werden von den Bietenden verdeckt und schriftlich abgegeben. Bietende kennen die Höhe des anderen Gebotes nicht. Bietende kennen oft nicht einmal die Anzahl der Mitbietenden, so kann trotz fehlender Konkurrenz eine Wettbewerbssituation simuliert werden. Oft gibt es eine indikative (nicht verbindliche) Vorrunde (Longlist), der die Einladung durch die Einkaufenden zu einer zweiten Runde mit vier bis acht interessanten Bietenden (Shortlist) folgt. Nach einer ausführlichen Due-Diligence-Prüfung wird ein letztes und bestes Angebot erwünscht. Auch bei der verdeckten Auktion gibt es verschiedene Arten:

- **Erstpreisauktion (Sealed-Bid Auction):** Eine Sealed-Bid Auktion zeichnet sich durch einen Prozess aus, in dem alle Bietenden ihr Gebot simultan – früher in verschlossenen Briefumschlägen, heute zum gleichen Zeitpunkt – online abgeben. Kein Bietender kennt die Angebote der Mitbietenden. Der Bietende mit dem höchsten Angebot gewinnt und bezahlt den von ihm gebotenen Preis.
- **Zweitpreisauktion (Vickrey Auction):** Bei der Zweitpreisauktion geben Bietende ebenfalls ihr Höchstgebot ab. Der Bietende mit dem Höchstgebot gewinnt die Auktion, muss allerdings nur den Preis des Zweithöchstbietenden bezahlen.
- **Request for Quote:** Ein RFQ ist eine Anfrage nach einem Angebot an ausgewählte Supplier zu einem bestimmten Produkt oder einer bestimmten Dienstleistung. Ein RFQ kann allein oder im Tandem mit einem RFP (Request for Proposal – mit tiefergehenden Informationen zum Produkt) angefragt werden. Ein RFQ wird angefragt, wenn das Standardprodukt und dessen Preis schon bekannt ist, es bereits eine Geschäftsbeziehung zum Supplier gibt und der Prozess am Laufen (ongoing) ist.

- **Definition Verhandlung.** Auch bei einer Verhandlung kann es um eine Preisermittlung oder um die Lösung eines weit darüber hinausgehenden Interessenkonfliktes gehen. Die dynamische Interaktion zwischen beiden Parteien ist ein Merkmal des Verhandlungsgeschehens.

Die richtige Entscheidung: E-Auktion oder Verhandlung?

Die richtige Wahl zu treffen ist nicht immer einfach. E-Auktion oder Verhandlung? Was spricht für die E-Auktion, was für die Verhandlung? Angenommen, Ihr Unternehmen verfügt über die notwendige Software und die geeigneten Prozesse, um eine Auktion durchführen zu können, dann sprechen folgende Punkte für Auktionen: Auktionen kommen in der Regel schneller zum Abschluss als Präsenzverhandlungen. Es findet kein persönlicher Kontakt zwischen Anbietenden und Bietenden statt, keine von der Sache ablenkenden Gespräche, kein Small Talk, kein Ressourcen verbrauchendes Socializing. Keine hochkochenden Gefühle, genervten Blicke und spitzen Kommentare. Keine falsche Freundlichkeit und langatmigen Erklärungen. Anbietende werden zu passiv Teilnehmenden der Auktion, was viele aus den vorher genannten Gründen als Vorteil sehen. Zudem bieten Auktionen die höchstmögliche Transparenz, und Preise können vom Kaufenden bestmöglich verglichen werden. Wenn das Wertobjekt exakt spezifizierbar ist, können viele potenziell Bietende angefragt werden, ohne dass aufwendige und zeitintensive Verhandlungen mit einzelnen Partner:innen notwendig wären. Es wird Zeit gewonnen, die anderweitig genutzt werden kann. Durch konkurrierende An- und Gebote wird der Wettbewerbsdruck erhöht. Zusätzlich durch die gängige Meinung, Auktionen erzielten immer den besten Preis, bestärkt, entziehen Beteiligte sich einem internen Rechtfertigungsdruck in der eigenen Organisation.

Doch es gibt auch eine Reihe von Gründen, die für die Verhandlung sprechen: Wenn persönliche Beziehungen und die Art und Weise der Geschäftsabwicklung wichtig sind, weil schon lange kooperiert wird und auch eine weitere enge strategische Partnerschaft zwischen Geschäftspartner:innen geplant ist, führt kein Weg an einer Verhandlung vorbei. Respekt, Wertschätzung und Anerkennung kann nur im direkten Kontakt gezeigt werden. Gibt es große Differenzen zwischen den besten Angeboten, dann gilt es herauszufinden, woran das liegt, und auch das funktioniert nur im Dialog. Ein weiterer Grund kann sein, dass die Bietenden gute BATNA (Best Alternative To a Negotiated Agreement) haben, das heißt attraktive

Möglichkeiten, neben Ihnen mit anderen Partnern zusammenzuarbeiten. Hier kommen Anbietende in eine Situation, von der Zusammenarbeit mit ihnen zu überzeugen. Überhaupt spielt die dynamische Interaktion zwischen den Beteiligten eine große Rolle. Sie wollen neue Möglichkeiten ausloten und gemeinsam out of the box denken? Das funktioniert nur in einer Verhandlung, nicht in einer Auktion. Was ist, wenn der Lieferant Monopolist ist? Hier wird eine Auktion nicht zum gewünschten Erfolg führen. Auch eine Situation, in der die Beziehung zwischen Geschäftspartner:innen durch gemeinsame Investitionen in Innovation, Forschung und Entwicklung begleitet wird, spricht für die Durchführung analoger Verhandlungen, besonders wenn ausgewiesene Expert:innen sich mit Fachwissen einbringen. Expertise ersetzt keine Software. In diesem Zusammenhang spricht man von geringer Risikotoleranz. Das bedeutet, dass wenig Bereitschaft vonseiten der Kunden vorhanden ist, ein Risiko einzugehen, das mit der Entscheidung für neue Lieferanten einhergeht. Auch Geschäftsentwicklungen, in denen Geheimhaltung eine Rolle spielt, werden in der Regel ausschließlich in persönlichen Verhandlungen durchgeführt.

Im Anschluss eine kurze Übersicht, die als Entscheidungshilfe genutzt werden kann.

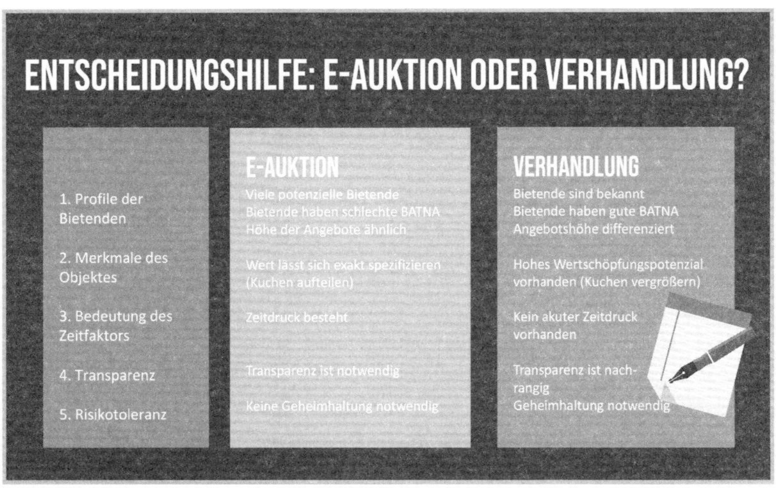

Haben Sie sich nun nach Abwägung aller Argumente gegen die Auktion und für die Verhandlung entschieden, bleibt noch die Frage: in Präsenz oder online? Bevor Sie Ihre Einladungen verschicken, überlegen Sie genau, was Sie erreichen wollen und welches Format dafür das passendere ist. Es gibt Situationen, da führt kein Weg an einer Präsenzverhandlung vorbei. Wann immer innerhalb der ausgewählten Verhandlungssituationen möglich, entscheiden Sie sich für ein Treffen von Mensch zu Mensch. Es sei denn, der nächste Lockdown verhindert ein persönliches Zusammenkommen, oder eine:r der Beteiligten ist in Quarantäne. Hier die Fälle, in denen ich eine persönliche Verhandlung empfehle:

- **Präsenzverhandlung für Kick-off-Veranstaltungen:** Das erste Treffen ist eine lohnende Investition in die zukünftige Beziehung der Verhandelnden. Weitere Verhandlungen können dann online durchgeführt werden.
- **Präsenzverhandlung für gemeinsame Problemlösungen:** Sind Schwierigkeiten aufgetaucht, die eine weitere Zusammenarbeit gefährden könnten, ist es unumgänglich, persönlich zu erscheinen, um den Ursachen der Störung auf den Grund zu gehen und sie aus der Welt zu schaffen. Sie zeigen dadurch, wie ernst Sie die Situation nehmen und welche Priorität Sie ihr beimessen, indem Sie den Aufwand betreiben, persönlich in Erscheinung zu treten.
- **Präsenzverhandlungen für Konfliktgespräche:** Konfliktgespräche werden zwischen Mitarbeitenden und Vorgesetzten geführt, wenn Emotionen bereits hochgekocht sind und Deeskalation dringend notwendig ist. Hierbei ist es wichtig, dass unter vier Augen verhandelt wird, idealerweise an einem ruhigen Ort. Die Möglichkeit, nonverbale Reaktionen wahrzunehmen und richtig zu deuten, spielt eine wichtige Rolle.
- **Präsenzverhandlungen für den Sonderfall Mediation:** Sind Parteien so zerstritten, dass sie nicht in der Lage sind, ihren Konflikt selbst zu lösen, kann ein Mediator Wunder tun: zwischen Parteien vermitteln und eine Einigung herbeiführen. Auch bei einer Mediation und Conflict Resolution spielt die Wahrnehmung der

Stimmung, repräsentiert durch die Körpersprache, eine wesentliche Rolle. Unter Conflict Resolution wird eine zu staatlichen Gerichtsverfahren alternative Streitbeilegungsmethode verstanden. Mithilfe einer Drittperson werden Ergebnisse abseits eines Gerichtsprozesses gefunden.

- **Präsenzverhandlungen, um Allianzen zu schmieden:** Suchen Sie Partner:innen, mit denen Sie Koalitionen bilden wollen, seien es Blocking Coalitions oder Winning Coalitions, dann funktioniert das am besten in einer Präsenzverhandlung. Ein großer Vorteil hier: Vertraulichkeit. Sie wissen, wer zuhört, und auch, wer nicht!
- **Präsenzverhandlungen für Gehaltsverhandlungen mit Mitarbeitenden:** Gehaltsverhandlungen sind für viele Mitarbeitende stressig, besonders und gerade, weil sie nicht so häufig geführt werden. Auch in diesem Fall ist es passender, sich persönlich zusammenzusetzen und Dinge in Ruhe zu besprechen.

VIRTUELL VERHANDELN. BEST PRACTICE

Online-Verhandlungen bieten sich für alle anderen als die oben genannten Situationen an! Machen Sie sich die vielen Vorteile bewusst.

- **Online-Verhandlungen mit Part-Time-Teilnehmenden:** Ein großer Vorteil von Online-Verhandlungen ist, dass Expert:innen oder Sachverständige zu bestimmten Zeitpunkten eingeladen werden können, um ihre Meinung oder ihre Expertise punktgenau mit den anderen Verhandelnden zu teilen. So wird vermieden, dass Verhandelnde unnütz ihre Zeit absitzen, ohne etwas Zielführendes zur Verhandlung beizutragen.
- **Online-Verhandlungen mit Teilnehmenden aus unterschiedlichen Standorten:** Es hat sich inzwischen herumgesprochen, dass erhebliche Kosten gespart werden, wenn Reisekosten und Reisezeit wegfallen. Stattdessen können andere Aufgaben wahrge-

nommen werden, und der Umwelt tun wir auch etwas Gutes damit. Ein weiterer, manchmal unterschätzter Faktor sind auch unsere Nerven, die wir schonen, indem wir nicht im Stau stehen, uns nicht an überfüllten Flughäfen durch die Sicherheitskontrolle zwängen, nicht bei Lost & Found verloren gegangene Gepäckstücke anmahnen, nicht auf zugigen Bahnsteigen auf verspätete Züge warten und keine Nächte in lieblosen Businesshotels verbringen.

- **Online-Verhandlungen, wenn Teilnehmende sehr eingespannt sind:** Es gibt Mitarbeitende, deren Terminkalender ist ausgebucht. Es ist schwer, bei ihnen einen Termin zu bekommen, auf Monate hinaus gibt es kaum eine Lücke. Der Slot für eine einstündige Online-Verhandlung zu einem konkreten Thema lässt sich leichter finden als ein halber oder ganzer Tag.
- **Online-Verhandlungen, um Statusdifferenzen zu minimieren:** Virtuelle Verhandlungen lassen Statusunterschiede weniger deutlich hervortreten. Die Kacheln haben nun mal alle das gleiche Format. Es gibt keine größeren und ganz großen. Erst einmal steht allen die gleiche Fläche zur Verfügung, vom Personal Assistant bis zum Vorstand.
- **Online-Verhandlungen, um spontan Themen zu klären:** Zu einer Online-Verhandlung ist schnell eingeladen. Somit sind Sie viel beweglicher im Abarbeiten von Themen. Definitiv sind Online-Verhandlungen ein Format, das mentaler Flexibilität sehr zuträglich ist. Zündende Idee? Schnell ein paar Kolleg:innen einladen, der Kunde kommt dazu, und eine neue Option wird durchgespielt.
- **Online-Verhandlungen, um jederzeit Zugriff auf Dateien zu haben:** Das ist wohl einer der größten Vorteile von virtuellen Verhandlungen. Wir haben uneingeschränkten Zugriff auf sämtliche benötigte Daten, die sich auf unseren Servern befinden. Spontane Frage der Gegenseite? Kein Problem! Ein paar Klicks, und die nötigen Antworten können geliefert werden. Wir müssen nichts mehr ausdrucken, auch das schont die Ressourcen und spart Kosten. Kein Druckerpapier, keine Druckerpatronen, weniger Abfall nach der Verhandlung.

- **Online-Verhandlungen, um jederzeit recherchieren zu können:** Sie haben einen neuen Kunden und wollen mal eben während der Verhandlung seine Referenzliste ansehen? Einen Blick auf das Organigramm der Geschäftsführung werfen? Oder auf LinkedIn den Werdegang der Kandidatin überprüfen? In Online-Verhandlungen haben wir Zugriff auf das Internet, gewünschte Informationen stehen uns sekundenschnell zur Verfügung. Was für ein Luxus!
- **Online-Verhandlungen, um sich schnell mit Kolleg:innen abzusprechen:** Mal eben einen Break-out-Raum eingerichtet und auf Stumm geschaltet, um mit den Kolleg:innen den nächsten Move zu besprechen? Das funktioniert spielerisch in virtuellen Verhandlungen. Zugleich bietet es den riesengroßen Vorteil, als Team an einem Strang zu ziehen und während des Meetings die eigenen Wahrnehmungen mit denen der Verhandlungspartner:innen abzugleichen.
- **Online-Verhandlungen, um einfacher Nein zu sagen:** Nein zu sagen ist in Verhandlungen wichtig. Und es geht online einfacher als in Präsenzverhandlungen. Eine eisige Atmosphäre hat bestimmt jeder von uns aus missglückten Präsenzverhandlungen in Erinnerung. Nachdem ein hartes »Nein« oder »Das ist nicht verhandelbar« in den Raum gestellt wurde, ist die Luft oft zum Schneiden. Im virtuellen Raum können wir Gespräche schneller wieder einfangen und notfalls beenden oder vertagen. Und ein »Das ist schwierig im Moment!« ist immer noch die sprachliche Alternative, die wir in unserer Hinterhand halten, um die virtuelle Tür nicht komplett zuzuschlagen.
- **Online-Verhandlungen, um öfter mal eine Pause zu machen:** Pausen sind wichtig, um fit zu bleiben und fit zu werden. Wir stillen unsere physiologischen Bedürfnisse und haben Zeit, kurz runterzukommen, mal auf den Balkon oder um den Block zu gehen und den Kopf freizukriegen für die nächste mentale Höchstleistung. Und nach den Pausen sind kleine Unstimmigkeiten wie weggeblasen. Die virtuell Verhandelnden sind wieder mit frischer Energie dabei.

VIRTUELL VERHANDELN. INTERVIEW

Dr. Miriam Steimer

Dr. Miriam Steimer ist Senior Director im Bereich Strategy Mergers and Acquisitions bei SIEMENS HEALTHINEERS und verfügt über umfangreiche Erfahrung im virtuellen Verhandeln.

J. P.: Virtuelles Verhandeln ist effizient: Verhandelnde konzentrieren sich voll und ganz auf die Sache – keine Reisezeit, auch kein gemeinsames Lunch oder Dinner. Nicht einmal gemeinsame Kaffeepausen. Ist das nun ein Segen oder Fluch?
M. S.: Während des »Coffee- oder Break-Chats« habe ich in Präsenzverhandlungen schon viele interessante Hinweise bekommen. Teilweise Informationen, die in großer Runde so nicht ausgesprochen werden. Leider fällt das in virtuellen Verhandlungen komplett weg. Was bleibt, sind Spekulationen oder einfach fehlendes Wissen, was die Entwicklung möglicher Strategien durchaus mal verzögern kann.

J. P.: Welche positiven Erfahrungen haben Sie bisher mit virtuellen Verhandlungen gesammelt?
M. S.: Durch intensive Vorbereitung und viele gestellte Fragen während des Meetings kommt man auch bei virtuellen Verhandlungen zu sehr erfolgreichen Abschlüssen. Zur intensiven Vorbereitung gehört für mich unter anderem eine abgestimmte Agenda des Meetings mit allen Verhandelnden, so kann sich jede Seite entsprechend vorbereiten. Auch Pre-Reads bei komplexen Themen sind wichtig, um Verhandlungspartner auf den gleichen Stand zu bringen. Dabei empfehle ich Moderierenden die richtige zeitliche Einteilung pro Topic inklusive der Organisation der Pausen. Planen Sie lieber etwas mehr Zeit pro Topic und für die Pausen ein, sodass jede Seite genügend Zeit hat, sich intern abzustimmen.

J. P.: Und wenn die Verhandlung mal stockt? Welche Empfehlungen können Sie Online-Verhandelnden geben?

M. S.: Dann lieber eine Pause einlegen statt weitermachen. Außerdem gilt: Keine Frage ist dumm. Schaffen Sie ein Klima, in dem alles gefragt werden kann. Mimik und Gestik sind eingeschränkt, und Rückmeldungen kommen eingeschränkt beim Verhandlungspartner an. Somit kann man weniger gut auf die Verhandlungsteilnehmer eingehen und reagieren. Deshalb: nie ohne Kamera!

J. P.: Technische Herausforderungen und eine schlechte Internetverbindung ziehen immer wieder Störungen nach sich. Noch immer sind nicht alle Teilnehmenden mit Teams, Zoom etc. vertraut. Was tun?

M. S.: Hier gilt eine »Basic«-Empfehlung: Stellen Sie im Voraus sicher, dass alle Teilnehmenden mit der Technik vertraut sind, zumindest im eigenen Team. Darüber hinaus festlegen: Wer spricht zuerst? Wie koordiniert man? Wer macht Notizen? Und wer springt ein, wenn die Technik versagt? Bei Face-to-Face-Meetings gilt, Laptop zu, soweit er nicht grundlegend benötigt wird. Ich empfehle bei einem virtuellen Meeting ebenfalls, Mails und andere Programme, die einen ablenken können, zu schließen. Das stabilisiert die Verbindung und unterstützt den vollen Fokus auf die Verhandlung.

VIRTUELL VERHANDELN. TIPP #2

Die neue Art der inhaltlichen Vorbereitung: Nah am Verhandlungsprozess

Jede Verhandlung durchläuft einen klaren Prozess. Kennen Sie die einzelnen Phasen, dann haben Sie eine vorgegebene Agenda, an der Sie sich orientieren können. Wenn Sie dem roten Faden einer Verhandlung konsequent folgen, bietet Ihnen das die Möglichkeit, das Gespräch zu steuern. Sie versäumen keinen der logisch aufeinander aufbauenden und aus psychologischer Sicht sinnvollen Schritte. Eine virtuelle Verhandlung besteht aus sieben Phasen[8]:

- Vorbereitung
- Ouvertüre
- Klarheit schaffen
- Lösungen entwickeln
- Entscheidung treffen
- Ausklang
- Nachbereitung

In allen einzelnen Phasen gilt es, bestimmte zielführende Aspekte zu beachten, um am Ende ein nachhaltiges Ergebnis zu erzielen. Der Verhandlungsprozess ist dabei unabhängig vom Verhandlungsstil, Sie können den gleichen Schritten folgend entweder kooperativ oder kompetitiv verhandeln. Sehen wir uns die einzelnen Phasen im Detail an.

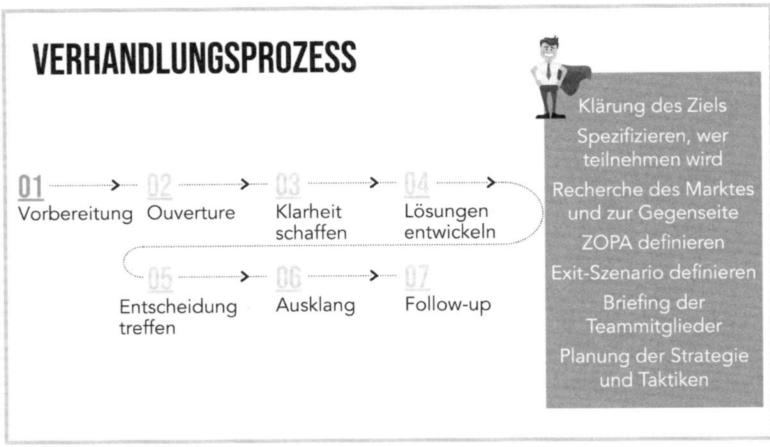

Die Vorbereitung

In der *Vorbereitung* legen Sie die Richtung fest: Was ist es, das Sie erreichen wollen? Als Erstes brauchen Sie Klarheit über das höhere Ziel. Daraus ergibt sich die Fokussierung auf die Betonung von Kooperation oder Wettbewerb in der anstehenden Verhandlung. Davon wiederum wird die Planung Ihres Verhandlungsstils, Ihrer Taktiken und Argumente abhängen. Auf welches Szenario werden Sie wahrscheinlich treffen? Klarheit darüber hilft Ihnen, Ihr spezifisches Ziel sowie Ihre Argumentation, Strategie und Taktik vorzubereiten. Sie werden Ihre Verhandlungsteilnehmenden benennen und wissen, wer von der Gegenseite an der Verhandlung teilnimmt. Sie beschaffen sich Hintergrundinformationen über die Gegenseite, sind mit der Verhandlungshistorie vertraut. Sie legen Ihr Ausstiegsszenario (Reservation Point oder auch Reservationspunkt) fest und definieren Ihre ZOPA (Zone of Possible Agreement). Wenn Sie im Team verhandeln, planen Sie unbedingt genügend Zeit vorab ein, um sich mit Ihren Teammitgliedern auf die gemeinsame Strategie zu verständigen und einzuschwören. Die Zeit, die Sie mit der Vorbereitung verbringen, hängt von folgenden Faktoren ab: Wie komplex ist das Thema? Wie wichtig ist Ihnen das Resultat? Welchen Wert hat der Verhandlungsgegenstand? Treffen Sie das erste Mal auf die Gegenseite, oder können Sie deren Vorgehensweise klar einschätzen? Wie umfangreich ist die notwendige Recherche? Handelt es sich um eine Einmalverhandlung, oder streben Sie eine längere Zusammenarbeit an? Wie sieht Ihre persönliche Verhandlungserfahrung aus? Sind Sie ein alter Hase und in der Lage, zu improvisieren? Oder verfügen Sie über wenig Erfahrung, und eine sehr genaue Vorbereitung gibt Ihnen die nötige Sicherheit, um flexibel reagieren zu können? Die Angemessenheit und Dauer der Vorbereitung kann also sehr unterschiedlich ausfallen. Eine Faustregel ist, dass die Vorbereitung etwa genauso lange dauert wie die Verhandlung selbst. Gut vorbereitet verfügen Sie über ein stabiles Fundament, das Sie sicher stützt und Ihr Selbstvertrauen stärkt. Es ermöglicht Ihnen zudem, während der Verhandlung immer mal wieder einen Blick in Ihre Unterlagen zu werfen, um so dem Prozess sauber zu folgen.

VIRTUELL VERHANDELN. BEST PRACTICE

Der frühe Vogel fängt den Wurm. Fangen Sie rechtzeitig mit der *Vorbereitung* an. Benutzen Sie einen One-Pager, also ein Dokument, das idealerweise nur aus einer Seite besteht und nicht zu viele Unterkategorien hat, um nicht mit der Suche nach Stichpunkten abgelenkt zu sein. Schicken Sie alle benötigten Unterlagen zur Sichtung VOR der Verhandlung an alle Beteiligten. Halten Sie den One-Pager als Leitfaden in der Verhandlung bereit und machen Sie sich während der Verhandlung ergänzende Notizen zu neuen Informationen der Gegenseite. Eine gute Vorbereitung ist ein Zeichen von Respekt und ein erstklassiges Investment in die Beziehung zu Verhandlungspartner:innen.

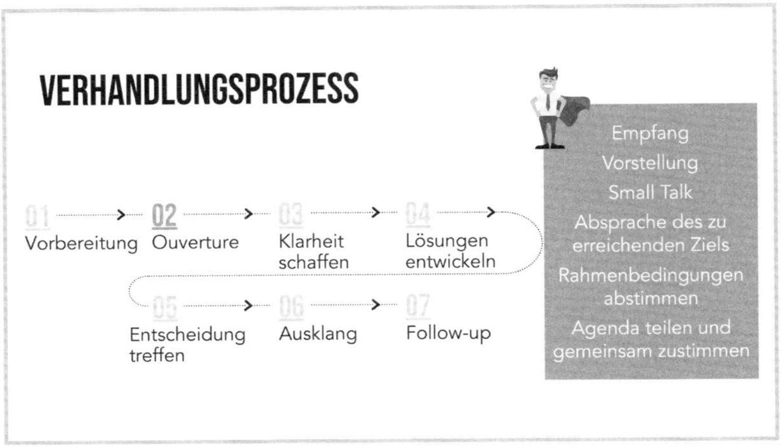

Die Ouvertüre

Die *Ouvertüre* ist ein Begriff aus der Musik. In ihr wird der Ton gesetzt und die Stimmung aufgebaut. Sie hören in den ersten Momenten, ob das Stück in Dur oder Moll ist, ob es sich um eine heitere Operette oder eine tragische Oper handelt, ein schwermütiges, gewaltiges Bach-Oratorium oder einen belanglosen Schlager. Wenn wir mit anderen Menschen zusammenkommen, sind wir nicht sofort und auf Knopfdruck arbeitsfähig. Als Erstes versuchen wir, ein Gespür für die Atmosphäre zu erlangen. Wie wird das Klima sein, auf das wir treffen? Ist uns der andere wohlgesonnen? Herrscht eine distanzierte Professionalität oder vielleicht sogar eine latente Feindseligkeit vor? Wir nehmen uns Zeit, um miteinander in Kontakt zu treten, und haben feine Antennen dafür, wer die Steuerung der Verhandlung übernimmt. Im Verborgenen geht es bereits in den ersten Minuten um eine Demonstration der Verhandlungsmacht. Aus diesem Grund besprechen Verhandelnde in der *Ouvertüre* erst einmal unverfängliche Themen. Beide Seiten »beschnuppern« sich. In Präsenzverhandlungen macht die Begrüßung den Auftakt. Schon hier können wir beobachten, wer wem wie die Hand reicht. Kommt die Hand des Gegenübers von oben und signalisiert so bereits Dominanz? Das ist in virtuellen Verhandlungen nicht möglich. Hier achten wir vielmehr darauf, ob die Begrüßung kurz und sachlich ausfällt. Ist sie es, wird auch die Online-Verhandlung mit großer Wahrscheinlichkeit knapp und sachorientiert werden. Oder nehmen sich die Parteien Zeit, um über Small Talk Vertrauen aufzubauen und erste, vielleicht sogar private Dinge von sich zu offenbaren? Steigt die Gegenseite darauf ein und öffnet sich, zeigt sie sich von Anfang an interessiert? Dann kann ein Klima der Offenheit entstehen, das Vertrauen wachsen lässt. In Präsenzverhandlungen wird die Verhandlungsatmosphäre auch über die Wahl des Raumes und der Sitzordnung bestimmt. Auch das funktioniert in virtuellen Verhandlungen nicht. Hier können wir keine Getränke anbieten. Langjährige Beobachtungen von Verhandelnden bestätigen immer wieder: Wie der Anfang, so das Ende! Ein weiteres Element der *Ouvertüre* ist, zu Beginn die verhandelnden Personen und ihre Funktionen vorzustellen und das Ziel und die Agenda zu kommunizieren. Warum sind wir heute hier, und was wollen wir am Ende der Verhandlung erreicht haben? Auch Organisatorisches und der Zeitrahmen werden besprochen. Haben wir eine Stunde oder den ganzen Tag zur Verfügung? Gibt es Folgetermine, die ein pünktliches Ende notwendig machen, oder ist nach hinten raus Luft, wenn wir gerade im Flow sein sollten? Viele Verhandelnde messen der *Ouvertüre* schon in Präsenzverhandlungen zu wenig Bedeutung bei. Im Laufe der Verhandlung holt sie dann ein, dass vielleicht unterschiedliche Vorstellungen über die Ziele herrschen, sie nicht wissen, wer welche Rolle im gegnerischen Verhandlungsteam hat, oder es schlichtweg keine Agenda gibt, die hilft, wieder zurück zum roten Faden zu gelangen, wenn sich Gespräche im Kreis drehen. In virtuellen Verhandlungen ist die *Ouvertüre* noch viel wichtiger.

VIRTUELL VERHANDELN. BEST PRACTICE

Nutzen Sie den First Mover Advantage und übernehmen Sie von Anfang an die Gesprächsführung. Fragen Sie, ob alle Verhandlungsparteien damit einverstanden sind, wenn Sie die Moderation übernehmen. Sprechen Sie Ihre Verhandlungspartner:innen mit Namen an. So oft es geht! Und zwar mit dem richtigen. Legen Sie dazu ein vorbereitetes Blatt Papier mit den Namen und Funktionen bereit, besonders von neuen Verhandlungspartner:innen. So sehen Sie immer auf einen Blick, wer welche Rolle innehat. Überlegen Sie im Vorfeld, was Themen für den Small Talk sein können, und nehmen Sie sich Zeit für die *Ouvertüre*.

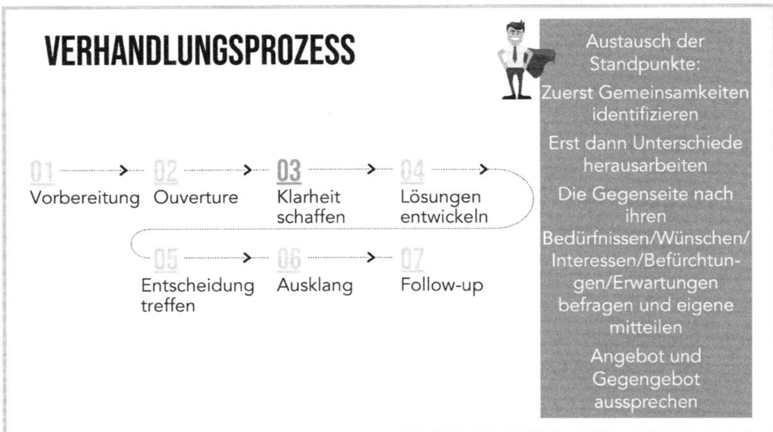

Klarheit schaffen

Klarheit zu gewinnen bedeutet, nicht im Trüben zu fischen. Laut Definition ist eines der Kriterien einer Verhandlung die Existenz eines Interessenkonfliktes, der zu klären ist. Deshalb wird diese Phase oft auch als *Explorationsphase* bezeichnet. Es gilt zu explorieren, also zu erforschen, wo die Gemeinsamkeiten und wo die Unterschiede der Verhandlungsparteien liegen. Eine bereits vorbereitete Bedarfs- und Bedürfnisanalyse hilft Ihnen in dieser Phase, ein besseres Verständnis von den wahren Motiven und Beweggründen der Gegenseite zu bekommen. Besonders mithilfe von Fragen werden Sie den Nebel der Unwissenheit lichten können. Da es in einer Verhandlung immer mindestens zwei Parteien gibt, wird es auch immer mindestens zwei unterschiedliche Interessenlagen geben. Vergessen Sie weder, Ihre eigenen Interessen publik zu machen, noch, die Interessen der Gegenseite zu erkunden. In Verhandlungen, in denen Sie an Kooperation interessiert sind, kann es passieren, dass Sie mit einer wohlwollenden Grundhaltung zu stark versuchen zu verstehen und dabei vergessen, Ihren eigenen Standpunkt klar und präzise zu äußern. Vielleicht aus der Befürchtung, damit das Klima zu verschlechtern. In kompetitiven Verhandlungen werden Sie hingegen vermutlich wenig preisgeben und versuchen, so viel wie möglich über die Gegenseite zu erfahren.

Wenn verhandelt wird, gibt es immer auch Gemeinsamkeiten. Der kleinste gemeinsame Nenner ist oft die Absicht, zu einem Ergebnis zu kommen – ansonsten fände die Verhandlung nicht statt. Erfahrene Verhandelnde wissen, dass es gut ist, so oft wie möglich zuzustimmen, so viele Jas wie möglich zu erhalten: »Agree wherever you can« lautet ihre Empfehlung. Ein erstes Ja ist ein wichtiger Schritt auf dem langen Weg zum finalen Ja, der Zustimmung zum Verhandlungsergebnis. Den Abschluss der *Explorationsphase* bildet die Bekanntgabe der Positionen. Forderungen werden gestellt und ermöglichen den Übergang zur Phase *Lösungen entwickeln*. Wird in der Phase *Klarheit schaffen* nicht gründlich gearbeitet, werden Verhandelnde sich bald im Kreis drehen und wieder in die Phase davor zurückspringen. Vorschnelle Lösungen werden nicht zufriedenstellend sein, weil wichtige Motive nicht berücksichtigt wurden. Fassen Sie deshalb am Ende der dritten Phase unbedingt zusammen, was Sie verstanden haben, und holen Sie sich das Einverständnis ab, dass zum nächsten Schritt übergegangen werden kann. Verhandlungsexpert:innen bezeichnen diese Phase als den Schlüssel zum Verhandlungserfolg.

VIRTUELL VERHANDELN. BEST PRACTICE

Besonders in virtuellen Verhandlungen wird dieser Phase oft nicht genügend Zeit eingeräumt. Verhandelnde bleiben vermehrt bei ihren Annahmen, ohne diese zu überprüfen. Fragen erscheint mühsamer als in Präsenzverhandlungen. Tun Sie es trotzdem: fragen Sie. Fragen Sie. Fragen Sie. Stellen Sie viele offene Fragen. Fragen Sie anknüpfend, das heißt, nutzen Sie die Antwort der Verhandlungspartner:innen, um darauf aufbauend die nächste Frage zu stellen. Stellen Sie noch mehr Fragen als in Präsenzverhandlungen! Fassen Sie die Antworten der Gegenseite zusammen und lassen Sie sich bestätigen, was Sie verstanden haben. Stellen Sie keine Kettenfragen, denn dann wird besonders in virtuellen Verhandlungen nur die letztgehörte Frage beantwortet werden. Lassen Sie der Gegenseite Zeit, Antworten zu finden und sie auch zu formulieren. Online ist es oft sehr viel unangenehmer, Pausen und Stille auszuhalten. Beißen Sie sich auf die Zunge, wenn Sie die Gegenseite unterbrechen und vorschnell antworten wollen. Lassen Sie in virtuellen Verhandlungen auch mal die Gegenseite zusammenfassen, was sie verstanden hat. Halten Sie ein Gespräch am Laufen, indem Sie die drei bis vier zuletzt gehörten Worte wiederholen. Das ermutigt die Gegenseite weiterzusprechen.

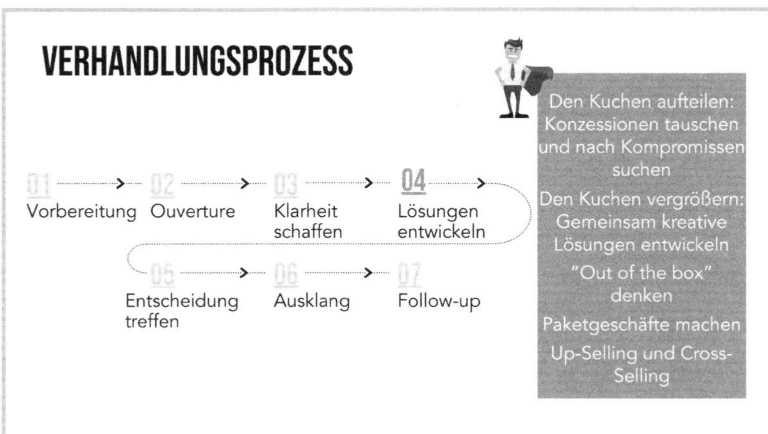

Lösungen entwickeln

Diese Phase ist das Herzstück der Verhandlung. Die an der Verhandlung beteiligten Parteien entwickeln mögliche konkrete Ansätze, den Interessenkonflikt zu lösen. Die Rahmenbedingungen sind geklärt, erste Forderungen gestellt. Die Verhandelnden bringen die Optionen ins Spiel, die ihnen den größtmöglichen Nutzen bieten. Zugeständnisse werden ausgetauscht. Hier greifen die Konzessionsregeln:

1. Den Ankereffekt nutzen, wenn es darum geht, das erste Angebot zu machen.
2. Die Angemessenheit des Gegengebots sofort bezweifeln.
3. Durch vermeintliche Preistransparenz beeindrucken.
4. Den Verhandlungstanz tanzen und sich in kleinen Schritten immer näher kommen.
5. Mindestens drei Verhandlungsrunden drehen.
6. Eine letzte, nicht preisgebundene Forderung kurz vor dem Abschluss des Deals stellen.[9]

In kooperativen Verhandlungen versucht man, einen Konsens zur beiderseitigen Zufriedenheit zu finden. Manchmal gelingt es den Verhandlungspartnern sogar, den Kuchen zu vergrößern und kreative neue Wege zur Lösungsfindung zu beschreiten. Idealerweise werden Pakete geschnürt und so ein Mehrwert geschaffen, den sich Verhandelnde im Vorfeld noch nicht vorstellen konnten. In sogenannten distributiven Verhandlungen hingegen, einer Art des kompetitiven Verhandelns, muss der Kuchen aufgeteilt werden. Beide Seiten versuchen, ein größtmögliches Stück des zu verteilenden Kuchens zu erhalten. Es werden Verhandlungstricks zum eigenen Vorteil angewandt. Oft gibt es Gewinner und Verlierer, oder die Beteiligten gehen Kompromisse ein. Ein Kompromiss ist im distributiven Verhandeln jedoch immer nur die zweitbeste Möglichkeit, denn keine Seite kann dabei ihre maximale Forderung durchsetzen.

VIRTUELL VERHANDELN. BEST PRACTICE

Während das distributive Verhandeln im Online-Setting erstaunlich gut funktioniert, leidet das kooperative Verhandeln. Warum ist das so? Kooperatives Verhandeln benötigt eine vertrauensvolle Beziehung, eine wechselseitige Kenntnis der Interessen sowie Zeit, gemeinsam kreative Lösungen zu entwickeln. Wie im Brainstorming inspirieren die Verhandelnden sich gegenseitig, indem sie eigene Ideen einbringen, Ideen anderer aufgreifen und weiterentwickeln. Wollen Sie also ausloten, ob der Kuchen vergrößert werden kann, benötigen Sie Methodenkenntnis. Zwei wichtige Regeln des Brainstormings lauten: 1. Möglichst viele Ideen entwickeln – hierbei ist es in virtuellen Verhandlungen empfehlenswert, sie schriftlich festzuhalten. Dies passiert idealerweise auf einem gemeinsam geteilten Dokument, denn zu schnell gehen sonst wertvolle Anregungen verloren. 2. Die Bewertung vom Sammeln der Ideen trennen. Damit virtuell Verhandelnde diese Regel einhalten, empfiehlt es sich, sie schon vor dem Entwickeln von Optionen anzusprechen: »Sind Sie damit einverstanden, erst einmal mögliche Lösungen zu sammeln und diese im Anschluss zu bewerten?«

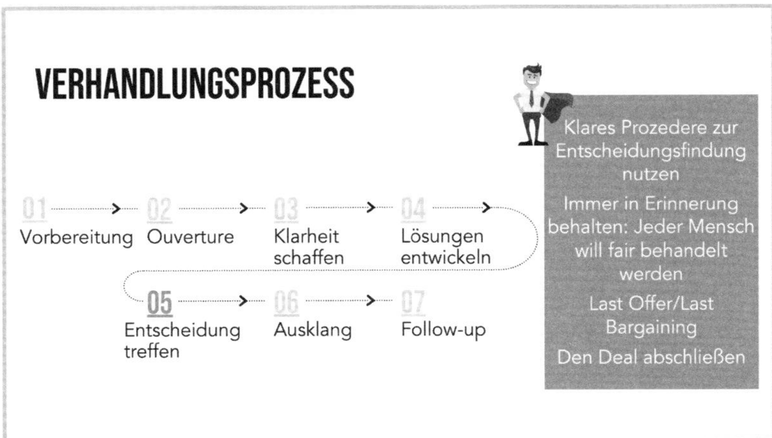

Die Entscheidung treffen

Die Verhandlung nähert sich einem Ergebnis. Damit es fair ausfällt, werden sich die Beteiligten in kooperativen Verhandlungen auf Kriterien einigen, die unabhängig von individuellen Interessen sind, und auf faire, transparente Verfahren achten. Ziel ist es, die Entscheidungsfindung nachvollziehbar zu gestalten, damit sie von allen Verhandelnden verfolgt und verstanden werden kann. Transparenz in den Entscheidungsprozess zu bringen ist hierbei oberstes Ziel. In kompetitiven Verhandlungen werden in der Regel in dieser Phase Einwände behandelt und Abschlusstechniken eingesetzt, bevor es zum Deal kommt. Das Last Offer zum Beispiel – das letzte Angebot – ist ein deutliches Signal, dass die Verhandlung sich dem Ende zuneigt. In dieser Phase können Verzögerungstaktiken oder Zeitdruck als Tricks beobachtet werden, um sich einen einseitigen Vorteil zu verschaffen. Professionell Verhandelnde werden nun in den inneren Dialog gehen und das mögliche Ergebnis mit ihrem Reservationspunkt, also dem Minimum, das sie erreichen wollen, und der BATNA, also dem Plan B, vergleichen. Ist das mögliche Ergebnis besser als Ihre Alternative abseits des Verhandlungstisches, werden Sie sich dafür entscheiden, andernfalls dagegen. Der Handschlag besiegelt in Präsenzverhandlungen traditionell die Übereinkunft.

VIRTUELL VERHANDELN. BEST PRACTICE

Überlegen Sie, wenn Sie kooperativ verhandeln, schon in der Vorbereitung, mithilfe welcher Verfahren und objektiven Kriterien Sie zu einem eindeutigen Ergebnis kommen können. Nehmen Sie Tempo raus, sollte der Verhandlungspartner noch zögern, und unterbrechen Sie die virtuelle Verhandlung. Die Möglichkeit, schnell Verhandlungen zu stoppen und eine kurze Pause zur Abstimmung einzulegen, ist ein eindeutiger Vorteil des virtuellen Verhandelns. In Präsenzverhandlungen müssen extra Räume gebucht werden oder Verhandelnde erneut anreisen, was einen viel größeren

▶▶▶

Aufwand darstellt, als einen Break-out-Room zu eröffnen oder sich kurz telefonisch abzustimmen. Wichtig ist, dass Sie auf einem alternativen Kommunikationskanal mit dem eigenen Team in Ruhe kommunizieren können. Benutzen Sie dabei nicht den Chat des Hauptmeetings, der von allen Beteiligten gelesen werden kann. Verkaufen Sie Unterbrechungen immer als Vorteil für beide Seiten und nutzen Sie diese Möglichkeit, so oft Sie wollen. Beherzigen Sie das Prinzip: »Go slow to go fast«. Fordern Sie Pausen ein, sollte die Gegenseite Druck aufbauen.

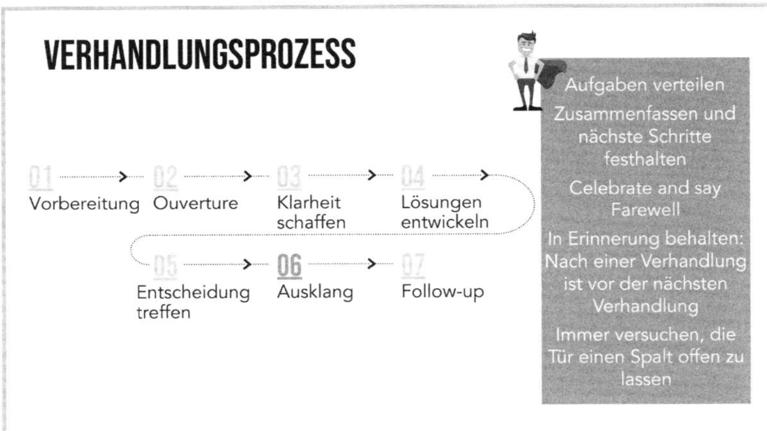

Der Ausklang

Der *Ausklang* einer Verhandlung ist in zwei Schritte unterteilt: den inhaltlichen und den formellen Teil. Für den inhaltlichen Teil werden die Parteien das Ergebnis noch einmal zusammenfassen. Sie besprechen, wie sie mit eventuell offenen Punkten umgehen werden, und planen konkrete nächste Schritte. Im formellen Teil des *Ausklangs* werden die Parteien sich, so sie zufrieden sind, zum Verhandlungsergebnis gratulieren. Oft klingt die Verhandlung aus, indem noch einmal Themen vom Beginn der Verhandlung aufgegriffen werden, die Beteiligten kehren so vom Big Talk zum Small Talk zurück. Die Verabschiedung beendet die Verhandlung dann offiziell. Bei vielen geschäftlichen Präsenzverhandlungen gehen die Verhandelnden anschließend noch gemeinsam zum Essen und verlängern so den offiziellen Abschluss über die eigentliche Verhandlung hinaus. Hier wird dann auch die Basis für weitere geschäftliche Begegnungen geschaffen, denn nach der Verhandlung ist vor der Verhandlung.

VIRTUELL VERHANDELN. BEST PRACTICE

In virtuellen Verhandlungen bleibt der »weiche« Part des *Ausklangs* oft auf der Strecke. Man hat die Entscheidung mit einem »Okay« abgenickt, die nächsten Schritte besprochen und winkt kurz zum Abschied in die Kamera, sofern sie denn an ist. Sehr oft findet kein Small Talk mehr statt, und statt des gemeinsamen Essens sitzen die Beteiligten wieder allein im Homeoffice oder im Büro vor ihrem Rechner. Während introvertierte Menschen manchmal sogar erleichtert sind, nicht noch Socializing betreiben zu müssen, bleibt bei extrovertierten Verhandelnden schon mal ein Gefühl der Leere zurück. Für beide Parteien sind ein paar nette Worte zum Verlauf der Verhandlung und Zuversicht in Bezug auf die Umsetzung des Ergebnisses eine wertvolle Investition in die zukünftige Zusammenarbeit. Denn auch online gilt: Nach der einen virtuellen Verhandlung ist vor der nächsten virtuellen Verhandlung. So wie wir auseinandergehen, kommen wir auch wieder zusammen.

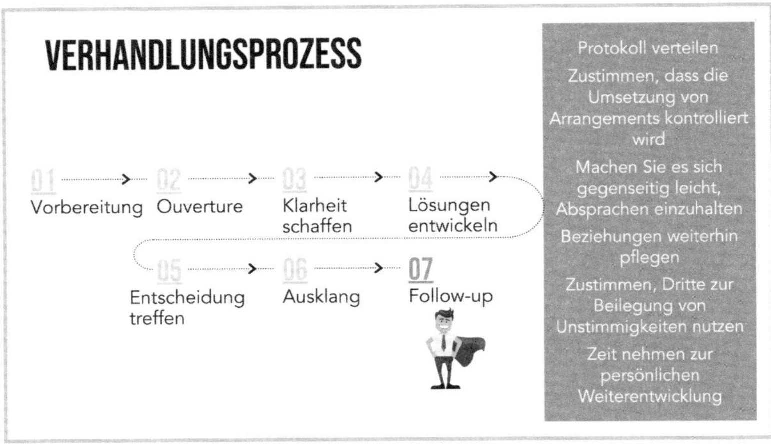

Das Follow-up

Das wohl klassischste Element der Nachbereitung ist die Dokumentation: In einem Protokoll oder Vertrag werden die Ergebnisse und auch die weitere Umsetzung der in der Verhandlung vereinbarten nächsten Schritte festgehalten. Um die To-dos sauber weiterverfolgen zu können, hat sich das ICN-Modell (Informed/Consulted/Negotiated) bewährt: Verhandelnde treffen eine Unterscheidung dahingehend, wer über das Ergebnis lediglich informiert wird (informed), mit wem sich die Verhandelnden weiter beraten, um die folgende strategische Ausrichtung zu besprechen (consulted), und wer die künftigen Ansprechpartner:innen für weitere Verhandlungen sind (negotiated). Die individuelle Nachbereitung ist allerdings eine Phase der Verhandlung, die in vielen Fällen unter den Tisch fällt, sobald das kollektive *Follow-up* erledigt ist. Ist die Verhandlung erfolgreich verlaufen, denken Verhandelnde erst recht nicht weiter darüber nach, und oft ist es auch der Businessalltag mit all seinen Aufgaben und Anforderungen, der den Verhandelnden zwingt, sich unmittelbar wieder mit dem Tagesgeschäft zu beschäftigen. Das ist schade, denn die persönliche Reflexion bietet eine seltene und großartige Chance, die eigenen Verhandlungs-Skills zu überprüfen und zu optimieren. Sind Verhandelnde im Team aufgetreten, so können sie sich gegenseitig Feedback geben. Was hat für uns gut funktioniert? Worauf können wir uns verlassen? Was werden wir beim nächsten Mal anders machen? Wo können wir noch besser werden? Die Lessons Learned können schriftlich aufgezeichnet werden. So kann man vor der nächsten Verhandlung einen kurzen Blick darauf werfen und dadurch nach und nach immer professioneller werden.

VIRTUELL VERHANDELN. BEST PRACTICE

Das Protokoll einer Online-Verhandlung lässt sich oft einfacher erstellen, wenn schon während des Verhandelns gemeinsam an einer Datei gearbeitet wurde. Alle Beteiligten haben so Einsicht in den Inhalt und kennen den aktuellen Stand der Dinge. Im Gegensatz zu Präsenzverhandlungen, in denen das Protokoll im Anschluss geschrieben wird, spart dieses Vorgehen Zeit. Eine zweite Möglichkeit besteht darin, ein Verlaufs- oder Simultanprotokoll zu erstellen. Leitende der virtuellen Verhandlung können diese Aufgabe auch delegieren. Vereinbaren Sie nicht nur das Ergebnis, sondern auch die Implementierung der Aktionen im Alltag und legen Sie fest, wer die Einhaltung der Realisierung überprüft und was passiert, sollte es zu Schwierigkeiten kommen. So kann beispielsweise eine neutrale Person oder Institution als Schlichter festgelegt werden.

Wenig Zeit? Der One-Pager für die schnelle Vorbereitung

In Anlehnung an den Verhandlungsprozess hat es sich bewährt, die sieben Phasen der Verhandlung bereits in der Vorbereitung als Grundlage zu etablieren. Ein Vorteil davon ist, dass die Wahrscheinlichkeit erhöht wird, sich in der Verhandlung selbst nicht im Kreis zu drehen und nicht im Prozess hin und her zu springen. Wenn Verhandelnde den Überblick verlieren und nur noch auf die Aktionen der Gegenseite reagieren, kommt es zu einem Kontrollverlust, der eine gefährliche Dynamik entstehen lässt. Der oder die Verhandelnde gibt die Zügel aus der Hand und riskiert, die Verhandlungsführung der Gegenseite zu überlassen. Das birgt das Risiko in sich, anfälliger für Beeinflussung und Manipulation zu sein. Die meisten Verhandelnden sind sich der Bedeutung einer umfassenden Vorbereitung für den Verhandlungserfolg bewusst. Trotzdem findet eine gute Vorbereitung oft nicht statt. Woran liegt das? Meistens an der Zeit, die wir uns nicht nehmen.

VIRTUELL VERHANDELN. BEST PRACTICE

Mit dem One-Pager benötigen Sie nicht mehr als eine DIN-A4-Seite, um sich kurz, knapp und präzise vorzubereiten.

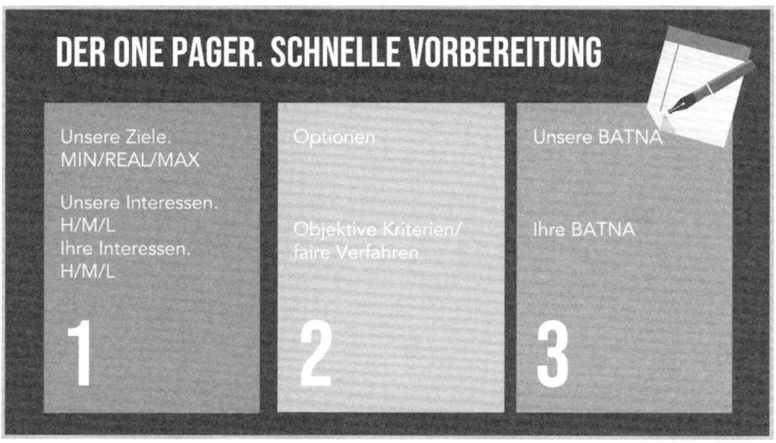

Weniger ist mehr: Die Anzahl der Teilnehmenden limitieren

Bei einer Umfrage dazu, was die optimale Anzahl von Teilnehmenden in einer Verhandlung ist, lägen die Antworten sicher weit auseinander. Vielleicht würden einige von Ihnen sagen, »zwei Personen«, und Ihre Antwort so begründen, dass mit nur einem Gegenüber der intensivste Austausch möglich ist. Sie können in einer solchen reduzierten Konstellation am besten zuhören, müssen am wenigsten Reize und Informationen verarbeiten. Es kostet die geringste Energie, und vermutlich kommen Sie am schnellsten zum Ziel. »Ja, aber«, würden vielleicht ein paar andere Verhandelnde intervenieren, »im Team erreichen wir doch noch viel mehr.« Die Stärken sind gleichmäßiger verteilt, fachliche und auch subtile Informationen können zuverlässiger aufgenommen werden, wir können uns hinter den Kulissen mit unseren Sparringspartnern austauschen und sind im Team weniger anfällig für Fehleinschätzungen und falsche strategische Entscheidungen.

Wann lohnt es sich also, allein zu verhandeln, und wann eher im Team? Was ist die maximale Anzahl an Verhandelnden in virtuellen Meetings?

Von Main Speakern, Support Speakern und Observern
Wie Sie Rollen im eigenen Team professionell nutzen

Es gibt Verhandlungssituationen, in denen Sie sich entscheiden müssen, ob Sie allein oder im Team verhandeln wollen. Sie werden abwägen, welche Vor- beziehungsweise Nachteile es mit sich bringt, wenn Sie ohne Unterstützung auftreten und ganz auf sich selbst gestellt sind. Alternativ zwingt Sie vielleicht die Situation dazu, als Team zu erscheinen. Besonders im beruflichen Umfeld spielen Hierarchien eine entscheidende Rolle, und Entscheidungsträger:innen müssen bei einer Verhandlung ebenso anwesend sein wie die fachlichen Expert:innen, die den Verhandlungsführenden mit Rat und Tat zur Seite stehen. Was sind die Besonderheiten der einzelnen Rollen? Wenn Sie diese kennen, wird es Ihnen zukünftig leichter fallen zu entscheiden, ob Sie allein oder mit hilfreicher Unterstützung in Ihre nächste Verhandlung gehen.

Wann lohnt es sich, als Team zu verhandeln?

- Wenn es sich um sehr komplexe Themen und Fragestellungen handelt, denn viele Augen und Ohren sehen und hören mehr.
- Wenn Expert:innenwissen von verschiedenen Sachverständigen benötigt wird, denn »Nobody is perfect!«.
- Wenn sowohl fachliche als auch fachübergreifende Interessen repräsentiert werden sollen, denn die können in einzelnen Punkten durchaus unterschiedlich sein.
- Wenn Sie aus allen vier Bereichen das Bestmögliche rausholen wollen – beim Kommunizieren, Zuhören, Protokollführen und Moderieren –, denn eine einzelne Person kommt damit schnell an ihre Grenzen.
- Wenn Sie Stärke demonstrieren wollen, denn Sie treten mit geballter Kraft und nicht als Einzelkämpfer:in auf.
- Wenn Sie moralische Unterstützung brauchen, denn gemeinsam fühlen Sie sich stärker.
- Wenn Sie Einzelpersonen schützen wollen, denn Sie sind als Zeug:innen mit anwesend.
- Wenn Sie einander nicht vertrauen, denn Sie hören, was gesagt und vereinbart wird.
- Wenn Sie Fehler oder Schuld eingestehen müssen, denn dann verteilen Sie die Last auf mehreren Schultern.

Wann lohnt es sich, allein zu verhandeln?

- Wenn es nur um Kleinigkeiten geht, denn dann wäre der Aufwand zu groß, alle mit ins Boot zu holen.
- Wenn Sie Kosten sparen wollen, denn je mehr Personen an der Verhandlung teilnehmen, umso teurer wird es für Sie.
- Wenn es um einfache Themen geht, bei denen Sie keine Expert:innen benötigen.
- Wenn Sie wollen, dass die Gegenseite den Eindruck erhält, es handele sich nur um eine Kleinigkeit.
- Wenn Sie einen Streit unter vier Augen klären wollen, denn das fällt leichter ohne Zeugen.
- Wenn die Gegenseite nur Ihnen persönlich vertraut, denn die Vertraulichkeit wird besser gewahrt werden.
- Wenn die Verpflichtung zu Stillschweigen besteht, denn je kleiner der Kreis von Eingeweihten, desto leichter die Geheimhaltung.

VIRTUELL VERHANDELN. BEST PRACTICE

Verhandeln Sie allein, kann es besonders bei Online-Verhandlungen nützlich sein, wenn Sie nur über eingeschränkte Entscheidungsgewalt verfügen. So können Sie sich immer Zeit zur Nachkorrektur aushandeln und stehen nicht unter Druck, vorschnell und ohne Reflexion und Absprache Entscheidungen treffen zu müssen. Selbst wenn Sie tatsächlich über die Entscheidungsbefugnis verfügen sollten, können Sie strategisch einen Riegel vorschieben, indem Sie sagen: »Das muss ich erst noch mit meiner/m Vorgesetzen/Abteilungsleiter:in/Vorstand/Partner:in klären ...«

Das Erfolgsrezept: Weniger Personen, die besser kommunizieren

Verhandeln ist Kommunikation. Die vier grundlegenden Pfeiler der Kommunikation sind:

- Verständliches Sprechen, um eigene Interessen zum Ausdruck zu bringen.
- Aktives Zuhören, um Interessen und Forderungen der Gegenseite zu verstehen.
- Notizen machen, um das Gesagte zu visualisieren und zu protokollieren.
- Aktive Steuerung der Verhandlung, um die Zwischenschritte und das Ziel nicht aus den Augen zu verlieren.

Auf diesem Fundament bauen dann weitere Feinheiten wie individuelle Strategien und Taktiken auf. Ohne stabiles Fundament wird auch der Online-Verhandlungserfolg zur Wackelpartie.

VIRTUELL VERHANDELN. BEST PRACTICE

Ein:e erfahrene:r Verhandelnde:r kann vielleicht in Präsenzverhandlungen alle vier Aufgaben gleichzeitig aus dem Ärmel schütteln. Die echten Profis allerdings holen sich gerade in virtuellen Verhandlungen Unterstützung und delegieren so viele Aufgaben wie möglich, um mehr Kapazität für übergeordnete, strategische Impulse zu haben.

Stellen Sie sich vor, Sie wollen ein Haus bauen. Wie gehen Sie vor? Sie starten mit der architektonischen Planung, vom Berechnen der Statik bis zum Ausheben der Baugrube. Dann geht es weiter über den Roh- bis zum Innenausbau. Die Elektrik muss verlegt, die Heizung eingebaut und Sanitärarbeiten erledigt werden. Dann wird gefliest und gestrichen. Die wenigsten von Ihnen werden von Anfang bis Ende alles in Eigenregie durchführen. Wir vertrauen auf

Expert:innen, und in den meisten Fällen koordiniert eine erfahrene Bauleitung die einzelnen Gewerke. Die Bauleitung denkt mit, verliert den Blick für das große Ganze – das fertige Haus – nicht aus dem Auge. Sie hält die Zügel in der Hand und steuert das Bauvorhaben zum gewünschten Ziel. Genau diese Erwartung haben die Teilnehmenden der Verhandlung auch an den Moderierenden. In sehr vielen Fällen verschmelzen die Rolle des/r Moderierenden und des/r Verhandlungsführenden. Oft aus praktischen Gründen, weil es kostengünstiger ist, wenn der Einladende gleich noch das Zeitmanagement und die Protokollführung mit übernimmt.

Welche vier Rollen können aktiv in virtuellen Verhandlungen eingenommen werden?

- Die Rolle des/r Moderierenden (Facilitator)
- Die Rolle des/r Verhandlungsführenden (Main Speaker)
- Die Rolle der Expert:innen (Support Speaker)
- Die Rolle des/r Beobachtenden (Observer/Recorder)

Lassen Sie uns die vier Rollen klären. Was genau sind die Aufgaben vor und während der virtuellen Verhandlung? Im Anschluss daran können Sie überlegen, welche der Rollen Sie zukünftig in Ihren Online-Verhandlungen besetzen werden, um das volle Potenzial Ihres Teams auszuschöpfen.

Die Rolle der Moderierenden (Facilitators): Mit Steuerungs-Know-how anderen den Rücken freihalten

Was würde passieren, wenn keiner sich für die Steuerung der Verhandlung verantwortlich fühlt? Seitengespräche? Streitgespräche? Endlose Wiederholungen? Vorschnelle Ergebnisse? Die laut Verhandelnden würden sich wohl sehr viel häufiger durchsetzen als zurückhaltende Teilnehmende. Besonders virtuelle Verhandlungen brauchen Moderierende, damit die Verhandlung in Bewegung bleibt, denn sonst besteht das Risiko, dass sie sich festfährt oder auf Nebenschauplätzen landet. Der Online-Moderierende bringt die Verhandelnden gleichberechtigt miteinander ins Gespräch, denn sonst reden nur die Dominanten, und die Schüchternen kommen nicht zu Wort. Auch der Aufbau einer vertrauensvollen Atmosphäre gehört zu den Aufgaben des Moderierenden, denn die entsteht in der Regel nicht von allein. Ebenso entschärft der Moderierende Konflikte, denn dazu braucht es Steuerungs-Know-how. Last but not least sorgt der Moderierende dafür, dass die virtuelle Verhandlung zu einer eindeutigen Übereinkunft kommt und die Beteiligten nicht ohne Ergebnis auseinandergehen. Wer sollte den Moderierenden stellen? Sie oder die andere Seite? Die Regel lautet: Übernehmen Sie die Kontrolle, halten Sie die Kontrolle und überlassen Sie die Kontrolle nicht der Gegenseite! Doch geben Sie die Moderation ab und teilen Sie die Kontrolle, wenn es gewünscht wird. Welche Aufgaben haben Moderierende vor der Verhandlung? Moderierende laden die Teilnehmenden ein und verschicken den richtigen Link. Sie versenden die Agenda mit Ziel, Zweck und Dauer der Verhandlung. Welche Aufgaben haben Moderierende während der Verhandlung? Moderierende sind für die Vorstellung der Teilnehmenden verantwortlich. Sie stellen die Verhandlungsführung vor, setzen passende Methoden ein und nutzen kollaborative Medien. Die Redebeiträge werden koordiniert, dabei die Verhandelnden mit Namen angesprochen. Als Orientierung gilt die Agenda, damit die Verhandlung am roten Faden bleibt und Themen ausgliedert werden können, wenn eine Sackgasse droht. Außerdem fasst ein Moderierender regelmäßig zwischendurch und am Ende Ergebnisse zusammen.

Die Rolle der Verhandlungsführer (Main Speakers): Leadership auch in virtuellen Welten

Meistens sind es die Verhandlungsführenden, die den größten Redeanteil innehaben. Der englische Ausdruck »Main Speaker« bringt das gut zum Ausdruck. Welche Aufgaben haben Verhandlungsführende vor der Verhandlung? Sie sprechen die Verhandlungsthemen mit dem Team ab, bereiten die Verhandlung strategisch und taktisch vor, planen erste Forderungen und Zugeständnisse und erstellen einen Fragenkatalog. Welche Aufgaben haben Verhandlungsführende während der Verhandlung? Sie gestalten eine gemeinsame und flexible Agenda, sprechen jedoch – anders, als die Bezeichnung auf den ersten Blick vermuten lässt – nicht zu viel, sondern hören mehr zu. Ihre wichtigste Aufgabe ist es jetzt, Hauptzuhörende zu sein. Melden sich Main Speaker zu Wort, sind sie klar, präzise und knapp in ihrer Ausdrucksweise. Sie sind dafür verantwortlich, Gemeinsamkeiten aufzubauen und Alternativen zu entwickeln, dabei ist »Was wäre, wenn …?« eine bewährte Leitfrage. Sie erheben Einspruch, wenn es notwendig ist, und folgen den Konzessionsregeln, wenn es darum geht, Interessenkonflikte zu lösen.

Die Rolle von Expert:innen (Support Speakers): Durch die Brille der Spezialisten

Expert:innen unterstützen den Main Speaker. So können Main Speaker ruhigen Gewissens sein, nicht alles wissen zu müssen, haben sie doch wahre Spezialist:innen zur Seite. Welche Aufgaben haben Expert:innen vor der Verhandlung? Sie bereiten ihre eigenen Themen vor und stimmen diese mit dem Team ab, zudem werden sie zur gemeinsamen Strategie, zu Taktiken und zur Agenda gebrieft. Außerdem planen sie gemeinsam mit allen anderen Beteiligten einen Fragenkatalog, Forderungen und Zugeständnisse. Die Vorbereitung findet in virtuellen Pre-Meetings statt. Welche Aufgaben haben Expert:innen während der Verhandlung? In Bezug auf ihre eigenen Themen warten sie, bis Moderierende ihnen das Wort erteilen. Sie vermitteln ihr Fachwissen klar, präzise und sind knapp in der Ausdrucksweise. Zudem unterstützen sie die Verhandlungsführenden. Sie vertreten die gleiche Meinung und ergänzen fehlende Punkte. Auf keinen Fall machen sie Zugeständnisse anstelle der Verhandlungsführenden. Sie hören konzentriert zu und erheben bei Forderungen oder falschen Fachinhalten der Gegenseite Einspruch.

Die Rolle der still Beobachtenden (Observers): Mehr als Notizen machen und schweigen

Interessanterweise wird im deutschsprachigen Raum die Rolle der still Beobachtenden nur selten genutzt, während sie in anderen Kulturräumen bereits standardisiert eingesetzt werden, zum Beispiel in Asien. Dort ist die still beobachtende Person oft auch der oder die Ranghöchste. Vor der Verhandlung werden sie genauso gebrieft wie andere Teilnehmende. Welche Aufgaben haben still Beobachtende während der Verhandlung? In erster Linie hören sie zu und schreiben mit. Sie bringen sich nicht aktiv ein und stellen höchstens Fragen zum Verständnis. Ihre Notizen machen sie nach der »Methode des geteilten Blatts« und halten folgende Beobachtungen fest: ausgetauschte Informationen (Interessen/Bedürfnisse), die erste Forderung der Gegenseite, Zugeständnisse beider Seiten in der richtigen Reihenfolge, mögliche Lösungen, die entwickelt werden. Außerdem können sie den Moderierenden ein Zeichen geben, wenn ihrer Einschätzung nach Bedarf nach einer Pause besteht. Welche Aufgaben haben stille Beobachter während der Pausen? Sie teilen die wichtigsten Beobachtungen, die sie zusammengefasst haben, dabei wird sachlich berichtet, und es werden keine Kolleg:innen kritisiert. Zudem unterbreiten sie Vorschläge und Ideen zur Lösungsfindung.

VIRTUELL VERHANDELN. BEST PRACTICE

Bewährt, um sich schriftliche Aufzeichnungen während virtuellen Verhandlungen zu machen, hat sich die »Methode des geteilten Blatts«. Dazu trennen Sie das, was Sie gesagt haben, auch optisch von dem, was die Gegenseite gesagt hat, und stellen die beiden Positionen einander gegenüber. Versuchen Sie es in Ihrer nächsten Verhandlung. Es funktioniert auch am Telefon hervorragend.

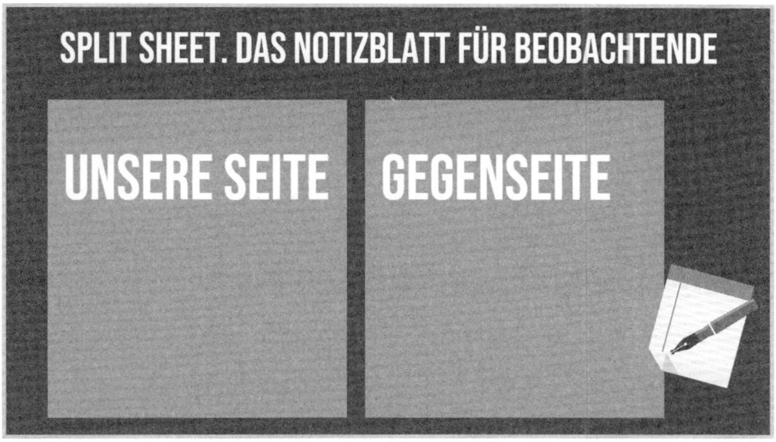

Welchen Vorteil bringt es, sich in Online-Verhandlungen Notizen zu machen? Es ist schwierig, sich an alles zu erinnern, was gesagt wurde, wenn wir nichts schriftlich festhalten. Vereinbarungen müssen auch deshalb notiert werden, damit wir uns zukünftig darauf beziehen können. In dem Moment, in dem wir etwas mitschreiben, haben wir Gelegenheit, Geschwindigkeit aus der virtuellen Verhandlung herauszunehmen, um eventuell nachzuhaken und später auf Basis der Notizen nachzudenken. Im Nachklang fällt es viel leichter, unser Vorgehen zu analysieren, wenn wir schriftliche Aufzeichnungen haben. Dabei spielt es erst einmal keine Rolle, ob jede:r virtuell Verhandelnde für sich mitschreibt, ob eine protokollierende Person es tut oder ob eventuell sogar ein gemeinsames Dokument dafür benutzt wird. Um es mit Winston Churchills Worten zu sagen: »A meeting is an event at which the minutes are kept and the hours are lost.«

Überlegen Sie deshalb genau, wer an der virtuellen Verhandlung teilnehmen muss. Wen brauchen Sie tatsächlich im Call, wer soll warum welche Rolle übernehmen? Auf wen können Sie verzichten? Wer kann im Nachgang von Ihnen informiert werden? Wer kann zuarbeiten und Sie im Vorfeld briefen? Jede Person, die keine aktive Rolle innehat, zieht Energie und Schwung aus einer Online-Verhandlung. Warum soll ich zuhören, wenn ich keine Aufgabe habe? Andere merken das sofort und reagieren darauf. Eine Variante kann sein, mit Part-Time-Teilnehmenden zu arbeiten. So können beispielsweise Expert:innen auf Abruf bereitstehen und an entsprechender Stelle dazugeholt werden. Die Rechtsabteilung, wenn es um juristische Aspekte geht. Die Techniker:innen bei Fragen zum Operativen. Die Kaufleute, wenn Konditionen verhandelt werden.

VIRTUELL VERHANDELN. BEST PRACTICE

Weniger ist mehr. Durchforsten Sie die Liste der Teilnehmenden Ihres eigenen Teams und filtern Sie so weit wie möglich. Limitieren Sie die Anzahl der Teilnehmenden. Als Daumenregel gilt, dass mit mehr als acht Verhandelnden die Qualität der Verhandlung drastisch fällt. Beschränken Sie virtuelle Verhandlungen unbedingt auf maximal zehn Personen. Vergessen Sie allerdings nicht, sich im Vorfeld zu erkundigen, mit wie vielen Personen die Gegenseite an der virtuellen Verhandlung teilnehmen wird, um das Aufgebot ebenbürtig zu matchen oder vielleicht sogar zu übertrumpfen.

VIRTUELL VERHANDELN. TIPP #4

Kürzer ist besser: Die Anzahl der Sessions limitieren

Wir leben Tag für Tag mit einem Überfluss an Informationen. Durch das Internet haben wir unbegrenzt Zugang zu Echtzeitnachrichten und Hintergrundinfos. Wenn uns ein Thema nicht interessiert, wechseln wir blitzschnell zum nächsten. Alles und jeder konkurriert um unsere Aufmerksamkeit, die reale Welt mit der virtuellen und die virtuelle mit der realen. Um in diesem Zustand der permanenten Reizüberflutung nicht verrückt zu werden, filtern und fokussieren wir am laufenden Band.

VIRTUELL VERHANDELN. WISSEN

Continuous Partial Attention[10]

Die Amerikanerin Linda Stone war für Apple und Microsoft Research als Beraterin tätig, bevor sie sich auf die Veröffentlichung technischer Themen spezialisierte. Sie prägte schon 1998 den Begriff CPA – Continuous Partial Attention (kontinuierliche Teilaufmerksamkeit), um damit ein bis dahin nicht übliches Verhalten von Menschen zu beschreiben, ihre Aufmerksamkeit immerzu zu teilen. Stone behauptet, dass unsere Motivation, das zu tun, darin begründet ist, dass wir nichts verpassen wollen. Wir sind immer ON, in künstlicher Alarmbereitschaft, und scannen ohne Unterlass unsere Umgebung, Daten und Fakten. Jedoch verweilt unsere Aufmerksamkeit nur sehr kurz, weil wir schon wieder beim Bewerten des nächsten Reizes angelangt sind. Linda Stone betont, dass CPA nicht mit Multitasking zu verwechseln sei, bei dem Menschen das Bestreben haben, produktiver und effizienter zu sein, indem sie mehrere Dinge gleichzeitig tun. Wir beantworten eine Mail, während wir einem virtuellen Meeting folgen, und essen nebenbei ein Sandwich. Wobei streng genommen Multitasking nur ein schneller Wechsel zwischen verschiedenen Tätigkeiten ist. Es fühlt sich für uns nur so an, als täten wir mehrere Dinge gleichzeitig.

Die Konsequenzen, die sich aus CPA ergeben, sind vielfältig:

1. Wir empfinden unseren Lebensstil als stressig, da wir gefühlt nie zur Ruhe kommen.
2. Wir arbeiten sehr oft im Modus von Krisenmanagement, da wir immer angespannt sind.
3. Wir machen schnell Zugeständnisse, auch wenn es notwendig ist, noch zu überlegen oder Entscheidungen gründlich und kreativ zu durchdenken.
4. Wir fühlen uns durch die dauernde Reizüberflutung überfordert und unerfüllt, da ein JA für eine Sache gleichzeitig ein NEIN für viele andere bedeutet.

5. Wir verspüren ein Gefühl der Ohnmacht, da die Bewältigung der vielen Reize kaum Zeit zum Handeln und kreativen Gestalten lässt.

Die ständige Verbundenheit mit virtuellen Reizen und deren Bewältigung hat einen Einfluss auf die Qualität menschlicher Beziehungen. CPA kann es besonders online schwieriger machen, eine echte Verbundenheit zu seinen Verhandlungspartner:innen aufzubauen. Verhandelnde, mit denen Sie in Verbindung kommen wollen, sind neben dem Meeting mit Ihnen gleichzeitig damit beschäftigt, Möglichkeiten, Aktivitäten und Neuigkeiten in den Sozialen Medien zu scannen, um nichts zu verpassen. Je länger eine Verhandlung dauert, desto größer ist die Wahrscheinlichkeit der Ablenkung und der daraus resultierenden fehlenden Verbundenheit.

Gretchen Gavett, ein Senior Editor des HBR *(Harvard Business Review)*, fasste das Ergebnis der Studie »Was Mitarbeitende während eines Conference Calls machen«[11] der amerikanischen Firma InterCall aus dem Jahr 2014 zusammen. InterCall war schon vor der Pandemie der führende Anbietende von Telefonkonferenzen und wurde von 85 Prozent der 100 weltweit größten Unternehmen genutzt. Nicht nur die Aktivitäten waren überraschend, auch die Orte, von denen aus die Konferenzteilnehmenden sich einwählten, hatten es in sich:

1. »Draußen beim Grillen und Bräunen.«
2. »Im Tunnel, der nach NYC führt.«
3. »In Disney World.«
4. »In einer Umkleidekabine, als ich Klamotten anprobiert habe.«
5. »Im Schrank des Hauses eines Freundes während einer Party.«
6. »Am Strand … Als der Videoanruf reinkam, habe ich mein Tablet so hoch gehalten, dass mein Bikini nicht zu sehen war.«
7. »Auf der Intensivstation eines Krankenhauses.«
8. »Ich habe meinen Hund auf der Straße gesucht, weil er weggelaufen war.«

VIRTUELL VERHANDELN. BEST PRACTICE

Lange Verhandlungen, die im analogen Umfeld funktionieren, lassen sich nicht eins zu eins online abbilden. Um die Aufmerksamkeit hochzuhalten, ist es deutlich besser, aus einer Verhandlung, die ursprünglich einen Tag gedauert hätte, zwei Online-Sessions zu vier Stunden oder sogar noch kürzere Einheiten zu planen. Idealerweise orientieren Sie sich für einzelne Sessions entlang des Verhandlungsprozesses. Hier ein Vorschlag, wie eine virtuelle Verhandlung mit sechs einzelnen Sessions aussehen kann:

1. Session: Kennenlernen / Themen / Herausforderungen
2. Session: Gemeinsame und im Konflikt stehende Interessen
3. Session: Positionen / erstes Angebot und Gegengebot
4. Session: Vergrößern des Kuchens und Entwickeln kreativer Ansätze
5. Session: Verhandeln der Konditionen und Abschluss des Deals
6. Session: Planung des Implementierens der Lösung

VIRTUELL VERHANDELN. TIPP #5

Zeit zum Fokussieren: Aktiv Pausen einplanen

Genauso wichtig, wie die Anzahl der Teilnehmenden zu limitieren und die Dauer der virtuellen Verhandlungen zu verkürzen, ist es, regelmäßig Pausen zu machen. In Pausen können Verhandelnde sich entspannen, regenerieren und neue Kraft sammeln. Planen Sie im virtuellen Set-up regelmäßig Pausen ein, spätestens alle 60 bis 90 Minuten.

VIRTUELL VERHANDELN. BEST PRACTICE

In Pausen können virtuell Verhandelnde mental abschalten und sich bewegen. Es hat sich bewährt, Kameras und Ton bewusst auszuschalten. Gewöhnen Sie sich einen Double-Check an: Bevor Sie Ihren Arbeitsplatz verlassen, prüfen Sie, ob Kamera und Ton wirklich ausgeschaltet sind.

VIRTUELL VERHANDELN. WISSEN

Zoom Fatigue[12]

Heute reiht sich Call an Call, wo früher ein Meeting dem anderen folgte. Keine Wegezeiten mehr, keine Pause, nur ein paar Klicks, und die Kacheln vor Ihnen sind mit neuen Köpfen und anderen Themen befüllt. Erschöpfung als Folge eng getakteter virtueller Meetings und Verhandlungen ist unter Online-Verhandelnden weit verbreitet. Erst leidet die Konzentration, dann werden Verhandelnde gereizter, bis Kopfschmerzen und oft auch Schlafstörungen einsetzen können.

Das Institut für Beschäftigung und Employability in Ludwigshafen (IBE) hat Anfang September 2020 eine umfassende Befragung[13] durchgeführt. Das war gut sechs Monate nach Beginn der Pandemie, Unternehmen und ihre Mitarbeitenden hatten sich bereits mit der technischen Durchführung von Online-Meetings vertraut gemacht. Virtuelle Kommunikation und Kooperation gehörten zwischenzeitlich zum Alltag, ein erstes Fazit wurde gezogen. Im Dezember 2020 folgte eine zweite Phase der Befragung, um die Entwicklungen aufzuzeigen.

Von vielen Befragten wurden psychische Symptome genannt. Lediglich 15 bis 30 Prozent der Befragten wiesen auch physiologische Symptome auf.

Psychische Symptome:

- Reduktion der Konzentration
- Fahrigkeit
- Ungeduld
- Erhöhte Reizbarkeit
- Fehlende Balance
- Unwirsches Agieren gegenüber Mitmenschen
- Genervt sein

Physiologische Symptome:

- Kopfschmerzen
- Rückenschmerzen
- Gliederschmerzen
- Magenschmerzen
- Schlafstörungen
- Sehstörungen

Um Zoom Fatigue entgegenzuwirken und entsprechende Voraussetzungen in virtuellen Verhandlungen zu schaffen, ist es notwendig, Verursacher zu erkennen. Als Belastungsfaktoren wurden in der Umfrage drei Bereiche identifiziert: zwischenmenschliche Aspekte, organisatorische Rahmenbedingungen und die Technik.

Pausen helfen gegen zu große Nüchternheit

Über zwei Drittel der Befragten nannten mangelnde nonverbale Rückmeldungen als Hauptbelastung, wobei besonders das Fehlen von Small Talk und die reduzierte Möglichkeit des Netzwerkens hervorgehoben wurden. Knapp die Hälfte der Befragten bemängelte sogar explizit das Fehlen von Mimik und Gestik, in dessen Folge es zu einer Versachlichung und Nüchternheit der Meetings kommt. Meetingteilnehmende wünschen sich mehr menschliche Wärme und Zeit für Socializing. Auch mit Blick auf diesen Punkt sind ausgeruhte Verhandelnde viel besser in der Lage, sich nicht nur auf den

Inhalt der virtuellen Verhandlung zu konzentrieren, sondern einen Teil ihrer Aufmerksamkeit auch den Verhandlungsteilnehmer:innen und deren Stimmung zu widmen.

Pausen gegen eine zu enge Taktung von Calls

Die Studie des IBE zeigte, dass das Gefühl der Getriebenheit sich bereits von September bis Dezember verbessert hatte. Eine erhöhte Zufriedenheit wurde dadurch erzielt, dass viele Unternehmen und Organisationen bewusst Pausen zwischen den Calls und bei längeren Meetings auch während der Meetings eingeplant hatten. Dieses Wissen kann sich jede:r virtuell Verhandelnde in Erinnerung rufen, wenn die Agenda der Verhandlung festgelegt wird.

Pausen, um sich von der Technik zu erholen

Beschäftigte haben sich zwischenzeitlich an den Umgang mit der Technik für virtuelle Kommunikation gewöhnt. Die Ton- und Bildqualität, die noch zu Beginn der Pandemie als belastend erlebt wurde, wird zunehmend als stabil eingeschätzt und dadurch als weniger belastend wahrgenommen. Das Gleiche gilt auch für die Qualität der Internetverbindung. Nichtsdestotrotz sitzen wir viel zu lange vor dem Bildschirm. Meist in gekrümmter Haltung, den Blick auf den Screen gerichtet. Stehen Sie auf, dehnen Sie sich, machen Sie Atemübungen und tun Sie Ihrem Körper etwas Gutes.

»Go slow to go fast«: Zeit zum Abstimmen

Langsam gehen, um schnell voranzukommen? Das scheint erst mal ein Widerspruch zu sein. Tatsächlich aber ist es von großem Vorteil, innezuhalten, nachzudenken und erst dann zu handeln. Das gilt für Präsenz- und noch viel mehr für virtuelle Verhandlungen. Denn online ist es viel einfacher geworden, Pausen zu machen.

Sie können sich mit Verhandelnden des eigenen Teams in einem Side-Meeting kurz abstimmen, mit den Vorgesetzten oder der Geschäftsführung Rücksprache halten und danach wieder in die Main Session zurückkehren. Sie können Meinungen von Expert:innen einholen und mit neuem Wissen fortfahren.

»Go slow to go fast«: Zeit zur strategischen Planung

Es liegt im ureigenen Wesen des Verhandelns, dass wir niemals absolute Transparenz darüber haben, was die Gegenseite wirklich erreichen will, und dass auch wir nicht in gleichem Maße all unsere Motive preisgeben. Das bedeutet, dass es unausweichlich ist, während einer Verhandlung mit neuen Fakten, Motiven, Wünschen und Forderungen konfrontiert zu werden. Und nun? Das ist der perfekte Zeitpunkt für eine virtuelle Pause, um die neuen Informationen zu bewerten und unsere Strategie daran auszurichten. Zumeist kann diese Pause auch als Vorteil für die Gegenseite verkauft werden: »Jetzt haben wir unser Angebot gemacht und Sie ein Gegengebot auf den Tisch gelegt. Wollen wir uns in 30 Minuten wieder treffen? Dann können wir und auch Sie die Angebote prüfen und überlegen, was nächste Schritte sein können.«

»Go slow to go fast«: Zeit zum Cooldown

Raus aus dem Aktions-Reaktions-Modus heißt es dann, wenn Emotionen hochkochen und das Risiko besteht, sich auf einen verbalen Schlagabtausch einzulassen. Angriffe werden unsachlich, Attacken persönlich. Das wiederum schreit nach einer Retourkutsche, und schon sind wir drin in Streitgesprächen statt sachlichen Verhandlungen. Aus Präsenzverhandlungen kennen Sie in diesem Fall die Empfehlung, eine Pause einzulegen und die Gefühle sich beruhigen zu lassen. Das Gleiche gilt für virtuelle Verhandlungen. Einen Break könnten Sie freundlich einführen mit den Worten: »Ich habe den Eindruck, wir drehen uns im Kreis. Ist Ihnen auch schon aufgefallen, wie sich der Ton verschärft hat? Ich schlage vor, wir unterbrechen für eine halbe Stunde, und setzen die Verhandlung dann fort. Ist das auch in Ihrem Sinne?«

»Go slow to go fast«: Zeit zum Einbinden

Negative Emotionen entstehen, wenn Menschen das Gefühl haben, ausgegrenzt und übergangen worden zu sein. Besonders in Unternehmen geht es oft darum, niemanden in der Informationskette zu vergessen. Auch hier sind in virtuellen Verhandlungen Pausen unterstützend. Eine kurze Info an die entsprechenden Expert:innen, Vorgesetzten oder Partner:innen hilft Ihnen, von genau diesen den Daumen hoch zu erhalten, wenn es um die Entscheidung geht. »Geben Sie mir einen Moment, unsere Vorgesetzte mit ins Boot zu holen. Ich melde mich in 15 Minuten wieder. Sind Sie damit einverstanden?« Sie treffen keine Entscheidungen über jemandes Kopf hinweg, sondern beziehen die Entscheidenden rechtzeitig mit ein, was diese voraussetzen und zu schätzen wissen. Ein weiterer Vorteil des Einbindens ist es, dass die richtigen Personen zügige Entscheidungen treffen und so den Verhandlungsprozess insgesamt beschleunigen können.

VIRTUELL VERHANDELN. BEST PRACTICE

Go slow to go fast. Pausen sind im virtuellen Setting einfacher zu machen als in Präsenzverhandlungen. Sie benötigen keinen Extraraum und keine Extraanreise. Sie können Pausen nutzen, um sich kurz im eigenen Team abzustimmen und andere nicht zu übergehen, sondern rechtzeitig einzubinden. Wird es hitzig, dann bieten Pausen eine gute Gelegenheit zum Cooldown. Und wenn Sie viele neue Informationen erhalten, die Ihnen im Vorfeld nicht zur Verfügung standen, dann nutzen Sie Pausen zur strategischen Planung, bevor Sie vorschnell Entscheidungen treffen.

VIRTUELL VERHANDELN. TIPP #6

Safety first! Sicherheitsrisiken minimieren

Heute ist es leichter denn je, eine Verhandlung aufzuzeichnen. Jede Art von Meeting kann ohne Schwierigkeiten mit dem Smartphone mitgeschnitten werden, unabhängig davon, ob Sie vor Ort sind, am Telefon verhandeln oder in einer Videokonferenz sitzen. Sprechen Sie vor der virtuellen Verhandlung an, dass keinerlei Aufzeichnungen oder Mitschnitte gemacht werden dürfen, dann sind jegliche Missverständnisse im Vorfeld ausgeräumt.

Es gibt verschiedene Wege, für hohe Sicherheit zu sorgen:

1. Die richtige Einschätzung und Analyse von möglichen Risiken findet bereits vor der Verhandlung statt (Risk Assessment und Risk Analysis). Wenn Sie mit sensiblen Informationen handeln, dann überlegen Sie in der Vorbereitung, was potenzielle Gefahren sind. Entwickeln Sie einen Plan, ob und wie diese verringert werden können. Beziehen Sie die IT-Abteilung mit ein, falls es Unsicherheiten gibt, mit welcher Meeting-Software gearbeitet werden darf. Versuchen Sie die Meeting-Links zu erstellen und zu verschicken, wenn Sie die Gelegenheit haben, und überlassen Sie diesen Schritt nicht der Gegenseite.

2. Etablieren Sie in Bezug auf Verschwiegenheit ein eindeutiges Vorgehen. Geheimhaltungsverträge stellen sicher, dass alle Beteiligten sich der Risiken von Sicherheitslücken bewusst sind, die Konsequenzen einer Missachtung kennen und wissen, wie sie sich in einem solchen Fall zu verhalten haben Die Unterzeichnenden verpflichten sich, Stillschweigen über Verhandlungen, Verhandlungsergebnisse und vertrauliche Informationen zu wahren.

VIRTUELL VERHANDELN. WISSEN

Was gehört in eine Vertraulichkeits- oder Verschwiegenheitsvereinbarung?

Vertraulichkeits- oder Verschwiegenheitsvereinbarungen werden im globalen Umfeld auch als NDA = Non Disclosure Agreement oder CDA = Confidential Disclosure Agreement bezeichnet. In der Regel werden sie in enger Abstimmung mit Juristen erarbeitet.

Mögliche Inhalte eines NDA/CDA:

- Die Namen der Vertragsparteien (Unternehmen und Personen)
- Die konkret geheim zu haltenden Informationen, z.B. Patente, Lizenzvergaben, Absichten bei Mergers & Acquisitions, RFLs (Request for Information) oder RFPs (Request for Proposal)
- Die nicht vertraulich zu behandelnden Informationen
- Die Höhe möglicher Strafzahlungen bei Vertragsbruch
- Die Dauer der Geheimhaltung

3. Halten Sie sich an Vertraulichkeitsvereinbarungen und ahnden Sie konsequent, wenn gegen sie verstoßen wird. So etabliert sich im Laufe der Zeit in Unternehmen und Kulturen ein Compliance-Standard als Grundregel des Umgangs miteinander. Compliance-Richtlinien beschreiben klar und verständlich, welches Verhalten Mitarbeitende gegenüber Kund:innen und Geschäftspartner:innen einhalten müssen. In vielen Unternehmen sind sie bereits Teil des Code of Conduct, des Verhaltenskodexes. Sie können auch immer wieder ansprechen, wie wichtig es ist, diese Regel einzuhalten. So wird Vertraulichkeit zu einem Grundsatz, der online genauso gilt wie im Umgang vor Ort.

4. Bieten Sie Trainings an. Alle Beteiligten einer Verhandlung werden darin geschult, was die Inhalte des NDAs sind, wie Sicher-

heitsrisiken identifiziert werden können und was sie tun können und müssen, wenn sie Sicherheitslücken entdecken.

5. Sorgen Sie für eine sichere Umgebung. Online-Verhandlungen werden nicht in der Öffentlichkeit geführt. Nicht im Zug, nicht in der Lounge am Flughafen und auch nicht im Auto am Telefon, wenn es mit der Familie in Urlaub geht. Schützen Sie Ihre Daten auf dem Laptop in der Öffentlichkeit immer mit einem Blickschutzfilter (Privacy Filter), durch den nur Sie Ihren Bildschirm sehen können. Alle anderen, inklusive Kolleg:innen, Fremde oder Wettbewerber, sehen lediglich einen schwarzen Bildschirm, sollten Sie einen Blick darauf werfen. Schließen Sie bei Online-Konferenzen die Tür Ihres Büros oder ziehen Sie sich in einen ungestörten Raum zurück.

6. Entwickeln Sie einen Notfallplan und benennen Sie die verantwortliche Person für digitale Sicherheit. Große Unternehmen haben sogenannte Saftey Officers. Diese Sicherheitsbeauftragten kümmern sich um die digitale und auch nichtdigitale Sicherheit. Beziehen Sie sie bei wichtigen Verhandlungen rechtzeitig mit ein. An Online-Verhandlungen mit hohem Prestigewert können Safety Officers sogar mit teilnehmen, um so immer ein Auge auf die Sicherheit zu haben. Denn aktiv Verhandelnde sind oft mit so vielen anderen Dingen beschäftigt, dass sie froh sind, wenn ein:e Expert:in sich um dieses Thema kümmert.

7. Protokollieren Sie genau, welche Vereinbarungen, besonders auch in Bezug auf Vertraulichkeit, in der Online-Verhandlung getroffen worden sind. Dokumentieren Sie auch Ihre Bedenken oder eventuelle Verstöße unmittelbar. Das kann für spätere juristische Auseinandersetzungen wichtig sein.

VIRTUELL VERHANDELN. DENKZEIT

In Kapitel 3, »Gut gerüstet an den Start«, haben Sie erfahren, wie wichtig es ist, Ihre Online-Verhandlungen vorzubereiten, und sechs Tipps kennengelernt. Welche konkreten Anregungen nehmen Sie aus den einzelnen Tipps mit?

Tipp #1: Zuerst entscheiden! Auktion oder Verhandlung? Virtuell oder in Präsenz?

....

Tipp #2: Die neue Art der inhaltlichen Vorbereitung: Nah am Verhandlungsprozess

....

Tipp #3: Weniger ist mehr: Die Anzahl der Teilnehmenden limitieren

....

Tipp #4: Kürzer ist besser: Die Anzahl der Sessions limitieren

....

Tipp #5: Zeit zum Fokussieren: Aktiv Pausen einplanen

....

Tipp #6: Safety first! Sicherheitsrisiken minimieren

....

4. Ganz nah und doch so fern. Kommunikation in Remote-Verhandlungen

Am Vormittag haben Sie mit Lieferanten in Südostasien die aktuellen Lieferverzögerungen besprochen. Nur die Hälfte der Teilnehmenden an diesem Online-Meeting hatte die Kamera eingeschaltet, der Rest war auch sehr still. Eine Stunde später geben Sie die Informationen an das eigene Team weiter, damit der Kunde informiert werden kann. Im Hintergrund hören Sie immer wieder das Geklapper der Tastatur, die Augen Ihrer Kolleg:innen wandern auf dem Bildschirm umher. Sie sehen: Die machen was anderes! Am Nachmittag möchte ein junger Mitarbeiter mit Ihnen verhandeln, ob er häufiger im Homeoffice arbeiten kann. Er hat gerade erst ausgelernt und seine Stelle während des Lockdowns angetreten. So richtig warm sind Sie mit ihm noch nicht geworden.

Vielleicht kennen Sie solche Tage. Oder ähnliche? Wir können uns mit nur einem Mausklick mit Verhandlungspartner:innen auf der ganzen Welt verbinden. Wir holen sie in unser Büro oder sogar nach Hause. Wir können viele solcher Verhandlungen an einem Tag haben. Und obwohl wir anderen Menschen damit sehr nah sind, sind wir einander doch oft so fern.

Wir werden uns in diesem Kapitel mit den Themen »Getting in touch« und »Keeping in touch« beschäftigen, denn viele virtuell Verhandelnde haben das Gefühl, dass es online schwieriger ist, in Kontakt zu kommen. Mindestens ebenso viele Verhandelnde treibt der Gedanke um, wie man auf angemessene Art und Weise in Kontakt bleibt. Auch Small Talk online zu führen ist für viele unangenehm. Warum? Weil man sich buchstäblich im Angesicht der Technik befindet und sich selbst auf dem Bildschirm immer auch in klein mit angucken muss, was viele Menschen hemmt. Auf den nächsten Seiten erhalten Sie Tipps, welche Themen sich für den Digi-Chat anbieten und welche Sie lieber nicht ansprechen. Um reibungslos virtuell zu verhandeln, kann es hilfreich sein, Kommunikationsregeln festzulegen und den Gesprächsverlauf immer wieder zusammenzufassen – dies funktioniert auch, ohne dabei oberlehrerhaft oder gekünstelt zu wirken. Auch die Fragen, ob es Unterschiede in der Kommunikation mit externen oder internen Partner:innen gibt und warum teaminterne Kommunikation manchmal sogar herausfordernder ist, werden wir klären.

VIRTUELL VERHANDELN. TIPP #7

Getting in touch – Keeping in touch

Verhandeln ist nicht ohne Kommunikation möglich. In Online- ebenso wenig wie in Präsenzverhandlungen. Wenn Parteien nicht in irgendeiner Art miteinander in Kontakt treten, kann nicht verhandelt werden. Die Art und Weise, wie Verhandelnde miteinander umgehen, bestimmt darüber, ob zu einem späteren Zeitpunkt Vorschläge unterbreitet, Kompromisse gefunden und Einigungen erzielt werden können. Kommunikation kann Hindernisse wachsen lassen oder sie abbauen. Latente Vorurteile können bestätigt oder überwunden werden. Vertrauen, Offenheit und Zusammenarbeit können genauso entstehen wie Misstrauen, Verdächtigungen und Verhärtungen. Wenn die Hunde erst einmal von der Leine gelassen sind und Aggression sich ausbreitet, dann können sie sich schon auch mal zerfleischen, und es wird schwierig sein, sie wieder einzufangen und Ruhe einkehren zu lassen. Nur mit Ruhe und Gelassenheit sind Verhandelnde in der Lage, professionell zu kommunizieren. Das gilt für virtuelle Verhandlungen in gleichem, wenn nicht sogar größerem Maße.

Einer der weltweit bekanntesten Verhandlungsexperten ist Gavin Kennedy, emeritierter Professor der Heriot-Watt University in Edinburgh, der nicht nur den Bestseller *Everything is Negotiable. How to get the Best Deal Every Time*[14], sondern ganze elf Bücher zu diesem Thema geschrieben hat. Laut Kennedy[15] liegt der Anteil der Kommunikation in einer Face-to-Face-Verhandlung bei etwa 85 Prozent.[16] Hierunter versteht er folgende Aspekte der Kommunikation: Small Talk führen, Fragen, die uns gestellt wurden, beantworten, Aussagen zu einem bestimmten Thema treffen, unser Verständnis zusammenfassen und Kritik äußern. Nur etwa zehn Prozent der Verhandlungszeit unterbreiten wir konkrete Vorschläge, und fünf Prozent davon versuchen wir eine Übereinkunft zu treffen. Basierend auf dieser Tatsache empfiehlt er virtuell Verhandelnden, sich eingehend mit Kommunikation zu beschäftigen. Ein virtueller Verhandlungsprofi ist auch immer ein Kommunikationsprofi.

Der frühe Vogel fängt den Wurm: Rechtzeitig anfangen, gute Beziehungen aufzubauen

Schon weit im Vorfeld können online Verhandelnde viel für den Beziehungsaufbau tun. Je häufiger wir mit einem Menschen Kontakt haben, desto sympathischer finden wir die Person in der Regel. Nutzen Sie deshalb möglichst viele Kommunikationskanäle, von Social-Media-Plattformen bis zur kurzen Bestätigungs- oder Danke-für-die-Info-Mail. Nehmen Sie lieber einmal den Telefonhörer zur Hand, als immer nur Mails zu schreiben, damit Sie Ihr Gegenüber persönlich gehört und, im besten Fall während eines kurzen Videocalls, auch einmal gesehen haben.

Gemeinsamkeiten nach und nach herausschälen

Meistens braucht es ein wenig Zeit, manchmal geht es auch ganz schnell. Suchen und finden Sie Gemeinsamkeiten. Verhandelnde, die vieles teilen, glauben, einander ähnlich zu sein. Das schafft Vertrauen. Auch wenn Sie nicht zu den Glücklichen zählen, die ihre Verhandlungspartner:innen schon persönlich kennengelernt haben, suchen Sie unbedingt nach Ähnlichkeiten und Übereinstimmungen. Vielleicht kommen Sie aus dem gleichen Bundesland, haben den gleichen Studiengang absolviert, teilen Hobbys oder haben Kinder im gleichen Alter. Werfen Sie auch ruhig im Vorfeld einen Blick auf das LinkedIn-Profil oder recherchieren Sie kurz im Internet. Vielleicht haben Sie gemeinsame Kontakte oder gemeinsame berufliche Interessengebiete.

Dranbleiben

Nachdem Sie Zeit und Aufwand in das Aufbauen guter Beziehungen zu Ihren Online-Verhandlungspartner:innen investiert haben, gilt es, am Ball zu bleiben. Denken Sie immer daran: Sie bestimmen, welches Bild Ihre Verhandlungspartner:innen von Ihnen haben. Wir sehen uns meist zweimal im Leben, und manchmal zum zweiten Mal erst zum ersten Mal in Präsenz.

Probieren Sie doch einmal Folgendes:

- Freundliche und persönliche Mails formulieren (Tipp: Erst der Inhalt, dann die Niceties)
- Auf beruflichen Social-Media-Kanälen folgen (LinkedIn, XING)
- Sich über aktuelle Themen der Verhandlungspartner:innen auf dem Laufenden halten (Branche, Unternehmen, Bereich)
- Geburtstagsgrüße senden

VIRTUELL VERHANDELN. BEST PRACTICE

In Online-Verhandlungen kann sich manchmal das ursprünglich veranlagte Kommunikationsverhalten eines Menschen verstärken. Introvertierte tauschen sich noch weniger gern ausführlich beim Small Talk aus. Extrovertierte nehmen auch online viel Raum ein und müssen ab und an sanft eingefangen werden. Denken Sie daran, dass Verhandelnde aus anderen Kulturkreisen auch unterschiedlich in Hinblick auf ihren Kommunikationsstil agieren: Online-Verhandelnde aus Kulturkreisen mit direktem Verhandlungsstil werden noch schneller auf den Punkt kommen und dabei das Gefühl haben, sehr effizient zu sein. Online-Verhandelnde aus Kulturkreisen mit einem indirekten Verhandlungsstil dagegen werden besonders bei negativen Bescheiden noch weniger offen sein und die eine oder andere Entscheidung vielleicht lieber aussitzen.

VIRTUELL VERHANDELN. INTERVIEW

Bettina Kappe

Bettina Kappe ist Diplom-Psychologin und Diplom-Betriebswirtin. Die erfahrene Senior-Beraterin trainiert Verhandlungsführung seit vielen Jahren im internationalen Umfeld großer Konzerne.

J. P.: Bettina, du hast schon als Abteilungsleiterin für Personalentwicklung viel mit verschiedenen Zielgruppen wie anderen Führungskräften, Vorgesetzten und dem Betriebsrat verhandelt. Inzwischen gehört Verhandlungsführung als ein Schwerpunkt zu deinem Trainings- und Coaching-Repertoire. Was sind aus dem Blickwinkel der Psychologin die größten Herausforderungen beim virtuellen Verhandeln?

B. K.: Die Körpersprache ist im digitalen Bereich eingeschränkt. Inzwischen hat es sich etabliert, zumindest immer die Kamera anzustellen. Ist die Verbindung allerdings bei Partner:innen schlecht, oder sind es größere Gruppen, die verhandeln, dann ist auch zeitweise niemand zu sehen, was ein Informationsverlust ist. Eine weitere Herausforderung ist der Start mit dem Rapport, der digital oft kürzer ausfällt, und mit der eingeschränkten Körpersprache, was den Aufbau der Beziehung erschweren kann.

J. P.: Die zeitliche Begrenzung liegt bei virtuellen Verhandlungen oft bei einer Stunde via MS Teams oder Zoom. In persönlichen Verhandlungen dagegen wird meist noch ein Puffer eingebaut, und im Anschluss gehen Verhandelnde noch Kaffee trinken oder zum gemeinsamen Essen. Was zieht die Beschränkung der Zeit nach sich?
B. K.: Oft fängt man beim nächsten Meeting erneut von vorne an. Die Unterbrechung bewirkt, dass virtuell Verhandelnde viel schwieriger in den Flow kommen. Sieht man in der Psychologie auf die Bedeutung der Beziehung, dann ist das In-Kontakt-Kommen im digitalen Raum schwerer geworden. Wenn ich an Einflussfaktoren von Cialdini denke, dann muss hier mehr gearbeitet, viel besser zugehört und auf Sprache geachtet werden.

J. P.: Du betonst immer wieder, wie hilfreich es ist, technisch gut ausgestattet zu sein, damit Ton, Licht und Hintergrund professionell sind. Welche Tipps aus der Perspektive der Therapeutin hast du neben der reibungslos funktionierenden Technik für Online-Verhandlungen?
B. K.: Wie in meinen lösungsorientierten Coachings versuche ich virtuell Verhandelnde vor allem für Sprache und Fragetechniken zu sensibilisieren. Das Tempo herauszunehmen und besonders anfangs nicht zu schnell zu sein ist wichtig, um sich nicht durch den Zeitrahmen hetzen zu lassen und dadurch Fehler zu machen.

J. P.: Bekannte Vorteile des virtuellen Verhandelns, die du ja auch in deinen Trainings ansprichst, sind, dass man Reisekosten und -zeit sowie andere Ressourcen (wie Raumbuchungen, Catering, Energiekosten) etc. einspart, auch die Flexibilität (Standort, unabhängig, länderübergreifend, etc.) ist größer geworden. Gibt es weitere Vorteile?
B. K.: Ich bin davon überzeugt, dass virtuelle Verhandlungen bei guter Vorbereitung effizienter und viel zielgerichteter sind. Bei größeren Gruppen gibt es weniger Beteiligung mit ausschweifenden Beiträgen, was auch das Tempo erhöht.

J. P.: Bettina, du sprichst davon, dass es einfacher ist, virtuell zu verhandeln, wenn sich die Beteiligten schon von früher kennen. Was, wenn dies nicht der Fall ist?

B. K.: Dann empfehle ich virtuell Verhandelnden, sich, wann immer möglich, für ein Kennenlernen persönlich zu treffen. Eine lohnende Investition in die Beziehung.

VIRTUELL VERHANDELN. QR

Hier erfahren Sie mehr über Bettina Kappe.

Hier erfahren Sie mehr über Robert Cialdini.

Das Talent, professionell zu überzeugen

Spricht man über die Art und Weise, wie Verhandelnde kommunizieren, herrscht manchmal Verwirrung darüber, ob es sich dabei um Verhandlungskunst oder um Überzeugungskraft handelt, die den Erfolg beflügelt. Worin liegt nun der Unterschied? Das Huthwaite International Institute ist eines der weltweit führenden Institute, die sich auf Sales- und Negotiation-Trainings spezialisiert haben. Laut einer Huthwaite-Studie aus dem Jahr 2014 zum Thema[17] »How well are you negotiating?« liegt der Unterschied darin, dass in einer Verhandlung beide Parteien miteinander kommunizieren, um sich anzunähern und eine Lösung zu finden, während Überzeugen ein Vorgang ist, der nur von einer Partei ausgeführt wird. Verhandelnde wollen damit die andere Seite bewegen, etwas zu tun, was in ihrem Sinne ist. Der Engländer Richard Mullender[18], der als

Verhandlungsausbilder für schwierige Verhandlungen mit Geiselnehmern bei Scotland Yard tätig war, unterstreicht diese Sichtweise. Mit Geiselnehmern zu verhandeln ist seiner Meinung nach ein One-Way-Prozess. Es steht niemals zur Debatte, auf die Forderungen der Gegenseite einzugehen, geschweige denn, sich auf einen Kompromiss mit Kriminellen einzulassen.

Als Verhandelnde:r ist es für Sie wichtig zu wissen, wann der richtige Zeitpunkt zum Überzeugen ist. Das wird immer dann der Fall sein, wenn Sie der Gegenseite nicht zustimmen wollen. Außerdem stellt sich die Frage, wie man professionell überzeugt. Erfolgreiche Verhandelnde sind, laut der bereits zitierten Studie des Huthwaite International Institute, folgendermaßen vorgegangen: Zuerst haben sie erstaunlicherweise die Gegenseite gebeten, ihren Standpunkt zu präsentieren. Im Anschluss wurde eine Reihe von Klärungsfragen gestellt, um ein tieferes Verstehen der Sichtweise des anderen zu erlangen, erst dann überzeugten erfolgreich Verhandelnde von ihrem Anliegen. Sie wissen, dass eine zu frühe Präsentation der eigenen Meinung selten jemanden überzeugt. Richard Mullender bestätigt diese Vorgehensweise aus seiner Scotland-Yard-Historie. Es wäre wenig Erfolg versprechend, die Meinung von Geiselnehmern ändern zu wollen. Vielmehr habe er immer versucht, ihre Meinungen genauestens zu verstehen, um sie dann gegen sie zu verwenden und so das gewünschte Ergebnis zu erzielen.

VIRTUELL VERHANDELN. TIPP #8

Small Talk online führen

Small Talk gehört zur Online-Verhandlung wie der Aperitif und die Vorspeise zu einem guten Essen. In vielen Kulturen wird der Aufbau einer tragfähigen Beziehung als der wichtigste Teil der Verhandlung gesehen. Small Talk ist Teil des Geschäftslebens, ob Sie ihn mögen oder nicht. Sobald man sich vertraut, sind Vertragsfragen oft nur mehr Formsache. Stellen Sie auf jeden Fall viele offene Fragen, damit ermutigen Sie Ihre Verhandlungspartner:innen, etwas von sich preiszugeben. Die Antworten auf geschlossene Fragen lauten nur »Ja« oder »Nein«.

Tipps zum Führen von Small Talk in Online-Verhandlungen:

1. Zeigen Sie echtes Interesse, indem Sie aufmerksam zuhören und auf das reagieren, was Ihnen erzählt wird.
2. Teilen Sie auch online persönliche Erlebnisse durch kleine, der Situation angemessene Anekdoten aus Ihrem eigenen Leben. Zeigen Sie, wer Sie sind.
3. Konzentrieren Sie sich im Laufe des Gespräches auf Gemeinsamkeiten und verknüpfen Sie so die Erzählstränge zu einem starken Band.
4. Halten Sie den Small Talk leicht. Small Talk ist wie ein kleines weißes Wölkchen am Himmel, keine Gewitterwolke. Schwere, kontroverse und negative Themen machen keine Lust auf ein weiteres Gespräch.
5. Seien Sie präsent. Schenken Sie Ihren virtuellen Verhandlungspartner:innen die volle Aufmerksamkeit. Halten Sie Ablenkungen fern, auch wenn die Verlockung noch so groß ist, einen kurzen Blick in den Posteingang zu werfen.
6. Zeigen Sie Empathie. Achten Sie auf emotionale Reaktionen, erkennen Sie diese schon im Small Talk an, und spiegeln Sie die Betroffenheit Ihres Gegenübers.
7. Humorvoller Small Talk ist erlaubt. Es hebt erwiesenermaßen die Stimmung, wenn gemeinsam gelacht werden kann. Nehmen Sie dabei lieber sich selbst auf die Schippe als andere.
8. Fokussieren Sie sich auf das Positive und Zuversichtliche. Verstärken Sie die positiven Aspekte und lassen Sie Negatives links liegen. Damit setzen Sie bereits den Ton für die kommende Verhandlung.

Diese Themen eignen sich für virtuellen Small Talk:

- Ob online oder nicht – das Wetter bleibt der Klassiker schlechthin
- Der Anlass der Verhandlung – Aktualität des Themas
- Die Stadt, Region oder das Land, in dem die Verhandlungspartner:innen leben
- Aktuelle Nachrichten – bitte nur Positives ansprechen
- Regelung zum mobilen Arbeiten in der jeweiligen Organisation
- Urlaubsziele – gerade in der Ferienzeit sehr beliebt
- Hobbys – jeder spricht gerne über seine Interessen, haken Sie doch mal mit ein paar Fragen nach

Lassen Sie lieber die Finger von diesen Themen für Ihren virtuellen Small Talk:

- Kontroverse Themen, wie Politik oder Religion
- Persönliche Themen, wie gesundheitliche Probleme oder finanzielle Schwierigkeiten
- Zu private Themen, wie Details zu intimen Beziehungen
- Beleidigende und sensible Themen, wie sexistische oder rassistische Kommentare

VIRTUELL VERHANDELN. BEST PRACTICE

Haben Sie einen gemeinsamen Kontakt? Jemanden, zu dem Ihre neuen Geschäftspartner:innen und Sie beide Vertrauen haben? Wunderbar! Bitten Sie diese Person zu Beginn des ersten virtuellen Kennenlernens, die Rolle des Gastgebenden zu übernehmen und Sie einander vorzustellen. Das wirkt wie ein Turbo für die Bildung des Vertrauens, besonders wenn nicht wir selbst, sondern andere Gutes über uns sagen.

Kommunikationsregeln festlegen

Immer wieder behindern überlappende Gesprächsbeiträge, die zeitversetzt ankommen, den Verhandlungs- und Gedankenfluss. Zusätzlich stehen in Online-Verhandlungen weniger Kommunikationssignale zur Verfügung. Das lässt leider mehr Raum für Interpretation und Spekulation, wie denn Dinge so gemeint sind. Eindeutige Kommunikationsregeln können dabei ein Stück weit Abhilfe schaffen. Die Frage hierbei ist:

- Wie spreche ich Kommunikationsregeln angemessen an?
- Welche Kommunikationsregeln helfen in Online-Verhandlungen, ein besseres Ergebnis zu erzielen?
- Wann spreche ich Kommunikationsregeln an?
- Wann spreche ich Kommunikationsregeln nicht an?

Wie spreche ich Kommunikationsregeln angemessen an?

Wenn Sie mit dem Verhandlungsklima und der Effizienz aus vorhergehenden Verhandlungen zufrieden sind, brauchen Sie keine Grundregeln aufstellen. Erfahrene virtuell Verhandelnde kennen die »Gebrauchsanweisung« für wirkungsvolle Kommunikation aus jedem ihrer Online-Meetings. Online-Konferenzen sind schon längst zur neuen Normalität geworden und die Teilnehmenden zwischenzeitlich weitgehend vertraut mit Regeln konstruktiver Kommunikation. Sind Verhandelnde allerdings nicht mit Kommunikationsregeln vertraut, dann stellt sich die Frage, wann und wie dies thematisiert wird und welche Regeln notwendig sind.

Regeln jedoch mit erhobenem Zeigefinger zu verkünden oder indirekt das Fehlverhalten der Verhandlungspartner:innen zu thematisieren, wird Ihnen keine Sympathiepunkte einbringen. Im günstigen Fall schenkt man Ihnen ein Stirnrunzeln, im schlechteren

Fall schlagen Ihnen offene Anfeindungen entgegen. Überlegen Sie deshalb gut, welche Kommunikationsregeln Sie wirklich aufstellen möchten. Weniger ist mehr, das gilt auch bei den Kommunikationsregeln. Wählen Sie mit Fingerspitzengefühl aus, was die Wirksamkeit wirklich erhöht. Manchmal ist es eben auch nicht so tragisch, zu unterbrechen oder unterbrochen zu werden, wenn das ganze Verhandlungsteam gerade im Flow ist. Verkaufen Sie die Kommunikationsregeln als Gewinn für alle Beteiligten und begründen Sie dies auch. Präsentieren Sie sie als Vorschlag. Bleiben Sie offen für Ergänzungen und Anpassungen. Holen Sie die Zustimmung aller Beteiligter ein.

Welche Kommunikationsregeln helfen in Online-Verhandlungen, ein besseres Ergebnis zu erzielen?

1. Wir kommunizieren klar und eindeutig. Wir teilen unsere Absichten und Bedürfnisse deutlich. Wir vermeiden Mehrdeutigkeit und Interpretationsspielraum.
2. Wir hören aktiv zu und konzentrieren uns auf das, was die anderen sagen. Wir denken nach, bevor wir antworten.
3. Wir gehen respektvoll miteinander um. Auch wenn wir nicht der gleichen Meinung sind, behandeln wir einander mit Respekt. Wir greifen uns nicht persönlich an und beleidigen einander nicht.
4. Wir konzentrieren uns auf die Sache und haben unsere Emotionen unter Kontrolle. Wir sind weder übermäßig aggressiv noch passiv.
5. Wir reagieren umgehend. Wir antworten zügig auf E-Mails oder Nachrichten und vermeiden lange Wartezeiten.
6. Wir dokumentieren das Ergebnis und alle damit verbundenen Nachrichten der Online-Verhandlung als Referenz für später.
7. Jede:r Beteiligte kann zu jedem Zeitpunkt eine Unterbrechung der Online-Verhandlung wünschen, besonders wenn die Stimmung sich hochschaukelt. Wir setzen virtuelle Verhandlungen erst dann fort, wenn sich alle Seiten beruhigt haben.

Wann spreche ich Kommunikationsregeln an?

Thematisieren Sie zu Beginn der virtuellen Verhandlung die Art und Weise, wie Sie miteinander sprechen wollen, wenn Sie aus Vorerfahrungen wissen, dass es in der Kommunikation manchmal hapert. Schlagen Sie während der virtuellen Verhandlung Kommunikationsregeln vor, wenn Sie das Gefühl haben, die Verhandlung ist ins Stocken geraten oder dabei, zu eskalieren, weil grobe Kommunikationsschnitzer das Klima, den Prozess oder die Arbeit am Ergebnis behindern.

Wann spreche ich Kommunikationsregeln nicht an?

In einer virtuellen Verhandlung mit externen Kund:innen würde es sehr sonderbar anmuten, wenn Sie die Online-Verhandlung mit einem Regelwerk einläuten würden. Das Gleiche gilt für alle Situationen, in denen die Verhandlungsmacht zu Ihren Ungunsten verteilt ist. Der Lieferant in einer monopolistischen Situation möchte nicht gemaßregelt werden. Das Start-up, mit dem Sie die Möglichkeiten einer potenziellen Zusammenarbeit ausloten, wäre befremdet über diese initialen Schritte. Intern verhält es sich ähnlich. In asymmetrischen internen Beziehungen ist das Ansprechen von Kommunikationsregeln zu Beginn nicht angemessen. Ihr:e Vorgesetzte:r würde genauso die Stirn runzeln wie das Management Board, wenn Sie als Mitarbeitende:r vorschnell nach vorn preschen.

VIRTUELL VERHANDELN. TIPP #10

Zusammenfassen. Zusammenfassen. Zusammenfassen!

Der Vormittag ist dicht gepackt mit Terminen, ein Online-Meeting jagt das nächste. Jetzt kurz zu Mittag essen, dann geht es in die nächste Verhandlung. Ein komplexer Sachverhalt. Sie fühlen sich fachlich nicht zu 100 Prozent sicher. Das Mittagstief tut sein Übriges. Viele von Ihnen werden ähnliche Situationen kennen. Und manchmal sitzt man dann in der Verhandlung und hat das Gefühl, die mentalen Kapazitäten seien ausgeschöpft. Ein einfach anzuwendendes Kommunikationstool, mit dem virtuell Verhandelnde sich selbst und anderen in einem solchen kritischen Moment helfen können: Fassen Sie zusammen. Sehr oft und immer wieder. Nicht nur am Ende, sondern auch zwischendrin. Damit signalisieren Sie, dass Sie zuhören können und verstehen wollen. Es zeigt Ihren Verhandlungspartner:innen, dass Sie ihren Ausführungen gefolgt sind und begriffen haben, was der anderen Seite wichtig ist. So spiegeln Sie der Gegenseite, dass Sie ganz Ohr sind, und können gleichzeitig überprüfen, ob Sie wirklich den Kontext vollständig erfasst haben. Am Ende verschicken Sie eine zusammenfassende Mail.

Welche intellektuellen Fähigkeiten zeichnen professionelles Zusammenfassen aus?

1. Das Verstehen der Hauptinteressen und Positionen beider Seiten
2. Das Festhalten der dazugehörigen Argumente
3. Das Weglassen von unnötigen Informationen und Details
4. Das »Auf den Punkt bringen« durch genaue Ausdrucks- und Schreibweise
5. Das schnelle Begreifen, Zuordnen und Interpretieren von Fakten und Beweggründen der Verhandelnden

6. Die hohe Aufmerksamkeit bezüglich Details, Genauigkeit und Sorgfalt
7. Die Fähigkeit, Muster und Beziehungen zu erkennen
8. Die Kenntnisse des relevanten Vokabulars und entsprechender Terminologien

Laut der bereits erwähnten Huthwaite-International-Studie verwenden Skilled Negotiators 17,2 Prozent der Verhandlungszeit darauf, ihr Verständnis der Situation zu überprüfen, während durchschnittlich Verhandelnde nur 8,3 Prozent der Zeit damit verbringen. Ist Ihre Zusammenfassung vollständig, bestätigt das den Verhandlungspartner:innen, dass Sie wirklich zugehört haben und sie verstanden wurden. Sollte noch etwas fehlen, hat die Gegenseite die Gelegenheit, den Sachverhalt zu korrigieren. Der Aufwand, das Zusammenfassen als Tool zu nutzen, ist gering. Der Lohn dagegen ist hoch. Ab und zu kann es allerdings Verhandelnde geben, die doch tatsächlich glauben, dass Sie – nur weil Sie ordentlich zugehört und wirklich verstanden haben – automatisch auch deren Forderungen zustimmen werden. »Nothing is agreed until everything is agreed«, lautet ein Verhandlungscredo der Amerikaner. Sprechen Sie das Missverständnis sofort offen an. »Ich habe verstanden, was Sie erwarten. Das bedeutet allerdings nicht, dass wir damit schon eine Übereinkunft getroffen haben.«

Virtuell führen durch Zusammenfassen

Ein weiterer nicht zu unterschätzender Aspekt des Zusammenfassens besteht darin, das Gespräch zurück zur Agenda zu bringen. Immer mal wieder geschieht es, dass virtuell Verhandelnde sich in Diskussionen um Details verlieren oder auf Nebenschauplätze geraten. Hier eignet sich das Zusammenfassen, um elegant zur eigentlichen Agenda zurückzuführen. »Lassen Sie uns darauf schauen, wo wir im Moment stehen. Wir haben uns bereits gemeinsam darauf geeinigt, dass … Wenn Sie einverstanden sind, gehen wir einen Schritt weiter. Wir kommen jetzt zu folgender Fragestellung . . .«

Formulierungstipps, wenn Sie mündlich in der virtuellen Verhandlung zusammenfassen:

- »Lassen Sie mich kurz zusammenfassen, was ich verstanden habe ...«
- »Korrigieren Sie mich, wenn ich falschliege. Was ich herausgehört habe, ist, dass Ihnen besonders am Herzen liegt, dass ...«
- »Sie meinen also, dass ... Sehe ich das richtig?«
- »Einverstanden. Lassen Sie mich noch einmal kurz zurückmelden, was ich verstanden habe. Sie haben noch Bedenken, dass ...«

Was ist der Zweck von schriftlichen Zusammenfassungen?

Der Mehrwert davon, eine Online-Verhandlung zusammenzufassen, besteht darin, Ihnen und anderen zu helfen, alle wichtigen Details auch nach der virtuellen Verhandlung zu sichten und bei Bedarf wieder abrufen zu können. Damit sind Kund:innen, Lieferant:innen oder Mitarbeitende, die nicht an der Verhandlung teilnehmen konnten, in der Lage, nachzulesen, was passiert ist und was vereinbart wurde. Gleichzeitig dient eine zusammenfassende Mail nach einer Online-Verhandlung als Referenz für spätere Diskussionen.

Wie fasst man eine Online-Verhandlung zusammen?

1. Machen Sie sich während der Verhandlung detaillierte Notizen.
2. Benutzen Sie einen Textmarker, um die wichtigsten Aussagen schon während der Verhandlung hervorzuheben.
3. Notieren Sie Fragen und Einwände am Rand, damit Sie nicht vergessen, nachzuhaken.
4. Heben Sie wichtige Entscheidungen farblich hervor.

5. Teilen Sie die Zusammenfassung mit allen Beteiligten unmittelbar im Anschluss an die virtuelle Verhandlung.
6. Schicken Sie die Zusammenfassung auch an weitere Verantwortliche, ohne den Verteiler künstlich aufzublasen.
7. Vergessen Sie nicht, Aktionen einzelnen Personen zuzuordnen und mit einer Timeline zu versehen.
8. Hängen Sie weitere Dateien an, falls das vereinbart wurde.

VIRTUELL VERHANDELN. BEST PRACTICE

Fassen Sie nicht nur am Ende zusammen, sondern so häufig wie möglich auch während der Verhandlung. Wenn es Ihnen schwerfällt, können Sie das Zusammenfassen auch delegieren.

VIRTUELL VERHANDELN. TIPP #11

Teaminterne Kommunikation sicherstellen

Dieser Tipp gehört zu den wichtigsten. Wieso? Weil viele virtuell Verhandelnde die Notwendigkeit nicht sehen, die teaminterne Kommunikation während einer Online-Verhandlung sicherzustellen. Dabei ist es einfach und hat viele Vorteile. Wenn Sie und Ihr Team mobil arbeiten, unterliegt der Austausch innerhalb des eigenen Teams vielleicht Einschränkungen. Früher haben Sie sich regelmäßig und intensiv schon in der Vorbereitung ausgetauscht. Sie haben sich kurz in Verhandlungspausen abgesprochen oder beim Mittagessen zurückgezogen, um Details durchzugehen. Heute fällt vieles davon weg. Wie führen Sie die taktische Pause heute durch? Wie stimmen Sie sich während der Verhandlung strategisch ab?

VIRTUELL VERHANDELN. BEST PRACTICE

Setzen Sie einen zweiten Kommunikationskanal auf. Benutzen Sie dazu auf keinen Fall den Chat Ihres Videokonferenzsystems, denn hier kann es leicht zu Fehlern und Verwechslungen kommen. Einmal falsch geklickt, und schon erfährt Ihre Gegenseite interne Informationen, die nicht für sie gedacht waren. Über einen Online-Messenger-Dienst wie Slack oder einen WhatsApp-Gruppenchat am Handy können Sie einen zweiten teaminternen Kanal einrichten. So können Sie während der virtuellen Verhandlung Kontakt halten und sich jederzeit austauschen, ohne dass die Gegenseite etwas davon mitbekommt.

VIRTUELL VERHANDELN. TIPP #12

Vom Mut, Emotionen auch virtuell zu zeigen

Menschen lernen schon früh, ihre Gefühle zu kontrollieren. Was bei Kindern noch erlaubt ist, wird bei Erwachsenen als gesellschaftlich unerwünscht und nicht angemessen gesehen. Negative Emotionen wie Wut, Ärger und Traurigkeit werden nicht in der Öffentlichkeit zur Schau getragen. Der Vorgesetzte, der tobt und seine Mitarbeiter anbrüllt, wird belächelt. Die Mitarbeiterin, die jammert, weil sie zu viel Arbeit hat, wird wenig ernst genommen. Die Arbeitsatmosphäre in unserem Kulturkreis ist geprägt von so etwas wie steriler Sachlichkeit. Da haben Gefühle keinen Raum und gelten eher als hinderlich. Wir halten uns in der Öffentlichkeit auch damit zurück, positive Emotionen wie zum Beispiel Freude offen zu zeigen.

In der Huthwaite-International-Studie wurden Verhandelnde gefragt, ob sie ihre negativen Gefühle – zum Beispiel »Ich bin enttäuscht von Ihrer Reaktion« – zum Ausdruck bringen würden. Nur 20 Prozent aller Verhandelnden gaben an, am Arbeitsplatz überhaupt Gefühle zum Ausdruck zu bringen. Echte Verhandlungsprofis taten es jedoch, laut Huthwaite International, deutlich häufiger. Das ist erstaunlich, denn nach wie vor herrscht die landläufige Meinung, dass wahre Verhandlungsexpert:innen ein Pokerface haben und keinerlei emotionale Reaktionen zeigen. Huthwaite International empfiehlt Verhandelnden, Emotionen zuzulassen. Nehmen wir an, in einer Preisverhandlung herrschen unterschiedliche Meinungen über die Höhe des Angebots. Solange Verhandelnde die Höhe des Angebotes nur argumentativ bezweifeln, kann ein Austausch der Argumente beliebig lange dauern. Zeigt eine:r der Verhandelnden jedoch seine Enttäuschung darüber, wird es für den anderen schwieriger, dies nicht anzuerkennen und somit das Angebot zurückzuweisen. Formulierungen, mit denen Verhandelnde ihre eigenen Gefühle zum Ausdruck bringen, wie: »Ich habe da Zweifel«, »Ich befürchte …«, »Ich fühle mich beunruhigt durch …« oder »Ich weiß nicht, wie ich darauf reagieren soll« wirken authentisch, weil sie die Betroffenheit des Verhandelnden zeigen.

Natürlich ist es einfacher, positive Gefühle auszudrücken. Wenn Sie negative Empfindungen mitteilen, sollten Sie unbedingt darauf achten, das Gefühl bei sich zu lassen und nicht auf die Gegenseite zu projizieren und diese dafür verantwortlich zu machen. Ein geschlechtsspezifisches Stereotyp ist, dass Frauen häufiger als Männer darüber sprechen, wie sie sich fühlen. Interessanterweise hat sich dies für das Verhalten von Frauen in Verhandlungen nicht bestätigt. Laut Huthwaite International gab es keine signifikanten Unterschiede zwischen den Geschlechtern. Allerdings wurde beobachtet, dass mit zunehmendem Alter die Häufigkeit, mit der Emotionen zugelassen wurden, zunahm. Huthwaite International vermutet, dass zunehmende Reife es einem Menschen erlaubt, die Restriktionen der Kindheit (Gefühle zu unterdrücken) zu überwinden.

VIRTUELL VERHANDELN. BEST PRACTICE

Gerade Online-Verhandlungen sind oft noch sachlicher und nüchterner als Präsenzverhandlungen. Deshalb ist es wichtig, die persönliche Betroffenheit in Worten auszudrücken. Sie wirken so menschlicher und erzeugen Glaubwürdigkeit. Hören Sie umgekehrt auch genau hin, wenn Verhandelnde der Gegenseite mitteilen, wie es ihnen geht.

VIRTUELL VERHANDELN. DENKZEIT

In Kapitel 4 lautete das Motto »Ganz nah und doch so fern!«. Sie haben sechs Tipps für eine gute Kommunikation in Remote-Verhandlungen erhalten. Nehmen Sie sich ein paar Minuten Zeit und denken Sie darüber nach, welche konkreten Anregungen Sie aus diesem Kapitel mitnehmen:

Tipp #7: Getting in touch – Keeping in touch

....

Tipp #8: Small Talk online führen

....

Tipp #9: Kommunikationsregeln festlegen

....

Tipp #10: Zusammenfassen. Zusammenfassen. Zusammenfassen!

....

Tipp #11: Teaminterne Kommunikation sicherstellen

....

Tipp #12: Vom Mut, Emotionen auch virtuell zu zeigen

....

5. Das Beste draus machen: Limitation in der Körpersprache überwinden

Vermutlich sind wir uns alle darüber einig, dass einer der größten Unterschiede zwischen virtuellen und Präsenzverhandlungen darin liegt, dass wir die anderen Personen nicht wahrhaftig, in 3-D und zum Greifen nah erleben. Wie reagieren die Verhandlungspartner:innen auf meinen Vorschlag? Stimmen sie zu, zögern sie noch, oder haben sie von vornherein eine ablehnende Haltung? Den großen Teil dieser Informationen erfassen wir intuitiv über die nonverbale Reaktion unseres Gegenübers. In einem echten Raum sehen wir den größten Teil des Körpers unserer Verhandlungspartner:innen. In Präsenzverhandlungen gilt, dass der Tisch den Verhandlungsgegenstand repräsentiert. Schiebt jemand Unterlagen, ein Glas, eine Kaffeetasse oder einen Stift nach vorne, unterstützt die Person mit großer Wahrscheinlichkeit unser Angebot. Ziehen die Verhandlungspartner:innen etwas zurück, sind sie vermutlich nicht einverstanden. Ach, es war so schön einfach in Präsenzverhandlungen. All diese eindeutigen Signale können wir online nur bruchstückartig erfassen. Lassen Sie uns deshalb überlegen, wie die Limitationen der Körpersprache überwunden werden können. Dabei ist es hilfreich zu verstehen, warum es wichtig ist, die Kamera einzuschalten, was Hindernisse sind, genau das zu tun, und wie diese Hindernisse überwunden werden können. Sie erfahren, wie Sie sich am vorteilhaftesten vor der Kamera positionieren und welche Rolle das richtige Licht dabei spielt, damit Sie nicht im Dunkeln sitzen. Auch wenn wir nicht ganz so viel und nicht ganz so akkurat beobachten können wie in Präsenzverhandlungen, so lassen sich doch einige interessante Informationen aus den Reaktionen der Verhandlungsparteien herauslesen.

Nicht in schwarze Löcher sprechen: Kamera einschalten

Nach zwei Jahren Pandemie kommen auch die letzten Verweigerer nicht umhin, die harte Wahrheit zu akzeptieren: Den Rest ihres Arbeitslebens werden sie wohl oder übel damit leben müssen, dass die Kamera am Bildschirm nicht nur unnütze Zierde ist, die von selbstverliebten Influencern genutzt wird, um retuschierte Videos auf Instagram hochzuladen. Sie werden die Kamera selbst einschalten müssen, wenn sie an Videocalls teilnehmen. Extrovertierten Menschen fällt das leicht. Introvertierte müssen dazu ihre Ängste überwinden. Zum Glück gibt es Coping-Strategien, um mit dieser ungewohnten und für manche auch angsteinflößenden Situation umzugehen.

Warum so viele virtuell Verhandelnde nicht gerne die Kamera einschalten

Es gibt erstaunlich viele leise Menschen, oft Techniker:innen und Ingenieur:innen, die der Meinung sind: Virtuelle Besprechungen saugen Energie. Allein schon deswegen, weil eine eingeschaltete Kamera in etwa so erlebt wird, als würde man mitten im Rampenlicht stehen. Spotlight an! Das kostet Kraft, und dann kommt auch nicht viel Energie zurück über diese schrecklich kleinen Kacheln, die die Anspannung eher noch steigen lassen und das Unwohlsein befeuern. Was können introvertierte und kamerascheue Menschen tun, um nicht über Jahre hinaus den Anschluss zu verpassen und abgehängt zu werden? Zunächst einmal Hand auf Herz: Sind es vielleicht nur die ganz großen, wichtigen Online-Besprechungen und die virtuellen Verhandlungen mit großem Budget, die Angst auslösen? Im Jour-fix, den virtuellen Vorbereitungsmeetings und One-on-Ones hingegen sind Sie schon recht mutig? Das wäre gut, denn damit können Sie arbeiten. Nutzen Sie die kleinen Verhandlungen als Übungsfeld für die großen Verhandlungen. Überhaupt, die gute Nachricht lautet: Es gibt recht einfache Wege, mit denen wir unseren Geist und unseren Körper im Angesicht der Computerkamera beruhigen können. Beantworten Sie sich zunächst einmal folgende Fragen[19]:

- Was habe ich bereits unter Kontrolle?
- Wem oder was widme ich meine Aufmerksamkeit?
- Welche Meeting-Kultur herrscht bei uns?
- Wie wappne ich mich vor feindseligen Stimmungen?

Wenn Sie nicht gerne die Kamera einschalten, dann überlegen Sie, woran das liegt. Warum genau empfinden Sie es als angenehmer ohne Kamera? Leiden Sie unter dem Imposter Syndrome und haben auch in anderen Situationen immer mal wieder das Gefühl, nicht gut genug zu sein? Stehen Sie gerade unter Zeitdruck und glauben, mehr Zeit wäre für eine gute Vorbereitung notwendig gewesen? Wollen Sie grundsätzlich lieber im Hintergrund bleiben? Oder mögen Sie einfach den Klang Ihrer Stimme nicht, gefällt es Ihnen nicht, wie Sie am Bildschirm aussehen? Vielleicht hatten Sie bei der letzten virtuellen Verhandlung eine schlechte WLAN-Verbindung, und ohne Kamera war die Verbindung stabiler?

Was habe ich bereits unter Kontrolle?

Wenn Sie sich die Frage beantworten, was Sie bereits alles unter Kontrolle haben, werden Sie sehen, dass es durchaus einiges ist. So werden Sie sich auch Ihrer Selbstwirksamkeit bewusst.

VIRTUELL VERHANDELN. WISSEN

Selbstwirksamkeit

Das Konzept der Selbstwirksamkeit[20] (self-efficacy) bezeichnet das Vertrauen in uns selbst, aufgrund eigener Kompetenzen auch in Extremsituationen so zu agieren, wie wir es uns wünschen. Der kanadische Psychologe Albert Bandura, der an der Stanford University lehrte, gilt als wichtiger Vertreter der sozialkognitiven Lerntheorie. Er fand heraus, dass Menschen ihr persönliches Verhalten beeinflussen können. Wir können uns selbst organisieren, proaktiv sein, aber auch selbstreflexiv und selbstregulierend. Auf Basis dieser Beobachtung schuf Bandura in den 1980er-Jahren den Begriff der Selbstwirksamkeit. Menschen sind in der Lage, mit ihren Verhaltensweisen und Entscheidungen etwas zu bewirken. Fehlt Selbstwirksamkeit, entsteht das Gefühl, keine Kontrolle zu haben und durch äußere Umstände bestimmt zu sein. Selbstwirksamkeit geht immer mit der Frage einher: »Kann ich das wirklich schaffen?« Sie lässt sich lernen und trainieren. Professor Bandura identifizierte vier verschiedene Faktoren, aus denen Selbstwirksamkeit entstehen kann:

1. Machen Sie positive Erfahrungen.
2. Suchen Sie sich Vorbilder.
3. Lassen Sie sich Mut machen.
4. Kontrollieren Sie Ihre Emotionen.

Allerdings werden Sie in der Beschäftigung mit Ihrer Kamerascheu auch Dinge identifizieren, die außerhalb Ihrer Kontrolle liegen. Sie werden die Qualität der Bandbreite nur bedingt beeinflussen können und auch nur teilweise die Reaktion der Verhandlungspartner:innen. Aber Sie können dafür sorgen, dass Sie sich mit einer guten Kamera, einem hochwertigen Mikrofon, ausgezeichneten Lichtverhältnissen und einem passenden Hintergrund wohlfühlen. Wenn Sie dann nämlich Ihre Stimme hören und sich selbst sehen, wird es Ihnen schon sehr viel besser gefallen.

Wenn Sie zum Beispiel wissen, dass Sie eine Woche mit besonders kameraintensiven Verhandlungen erwartet, planen Sie bereits feste Ruhezeiten vor den virtuellen Verhandlungen ein. Investieren Sie 15 Minuten vor jeder Verhandlung, um das letzte Thema gedanklich abzuschließen. So können Sie sich auf die kommende virtuelle Verhandlung vorbereiten und fokussieren. Überprüfen Sie Ihren Zeitplan und blockieren Sie rechtzeitig Zeitfenster zwischen den Online-Verhandlungen.

Wem oder was widme ich meine Aufmerksamkeit?

Hinter dem Unwillen, die Kamera einzuschalten, können auch Leistungsdruck, Perfektionismus, Selbstzweifel und fehlendes Selbstbewusstsein liegen. Wenn Sie vermehrt Ihre Aufmerksamkeit darauf richten, wie Sie von anderen wahrgenommen werden, und permanent die Mimik der Verhandlungspartner:innen interpretieren, dann liegt darauf Ihre Aufmerksamkeit. Wenn Sie andauernd sich selbst kontrollieren, sehr streng zu sich sind und überlegen, wie Sie etwas besser hätten formulieren können, dann fokussieren Sie sich zu sehr auf sich. Das ist anstrengend und stresst. Unser Gehirn sendet an unser Nervensystem Signale, dass Gefahr droht. Stresshormone werden ausgeschüttet. Unser Atem beschleunigt sich, und wir sprechen schneller. Wir fangen an zu schwitzen, unsere Muskeln spannen sich an, und wir bereiten uns auf Flucht oder Angriff vor. Kluge Gedanken zu formulieren wird schwieriger.

Die gute Nachricht ist, dass wir aus dieser Stressspirale aussteigen können. Hochleistungssportler arbeiten mit Mentalem Training[21], um nicht von Stressreaktionen dominiert zu werden. Sie lernen, bewusste Atmung als Werkzeug zur Regulation zu benutzen. Auch vor der Online-Verhandlung hilft es, tief durchzuatmen. Darüber hinaus führt eine Verlängerung des Ausatmens zu einer Verlangsamung des Herzschlages. Vielen Menschen hilft es, sich in ihrem Stuhl zurückzulehnen oder sich aufzurichten. Auch ein kurzfristiges Umlenken der Aufmerksamkeit auf Requisiten wie einen Stressball oder Objekte, die Sie mit Ruhe und positiven Erinnerungen verbinden, unterstützt den Stressabbau. Ein ans Herz gewachsenes Familienfoto anzusehen oder die Muschel zur Hand zu nehmen, die schon am Nordseestrand lag und im letzten Sommerurlaub aufgesammelt wurde, bringt Ruhe und Entspannung.

VIRTUELL VERHANDELN. WISSEN

Selbstregulation

Selbstregulation[22] ist ein Sammelbegriff, der in der Psychologie für die Fähigkeit von Menschen steht, Aufmerksamkeit, Emotionen, Impulse und Handlungen zu steuern. Sie umfasst den Umgang mit den eigenen Gefühlen und Stimmungen. Ein Training der Selbstregulation zielt darauf ab, ein zu hohes Emotionsniveau durch Entspannung zu reduzieren oder auch ein zu niedriges Emotionsniveau durch Mobilisierung zu steigern. Unbekannte Situationen gehen häufig mit einer zu hohen Erregung einher. Dieser Erregungszustand kann durch Atemübungen und Entspannungstechniken beeinflusst und gezielt reduziert werden.

Gelingt es uns, unseren Fokus auf eines dieser Dinge zu lenken, können wir körperlich ruhiger werden, und auch unser bewusstes Denken wird wieder in den Vordergrund rücken. Die Gefahr bei Angst ist, in intuitives Verhalten zu verfallen. Wenn Sie jedoch einen Tipp nach dem anderen umsetzen – die Kontrolle der Atmung und des Körpers, sich im Stuhl zurückzulehnen und auf Ihre Attention Points wie das Foto oder Souvenir zu fokussieren –, dann wird die Summe dieser kleinen Aktivitäten zu einem Fundament, das Ihnen als Quelle der Ruhe und Kraft dient.

Welche Meeting-Kultur herrscht in unserem Unternehmen?

Wie anfällig ist Ihr Unternehmen oder Ihre Organisation für kurzfristig anberaumte oder unorganisierte Online-Verhandlungen? Wenn Sie für eine virtuelle Verhandlung verantwortlich sind, bedeutet dies, dass

- Sie im Voraus eine Einladung versenden,
- eine Agenda festlegen,
- sich darüber im Klaren sind, was das Ziel der virtuellen Verhandlung ist und
- wer welche Aufgabe in dieser Verhandlung hat,
- Sie sicherstellen, dass jede:r Teilnehmende die Strategie kennt und
- genügend Zeit für die virtuelle Verhandlung vorgesehen ist.

Sie sollten sogar darüber nachdenken, ob eine offizielle Online-Verhandlung tatsächlich notwendig ist oder ob ein E-Mail-Austausch reichen kann. Vielleicht genügt auch ein kurzes Telefonat. Kurzgesagt: Virtuelle Verhandlungen mit Kamera müssen nicht immer die beste Kommunikationsform sein.

Werden virtuelle Verhandlungen zu oft, zu kurzfristig und unnötig einberufen, leidet die Vorbereitung darunter. Besonders Mitarbeitende im Homeoffice wechseln auch innerhalb eines Tages viel häufiger die Rollen als am Arbeitsplatz. Mal eben den Kindern einen Snack bereiten, schnell die Waschmaschine einschalten oder mit dem Hund um den Block gehen. Menschen, die allein im Homeoffice arbeiten, machen sich sogar mehr Gedanken um die anstehende virtuelle Verhandlung. Im Büro hatte man die Gelegenheit, sich gemeinsam mit Kolleg:innen bei einem Kaffee an der Bar auszutauschen.

Sie haben fünf Möglichkeiten, mit schlechter Planung umzugehen:

1. Verändern Sie die Meeting-Kultur in Ihrer Organisation und sprechen Sie darüber, welchen großen Nutzen die Verhandeln-

den haben, wenn ihnen genügend Zeit zur Verfügung steht, sich auf virtuelle Verhandlungen vorzubereiten.

2. Fordern Sie Disziplin von anderen ein und sagen Sie notfalls Ihre Teilnahme ab, wenn Sie die Autorität dazu innehaben. Verweisen Sie wieder und wieder darauf, dass die Qualität der Ergebnisse von virtuellen Verhandlungen mit einer guten Vorbereitung steigt.
3. Machen Sie eine Wochenplanung und integrieren Sie Zeitpuffer für Unvorhergesehenes. Bereiten Sie in diesen Zeitblöcken kurzfristig angesetzte Online-Verhandlungen vor.
4. Blockieren Sie ein bis zwei Tage pro Woche für ruhiges, konzeptionelles Arbeiten – das sind die Zeiten, an denen Sie sich vollkommen der inhaltlichen Vorbereitung der virtuellen Verhandlungen widmen können. Die anderen drei Tage der Woche sind »Kamera-Tage«. Hier sitzt die Frisur, passt das Make-up und ist das Hemd gebügelt.
5. Fragen Sie sich zu Beginn der Woche, welche der virtuellen Verhandlungen diejenigen sind, vor denen Sie den größten Respekt haben, und machen Sie einen Pre-Check-in zur Beruhigung: Überprüfen Sie vor dem offiziellen Einwählen die Technik, das Licht und die Funktion des Links für die Online-Verhandlung.

Wie wappne ich mich vor feindseligen Stimmungen?

Schwierige Gespräche in feindseliger Stimmung werden vor der Kamera oft als unangenehmer empfunden als in Präsenzverhandlungen. Da die nonverbalen Signale schwieriger zu lesen sind, fangen Online-Verhandelnde an, stärker zu interpretieren und mit wilden Annahmen zu arbeiten. Manchmal kann ein Telefongespräch sogar einfacher sein, weil man erst gar nicht anfängt, nach versteckten Signalen zu suchen und diese zu interpretieren. Wenn nun eine sehr schwierige Verhandlung mit Kamera ansteht, dann können Sie sich folgendermaßen darauf vorbereiten: Denken Sie an einen Menschen, der Ihnen das Gefühl gibt, völlig sicher und geliebt zu sein, wie ein guter Freund, Partner oder auch Ihr Kind oder sogar ein Haustier. Verbinden Sie dann das Gesicht, den Blick, das Lachen, die Stimme oder Berührungen dieses vertrauten Menschen oder Tieres mit der angsterzeugenden Situation. Diese positive Affirmation beruhigt Ihr Nervensystem. Sobald Sie aufhören zu grübeln, nimmt Ihre Furcht vor der Situation ab. Wenn Ihr Kalender es zulässt, hilft auch ein Telefonat mit der Bitte an den geliebten Menschen, im Geiste bei Ihnen zu sein, wenn Sie die Verhandlung eröffnen und die Kamera einschalten. Vielleicht haben Sie sogar Zeit vor der herausfordernden virtuellen Verhandlung, mit einem Buddy zum Mittagessen zu gehen, was es Ihnen ermöglicht, etwas der positiven Energie mit in das Gespräch zu nehmen. Dankbarkeit als Hilfestellung zu benutzen ist ebenfalls einfach und wertvoll. Und zu guter Letzt: Auch wenn Online-Verhandlungen mit Kamera für Sie anstrengend sind, rufen Sie sich in Erinnerung, welche Vorteile das virtuelle Verhandeln grundsätzlich hat.

Warum wir nicht gern in schwarze Löcher sprechen

Nur wenig fesselt uns mehr als ein menschliches Gesicht. Studien haben gezeigt, dass Kleinkinder doppelt so lange auf vereinfachte menschliche Gesichter schauen wie auf Formen. Den größten Teil von Wirkung erzielen wir bei anderen über nonverbale Kommunikation, wie die Mimik, Gesten, die Körperhaltung und die Stimme. Damit wir nicht nur eine körperlose Stimme bleiben, empfiehlt es sich also, die Kamera in virtuellen Verhandlungen einzuschalten und für Verhandlungspartner:innen sichtbar zu sein. Es kann allerdings schnell eine unangenehme Situation entstehen, wenn wir zwar die Kamera anhaben, aber selbst nur in schwarze Löcher blicken. Wir sind sichtbar. Die Verhandlungspartner unsichtbar. Das irritiert. Wir bekommen keine Response zu dem, was wir sagen. Wie bringen wir die Verhandlungspartner:innen in Online-Verhandlungen dazu, ihre Kamera ebenfalls einzuschalten?

VIRTUELL VERHANDELN. QR

Hier erfahren Sie, welche Webcams am besten von 21 getesteten Modellen bei chip.de im Mai 2022 abgeschnitten haben.

Es beginnt schon mit der Einladung. Diese wird vorab per Mail an die Teilnehmenden der Online-Verhandlung geschickt. Neben der Liste der Teilnehmenden und der Agenda können Sie auch eine »Netiquette« einfügen. Ein paar freundliche Worte, wie Sie es sich wünschen, dass die Teilnehmenden sich in der virtuellen Verhandlung verhalten. Die Kamera anzuschalten gehört zum guten Ton. Wenn grundsätzlich ein respektvoller Umgang herrscht, reicht es auch, nur den Hinweis zu verschicken, dass Sie sich freuen, die Verhandlungsparteien zu sehen.

VIRTUELL VERHANDELN. WISSEN

Netiquette

Unter Netiquette[23] versteht man angemessenes und respektvolles Benehmen in der virtuellen Kommunikation. Ziel der Netiquette ist es, eine für alle Teilnehmenden angenehme Art der Kommunikation zu schaffen. Für Online-Verhandlungen gilt es, folgende Punkte zu berücksichtigen:

Zwischenmenschliches

Sprechen Sie Ihre Gegenüber mit ihren Namen an. Sorgen Sie dafür, dass ein einheitliches Verständnis in Bezug auf Duzen oder Siezen bei den Verhandelnden herrscht. Hier gibt es kulturelle

▶▶▶

Unterschiede. In Frankreich wird beispielsweise durchgehend gesiezt, während im angloamerikanischen Kulturraum und in der internationalen Businesswelt der Gebrauch des Vornamens üblich ist. Zudem sind, wie in Präsenzmeetings auch, Unhöflichkeit, persönliche Angriffe oder Doppeldeutigkeiten sowie diskriminierende Äußerungen gegenüber Minderheiten nicht zulässig.

Technik

Machen Sie sich schon vor der Online-Verhandlung mit den wesentlichen Features der Plattform vertraut, mit der gearbeitet wird. Verhandelnde sollten wissen, wie eine Präsentation geteilt wird, wo sich die Chat-Funktion befindet und wie das Mikrofon und die Kamera ein- und ausgeschaltet werden können.

Lesbarkeit

Korrekter Satzbau und Rechtschreibung (inklusive Groß- und Kleinschreibung); zitieren Sie durch Einrücken mit Anführungszeichen als sichtbare Zitatmarker und ohne Veränderung des Wortlauts; Weglassen überflüssiger Informationen; Weglassen unnötiger Formatierungen und des übermäßigen Gebrauchs von Farben; das Schreiben in GROSSBUCHSTABEN oder andauernde Fettschrift gilt als aggressiv und sollte unterbleiben: Außerdem gilt es als unhöflich, mehrere Satzzeichen aneinanderzureihen!!!!!

Betreff und Text in E-Mails

Damit der Inhalt von E-Mails schnell erfasst, zugeordnet und richtig abgelegt werden kann, sollte der Betreff aussagekräftig und eindeutig sein. Schreiben Sie lieber zwei E-Mails, als zu viele Themen in einer Nachricht zu vermischen. Schreiben Sie in kurzen Sätzen und vermeiden Sie Abkürzungen und Fachausdrücke, die den Verhandlungspartner:innen nicht vertraut sind.

Sicherheit

Verschweigen Sie besser, was nicht für Dritte bestimmt ist, denn Sie wissen nicht, wer die E-Mail noch liest, und E-Mails sind für die Ewigkeit. Manchmal ist es besser, ein vertrauliches Telefonat zu führen.

Rechtliches

In Deutschland sind das Urheberrecht, das Recht am Bild sowie das Zitatrecht zu beachten. In anderen Ländern kann es andere Gesetze geben. Erkundigen Sie sich im Vorfeld über rechtliche Besonderheiten.

Chat

Hier wird die Netiquette zur Chatiquette. Schreiben Sie nur kurze Nachrichten in den Chat und vergessen Sie nicht, dass meistens der Leitende der Online-Verhandlung neben der Koordination der Verhandlung auch noch einen Blick auf diesen Kommunikationskanal haben muss. Das ist eine zusätzliche Aufgabe, die große Konzentration erfordert, da kann schon mal was untergehen.

Reaktionen

Herzchen senden, applaudieren, den Daumen zeigen ... Es gibt eine Reihe an Emojis, die in geringer Dosis gesendet passend sind. Ein ganzes Feuerwerk an Herzchen oder Einhörnern passt dann aber doch nicht ganz zu einer technischen Verhandlung.

Sie eröffnen Ihre Verhandlung, und nur wenige Partner:innen haben die Kamera angeschaltet. Was können Sie tun? Sie »Hallo, Tim, schön, dich zu sehen. Wie geht's?« Small Talk ... »Ah! Luis, du bist auch schon da. Hast du auch eine Kamera? Es ist so schön, wenn man sich sieht.« ... Pause ... warten ... »Super, Luis, bei dir funktioniert es auch. Hi, wie geht's ...«

VIRTUELL VERHANDELN. BEST PRACTICE

Sprechen Sie unbedingt bei der Eröffnung an, dass Sie sich darüber freuen, wenn die Teilnehmenden ihre Kamera anschalten, und bitten Sie alle Anwesenden, es auch zu tun. Manchmal muss man dabei Einzelne direkt mit Namen ansprechen, gegebenenfalls sogar nachhaken und auch die Stille aushalten, die dann eintreten

▶▶▶

kann. Die Investition zu Beginn lohnt sich jedoch: Das Klima der virtuellen Verhandlung ist wesentlich persönlicher mit eingeschalteten Kameras. Auch nach Pausen (in denen Sie sowohl Kamera als auch Mikrofon ausschalten sollten, um sich unbeobachtet wieder fokussieren zu können) kann es ab und zu notwendig sein, noch einmal freundlich nachzuhaken.

VIRTUELL VERHANDELN. TIPP #14

Den Fokus auf den Verhandelnden! Die Position vor der Kamera

In Videokonferenzen spielt – neben Ihrer Person – der Hintergrund eine relevante Rolle, denn außer Ihnen ist der Hintergrund das Einzige, was im Bild zu sehen ist. Auch aus dem Homeoffice kann der Einblick in Ihre privaten Räumlichkeiten professionell wirken.[24]

Den passenden Hintergrund wählen

Wählen Sie am besten einen ruhigen Hintergrund. Ein umfangreiches Bücherregal ist zwar eindrucksvoll, doch unruhig. Der Küchenschrank mit Kräutern und Gewürzen, Öl und Essig verrät, dass Sie gern kochen, ist aber unpassend für eine ernst zu nehmende Verhandlung. Wenn Sie in Ihrer Wirkung authentisch und kompetent rüberkommen wollen, dann soll der Hintergrund Sie optisch unterstützen und nicht zu Ihnen in Konkurrenz stehen. Wenn Sie nicht in der Touristikbranche arbeiten, ist die exotische Palmenstrandtapete eher ungeeignet, die Ihre virtuellen Verhandlungspartner:innen mehr zum Träumen als zum konzentrierten Mitarbeiten verleitet. Das Gleiche gilt für andere Urlaubs- oder Freizeitfotos, egal wie groß oder klein.

Eine leere weiße Wand ist nicht zwingend notwendig, um einen professionellen Eindruck zu machen. Im Gegenteil, eine aufgeräumte und geschmackvolle Einrichtung im Hintergrund darf auch räumliche Tiefe haben, denn sie gibt Ihrem Gesicht einen stilvollen Rahmen. Betrachten Sie dabei die Gegenstände im Hintergrund kritisch, die von Ihnen als Verhandelndem ablenken können und kein gutes Licht auf Sie werfen. Es hat sich schon herumgesprochen, dass der Bierkasten unter dem Tisch, der Wäscheständer und das Bügelbrett verbannt gehören. Auch wenn Sie vielleicht mit Pflanzen die Umgebung etwas wohnlicher gestalten wollen, gilt hier: Weniger ist mehr. Prüfen Sie im Videoausschnitt Ihr Gesicht, entfernen Sie alle optischen Störungen oder verändern Sie die Position Ihrer Kamera so, dass Sie optimal zu sehen sind. Manche Bürostühle mit einer sehr hohen Lehne erinnern an einen Thron, der hinter dem Verhandelnden emporwächst. Genauso unpassend sind Gaming-Stühle, die sofort den Zocker verraten. Wenn möglich, platzieren Sie sich so, dass Ihr Oberkörper vor einer einfarbigen oder ruhigen Fläche und der räumlichen Tiefe gezeigt wird. Wenn Sie nur sehr wenig Platz haben, suchen Sie sich den optisch ruhigsten Platz im Hintergrund. Denken Sie auch an Familienmitglieder, die während der Videokonferenz durchs Bild laufen könnten, vielleicht um an den Kühlschrank zu gelangen, und bitten Sie sie, während Ihres Termins Abstand zu halten. Auch Unordnung, wie ein unaufgeräumter Schreibtisch im Hintergrund, lenkt von Ihnen als Verhandelndem ab. Sorgen Sie für eine ungestörte Atmosphäre.

Wenn die räumlichen Möglichkeiten in Ihrem Homeoffice eingeschränkt sind, können Sie einen Paravent oder eine Leinwand aufstellen. Diese Varianten haben gegenüber einem virtuellen Hintergrund den Vorteil, dass Sie sie gestalten können. Auch ein Blumenstrauß in einer schönen Vase, ein paar Zweige aus dem Garten oder ein besonderes Bild setzen Akzente, ohne abzulenken. Sie können auch einen Hinweis auf eines Ihrer Hobbys geben: Mit einem Fahrrad im Hintergrund bieten Sie ebenso einen Aufhänger für Small Talk an wie mit der an die Wand gehängten Gitarre.

Chancen und Risiken von virtuellen Hintergründen

Virtuelle Hintergründe sind inzwischen weit verbreitet und gelten durchaus als professionell. Sie hatten keine Zeit, das Wohnzimmer aufzuräumen, oder mussten aus organisatorischen Gründen ins Kinderzimmer ausweichen? Sowohl das Chaos neben der Couch als auch die rosa Tapete Ihrer Tochter können so mit wenigen Klicks unsichtbar gemacht werden. Sie wählen sich aus einem Hotelzimmer ein? Die Szene wirkt dank eines virtuellen Hintergrundes auf jeden Fall formeller als das ungemachte Hotelbett. Viele Unternehmen stellen Ihren Mitarbeitenden auch virtuelle Hintergründe mit dem Logo der Organisation zur Verfügung, was die vorteilhafte Möglichkeit bietet, Zusammengehörigkeit zu zeigen. Wenn Sie im Team virtuell verhandeln und von unterschiedlichen Standorten aus teilnehmen, sind Sie mit dem gemeinsamen Company-Background für Verhandlungspartner:innen der Gegenseite auf einen Blick als Repräsentant:innen Ihres Unternehmens zu erkennen. Als Nachteil von virtuellen Hintergründen, egal ob mit Firmenlogo oder individuell »geblurrt«, wird empfunden, dass Verhandelnde als unpersönlicher und verschlossener wahrgenommen werden.

Einen Blick in die eigenen vier Wände zu gewähren ist wie eine Art Vertrauensvorschuss. Ein virtueller Hintergrund hingegen schließt alles Private bewusst und kategorisch aus. Es ist ein wenig so, als würde eine verhandelnde Person in einer Präsenzverhandlung die Arme überkreuzen, sich zurücklehnen und Sie mit einem Pokerface beobachten, erst mal nichts von sich preisgeben. Technisch gesehen sind virtuelle Hintergründe eine Herausforderung an die Leistungsfähigkeit vieler Computer. Oftmals werden die Konturen nicht scharf genug vom Hintergrund getrennt. Deshalb werden Haare – insbesondere Locken und fransige Haarschnitte – bei Bewegung optisch verzerrt dargestellt. Je nach Farben und Lichteinfall blitzen ab und zu sogar Elemente Ihrer Wohnräume durch. Dann können schon mal gespensterhaft wirkende Gesprächspartner:innen entstehen. Das ist amüsant, aber nicht wirklich vorteilhaft und businessmäßig.

VIRTUELL VERHANDELN. BEST PRACTICE

Zusammengefasst empfiehlt es sich, optische und akustische Ablenkungen zu reduzieren. Lassen Sie visuelle Ruhe einkehren. Verzichten Sie auf den virtuellen Hintergrund und organisieren Sie sich einen Platz in Ihrem Homeoffice, der Ihre Person auf eine professionelle Art und Weise ansprechend und natürlich wirken lässt.

VIRTUELL VERHANDELN. TIPP #15

Spot on! Das richtige Licht

Auch vor dem Bildschirm wollen Verhandelnde im richtigen Licht erscheinen. Die Realität sieht jedoch manchmal anders aus. Kennen Sie das? Sehr dunkle, nur noch schattenhaft wahrnehmbare Gesprächspartner:innen oder geisterhaft helle Gestalten, die Ihnen in virtuellen Verhandlungen begegnen? Das ist unschön und lenkt vom eigentlichen Geschehen ab. Wie gelingt es virtuell Verhandelnden, das Gesicht optimal auszuleuchten? Generell ist darauf zu achten, dass Licht nicht von hinten auf die Kamera scheint. Das ist der Fall, wenn Sie mit dem Rücken zu einer Lichtquelle sitzen. Sie werden dann nur als dunkler Schatten gesehen. Ihre Mimik kann nicht mehr von den Verhandlungspartner:innen wahrgenommen werden. Backlight vermeiden Sie, indem Sie Vorhänge oder Rollos schließen oder Leuchten von hinten ausschalten. Entscheiden Sie sich besser für Frontlight, d.h., Sie könnten Ihren Schreibtisch so positionieren, dass das Licht direkt oder seitlich von vorn kommt. In hellen Räumen benötigen Sie meist keine weitere Lichtquelle. Wenn Sie frontal vor einem Fenster sitzen oder ein Scheinwerfer Ihnen direkt ins Gesicht leuchtet, kann es passieren, dass Sie zum Schutz vor der Helligkeit die Augen zusammenkneifen und so einen grimmigen Gesichtsausdruck erhalten. Auf Dauer ist der Wechsel zwischen grellem Sonnenlicht und Bildschirm für die Augen sehr anstrengend. Reservieren Sie sich in Unternehmen rechtzeitig einen hellen Besprechungsraum. Wenn Sie zu wenig natürliches Licht haben, schaffen Sie sich ein Ringlicht oder eine Softbox an. Beide sind von den Kosten her überschaubar und schon ab 25€ erhältlich.

Ringlichter zum gezielten Ausleuchten

Ringlichter positionieren Sie am besten auf Augenhöhe rechts oder links des Monitors, am besten auf höhen- und winkelverstellbaren Stativen. Es lohnt sich, in etwas hochwertigere Ringlichter zu investieren, bei denen die Helligkeit mit einem Dimmer geregelt werden kann. So können Sie die gewünschte Helligkeit an die Tageszeit anpassen.

Softboxen für Brillenträger

Professionelle Fotograf:innen setzen Softboxen für ein harmonisches, weiches und gleichmäßig diffuses Licht ein. Mit einer Softbox beeinflussen Sie die Ausleuchtung des gewünschten Motivs und reduzieren unerwünschte Schatten auf ein Minimum. Softboxen eignen sich besonders gut für Brillenträger, denn kommen Ringleuchten zum Einsatz, ist oft ein hell erleuchteter Kreis auf den Brillengläsern zu sehen. Das stört Gesprächspartner:innen und minimiert die Wahrnehmung des Blickkontakts.

Die richtige Lichtintensität

Fotograf:innen empfehlen eine Lichtintensität, die der Sonne bei bedecktem Himmel entspricht. Das Ziel von Ausleuchtung vor der Webcam ist also ein weiches Licht von schräg oben. Unter Profis ist es kein Geheimnis, dass bei diesem Licht die schönsten Porträtaufnahmen entstehen und nicht, wie landläufig angenommen wird, bei strahlendem Sonnenschein. Weiches Licht kann mit entsprechender Lichttechnik am Schreibtisch nachgebildet werden. Helles und zu nah am Objekt stehendes Kunstlicht oder grelles Sonnenlicht lässt bei virtuellen Verhandlungen die Konturen des Gesichts verschwinden (Überbelichtung). Sehr helles Licht geht zudem einher mit harten Schatten, die die kleinsten Unebenheiten der Haut zeigen, gnadenlos jede Falte und jeden Pickel ins Spotlight setzen und Augen in dunklen Höhlen verschwinden lassen. All dies ist nicht im Sinne virtuell Verhandelnder. Wenn es zu dunkel ist – oder die einzige Lichtquelle sich hinter Ihnen befindet –, ist Ihre Mimik nicht mehr erkennbar. Eigentlich könnten Sie die Kamera dann auch gleich ganz ausgeschaltet lassen. Die optimale Ausleuchtung Ihres Gesichts über die gesamte Zeit der virtuellen Verhandlung hinweg benötigt etwas Zeit im Vorfeld zum Austesten. Vereinbaren Sie einen Termin mit einem Freund oder einer Kollegin oder stellen Sie sich ein Meeting mit sich selbst ein, in dem Sie so lange ausprobieren, bis Sie zufrieden mit dem Resultat sind.

Und so gehen Sie praktisch vor: Am besten – und wenn örtlich möglich – positionieren Sie sich mit dem Gesicht in Richtung eines Fensters, das Sie bei Sonne abdunkeln können. Testen Sie zu unterschiedlichen Tageszeiten und Wetterbedingungen: Tageslicht verändert sich zwischen Dämmerung und Sonnenuntergang. Haben Sie, wenn es dunkel wird, ausreichend Lichtquellen um sich herum, die Sie schnell einschalten können? Eventuell verhandeln Sie mit Partner:innen aus anderen Zeitzonen. Wie kommen Sie bei Dunkelheit rüber? Wie verändern sich die Lichtverhältnisse bei strahlendem Sonnenschein, bei bedecktem Himmel oder an einem grauen, regnerischen Tag? Wie ist der Sonnenverlauf, und um wie viel Uhr geht die Sonne auf und unter?

VIRTUELL VERHANDELN. BEST PRACTICE

Sorgen Sie in dunklen Räumen für ausreichend viele Lichtquellen. Schalten Sie die Deckenlampe und eine zusätzliche Schreibtischlampe vor sich ein. Überprüfen Sie immer mal wieder im Laufe des Tages die Ausleuchtung Ihres Gesichtes und justieren Sie nach. Tasten Sie sich nach und nach an die Helligkeit heran, die Sie vorteilhaft aussehen lässt.

Besser kaltes Licht als warmes

Achten Sie auch auf die Lichttemperatur. Was ist damit gemeint? Leuchtmittel gibt es meist in zwei unterschiedlichen Lichttemperaturen: Weiß und Gelb. Weiß ist dem Tageslicht nachempfunden und tendenziell eher kalt und hart. Gelbliches Licht wirkt warm und gemütlich. Welche Lichttemperatur haben die Leuchtmittel, die Sie verwenden? Wirken sie eher wie Tageslicht, oder ist das Licht sehr warm? In Online-Verhandlungen ist kaltes Licht dem warmen vorzuziehen, da es natürlicher und professioneller wirkt. Verhandelnde kommen zudem frischer und gesünder rüber. Außerdem verursacht die Lichtquelle einen leichten Glanz in den Augen, der Blicke lebendig erscheinen lässt.

VIRTUELL VERHANDELN. BEST PRACTICE

Schalten Sie Ihre künstlichen Lichtquellen am besten schon von Anfang an ein, wenn Ihre virtuelle Verhandlung bei Tageslicht im Hellen beginnt und in die dunklere Tageszeit hineinreicht. So gelingt der Übergang vom Tageslicht zur Dunkelheit fließend, und Sie brauchen sich um Ihre Beleuchtung keine weiteren Gedanken zu machen. Sie sind durchwegs gut ausgeleuchtet.

Steigern Sie Ihre Online-Wirkung: Virtuelle Körpersprache

Nehmen wir einmal an, alle virtuell Verhandelnden haben die Kameras eingeschaltet. Alle sind gut zu sehen, wach und präsent, die Technik funktioniert. Nun sprechen die Körper durch die Computerscreens. Wir selbst wirken auf andere durch unsere Körpersprache, umgekehrt erzielen auch die anderen durch ihre nonverbale Kommunikation Wirkung bei uns. Im folgenden Verhandlungstipp beschäftigen wir uns damit, wie wir den optimalen Bildausschnitt finden und so den zur Verfügung stehenden Raum – unsere Kachel – bestmöglich nutzen können. Um online gut rüberzukommen, gibt es viele Punkte zu berücksichtigen: die passende Kleidung, das perfekte Styling, ausdrucksstarkes Make-up und Schmuck für Damen und, ja, auch für Herren. Eine besondere Empfehlung wird es für Brillenträger:innen geben.

Mehr noch als in Präsenzverhandlungen ist unsere Körpersprache meist unbewusst, konzentrieren wir uns doch auf vieles andere. Nichtsdestotrotz nehmen wir online jedoch so einiges wahr: als Erstes den Gesichtsausdruck unserer Verhandlungspartner:innen. Eine besondere Bedeutung hat online der Blickkontakt, und es ist gar nicht so einfach, ihn zu halten. Erst wenn wir Blicke, die durch den Äther gesendet werden, richtig deuten können und die große Wirkung kleiner Gesten verstehen, wird es uns gelingen, Körpersprache auch virtuell bestmöglich bei anderen zu entziffern und selbst einzusetzen. Eine Schwierigkeit beim Online-Sprechen ist, sich nicht mehr wirklich in die Augen blicken zu können. Man schaut ja immer unter die Augen, sonst müsste man direkt in die Kamera gucken, um das zu simulieren, aber dann verliert man das Bild aus den Augen. Ein echtes Dilemma.

Kennen Sie Ihren optimalen Blickwinkel zur Kamera?

Er entscheidet darüber, ob Sie auf Ihre Verhandlungspartner:innen herabschauen und diese Ihnen mehr in die Nasenlöcher als in die Augen sehen, was passiert, wenn Ihr Laptop eine unten eingebaute Kamera nahe der Tastatur hat. Oder ob nur Ihre Nase aus dem unteren Teil des Bildschirms hervorlugt und manchmal mehr von der Decke Ihres Homeoffice zu sehen ist als von Ihnen selbst. Beide Szenarien sind suboptimal. Streben Sie auch in virtuellen Verhandlungen eine Kommunikation auf Augenhöhe an.

Richten Sie deshalb die Kamera im passenden Winkel aus: Ideal ist es, wenn sie sich in einem rechten Winkel zu Ihren Augen befindet. Dazu kann es notwendig sein, dass Sie Ihren Laptop auf einen Bücherstapel oder einen Karton stellen. Sie werden in Ihrem Homeoffice schon etwas Brauchbares finden. Der Handel bietet inzwischen auch schon höhenverstellbare Laptopständer an. Sie können auch eine externe Tastatur und Maus an den Laptop anschließen, damit haben Sie eine komfortablere Schreibposition inne, sollte der Laptop zu hoch stehen.

Zentral und auf Augenhöhe – Der optimale Bildausschnitt

Sind Sie zu nah an der Kamera, füllt Ihr Gesicht den gesamten Screen, und Verhandlungspartner:innen fühlen sich von Ihrer Präsenz erschlagen. Ist der Abstand zu groß und sind Sie zu weit weg, dann minimieren Sie Ihre Präsenz, bis Sie mit dem Hintergrund zu verschmelzen scheinen. Rufen Sie sich die Arbeit eines professionellen Fotografen in Erinnerung: Ausgewogen wirken Businessporträts, in denen die Augen auf der oberen Drittellinie liegen. Übertragen Sie dieses Wissen auf Ihre Position vor der Kamera und richten Sie sich immer frontal zum Bildschirm aus. Als Richtwert gilt, dass der Scheitel sich am oberen Ende des Screens befindet und noch etwas Platz bis zum Bildrand ist. Ihr Oberkörper sollte bis zum halben Oberarm, maximal aber bis zum Ellbogen sichtbar sein. Wenn Sie mit einem zweiten Bildschirm arbeiten, überprüfen

Sie unbedingt, welche der Kameras Ihr Bild überträgt. Achten Sie darauf, dass Ihr Gegenüber Sie von dem Bildschirm aus sieht, von dem Sie Ihre Kamera optimal auf sich ausgerichtet haben.

VIRTUELL VERHANDELN. BEST PRACTICE

Alle Brillenträger:innen kennen das Problem: verschmierte und dreckige Gläser. Meist wundert man sich, woher schon wieder die Fettflecken und Fingerabdrücke kommen. Wir nehmen gar nicht wahr, wie oft wir die Brille wieder zurechtruckeln, nachdem wir die Stirn gerunzelt haben oder uns durch die Haare gefahren sind. Online sind die Flecken auf Brillen wie unter einer Lupe zu sehen, und besonders bei guter Kameraauflösung spiegeln sie sich auch. Achten Sie deshalb zusätzlich darauf, dass Sie Ihre Brille regelmäßig putzen.

Dress for Online-Success[25]

Grundsätzlich gilt: Jeder Mensch ist individuell in Hinblick auf die bevorzugte Kleidung. Jede:r Verhandelnde hat einen eigenen Stil und persönliche Vorlieben. Wir passen uns unserer Funktion, der Hierarchie, der Branche und der Unternehmenskultur seit jeher an. Wir haben uns auch zu Präsenzverhandlungen schon entsprechend gekleidet. Das kann auch so bleiben. Aber die Frage, welche Kleidung die eigene Wirkung vor der Kamera unterstützt, stellen sich viele virtuell Verhandelnde. Gerade weil nur ein kleiner Ausschnitt von uns sichtbar wird, ist der Anspruch vorhanden, dass dieser perfekt inszeniert ist. Auch wenn die Jogginghose im Homeoffice bequemer ist und sie keiner sieht, strahlen wir doch aus, was wir tragen. Vermeintliche Kleinigkeiten haben eine große Wirkung, vor dem Bildschirm sogar oft stärker als im normalen Businessalltag: Ein nicht gebügeltes Hemd, ein geknickter Kragen oder ein ausgeleierter Pullover können bereits die gewünschte professionelle Wirkung schmälern. Tragen Sie einen Blazer, eine Jacke oder ein

Jackett mit Kragen, schiebt sich dieser möglicherweise nach oben und wirft eine unschöne Falte im Nacken. Oder die Schulterpartie rutscht nach links oder rechts und lässt Sie schief aussehen. Streichen Sie das Oberteil glatt und setzen Sie sich darauf, wenn es lang genug ist, dann kann das nicht passieren.

VIRTUELL VERHANDELN. BEST PRACTICE

Wählen Sie einfarbige Oberteile, die einen ruhigen Eindruck vermitteln. Schmale Streifen, kleine Karos und fein gemusterte Stoffe wie Pepita, Glencheck oder Fischgrät erzielen den sogenannten Moiré-Effekt. Das ist eine optische Verzerrung, die durch eine Illusion von wellenförmigen, flirrenden Bewegungen das Auge irritiert und sehr störend wirkt. Große Muster lenken von Ihrem Gesicht ab, indem sie Sie optisch überstrahlen.

Vermeiden Sie auch voluminöse Schals, die den Hals optisch verkürzen und Ihnen die Show stehlen. Achten Sie als Frau zudem auf das Ausschnittende Ihres Oberteils, das noch in unserer Online-Kachel zu sehen sein sollte, ansonsten entsteht der Eindruck eines sehr tiefen Dekolletés. Achten Sie auch auf die Farbwahl. Schwarz und Weiß sind schwierige Farben, denn Kameras verstärken Kontraste, was dazu führen kann, dass innerhalb des Kleidungstückes die Konturen verschwimmen. In einer schwarzen Bluse sehen Sie bei ungünstiger Ausleuchtung wie ein düsterer, missgelaunter Farbklecks aus. Auch weiße Kleidung, im ungünstigsten Fall vor einem weißen Background, kann eine ähnlich konturlose Wirkung erzielen und Sie regelrecht verschwinden lassen. Vor dem Bildschirm darf die Farbwahl ruhig etwas kräftiger sein als normalerweise, denn der Bildschirm schluckt Farbe. Besonders bei Kunstlicht stellt Ihre Kamera die Farben dunkler dar, als sie tatsächlich sind, aus Dunkelblau und Dunkelbraun kann schnell Schwarz werden. Ein farbiges Kleidungsstück macht ein Outfit lebendig und kann durch das Spielen mit Kontrasten Energie und Frische ins Bild bringen. Glänzende

Stoffe wie Satinseide, aber auch dekorative Strasselemente können bei ungünstigem Lichteinfall zu unschönen Spiegelungen führen. Probieren Sie es am besten vorher aus und vergessen Sie nicht, dabei den Hintergrund miteinzubeziehen.

Styling – Haare, Make-up, Schmuck

Durch den reduzierten Ausschnitt des Bildes, mit dem Sie Wirkung erzielen, tritt das Thema Haare und Make-up in den Vordergrund. Wenn wir virtuell verhandeln, können wir schon mal ins Schwitzen geraten. Achten Sie darauf, dass Ihre Haut nicht glänzt. Mit einem farblosen, mattierenden Puder können auch Männer gerade Partien wie Stirn, Nase, Kinn und etwaige Geheimratsecken weniger in der Kamera glänzen lassen. Frauen dürfen endlich etwas dicker auftragen. Da die Kamera Licht schluckt, wirken Sie online oft blasser, als Sie es im analogen Leben sind. Als Faustregel – auch für Fernsehauftritte oder Videoaufnahmen – gilt, dass etwa 30 Prozent mehr Make-up verwendet werden kann. Vorsicht mit Haargel und Haarspray. Etwaiger Glanz kann selbst frisch gewaschene und gestylte Haare fettig erscheinen lassen. Dezenter Schmuck lenkt weniger ab als zu auffälliger. Besonders große Ohrringe können beim Tragen von Headsets unnötige Geräusche verursachen. Das Gleiche gilt für große Uhren und Armreifen, die beim Schreiben klappern und scheppern.

VIRTUELL VERHANDELN. BEST PRACTICE

Schalten Sie erst einmal nur die Kamera an, bevor Sie online gehen. Dann haben Sie noch genügend Zeit zum Überprüfen und Nachbessern der Position, des Hintergrunds und des Lichtes. Sind Ihre Verhandlungspartner:innen bereits im Meeting, ist es zu spät.

Körpersprache findet meist unterbewusst statt[26]

Achten Sie bei Gelegenheit darauf, wie oft Sie sich bewegen, ohne dass es bewusst gesteuert ist. Wenn Sie verhandeln, wollen Sie beim Gegenüber durch die Wirkung Ihrer Worte und Ihrer Körpersprache eine Reaktion auslösen. Das Schlimmste, was Ihnen als Verhandelndem passieren könnte, wäre es also, keine Wirkung zu erzielen. Damit Sie zukünftig Ihre Wirkung bewusst steuern und die Botschaften, die Verhandlungspartner:innen Ihnen senden, besser lesen können, folgt nun das wichtigste Vokabular der Verhandlungskörpersprache. Auch wenn wir nicht den ganzen Körper sehen und das Bild nur zweidimensional statt dreidimensional ist, nehmen wir auch online noch viel wahr: die Körperspannung und die Haltung des Kopfes, auch den Hals und Nacken, unsere Mimik mit dem Blickkontakt, der Nase und dem Mund, unsere Schultern sowie teilweise Arme und Hände.

VIRTUELL VERHANDELN. BEST PRACTICE

Die äußere spiegelt die innere Haltung. Nehmen Sie auch vor der Kamera unbedingt eine aufrechte Körperhaltung mit Körperspannung ein. Das zeigt Präsenz. Achten Sie darauf, bequem zu sitzen, sonst beginnen Sie im Verlauf der virtuellen Verhandlung unruhig hin und her zu rutschen oder wie ein Luftballon, dem die Luft ausgeht, nach und nach zusammenzufallen. Sie verlieren dadurch innerlich und äußerlich an Überzeugungskraft, die Sie beim Verhandeln dringend benötigen. Sitzen Sie gerade und lehnen Sie in wichtigen Momenten nicht an der Rückenlehne Ihres Stuhls an.

Zuerst nehmen Verhandelnde den Gesichtsausdruck wahr

In den meisten Fällen wirkt der gesamte Gesichtsausdruck und nicht ein einzelnes Detail. Seit Urzeiten gilt das Gesetz, dass der Körper dem Kopf folgt. Die Gedanken steuern unsere Bewegungen.

Ein Mensch hat mehr als 650 Muskeln, davon allein über 50 im Gesicht. Zum Lächeln braucht man 17 Muskeln, zum Stirnrunzeln über 40. Welche grundsätzlichen Signale gehen von der Mimik aus? Führt die Gesamtbewegung nach oben, wie beim Lächeln, stellt sich eine positive Wirkung ein. Führt die Gesamtbewegung nach unten, vermuten wir dahinter Müdigkeit, Anspannung oder Probleme. Wir haben aber auch gelernt, dass Verhandelnde, die uns täuschen wollen, dies zuallererst über ihre Mimik versuchen. Ein falsches Lächeln, aufgesetzte Freundlichkeit oder ein kontrolliertes Pokerface erkennen wir schnell. Teilweise erleben wir solche Signale als Widerspruch zu anderen Körperteilen. Die Glaubwürdigkeit von Verhandlungspartner:innen kann darunter leiden.

Ein interessantes Angebot wirkt weniger attraktiv ohne Blickkontakt

Schauen Sie die Gegenseite an, wenn Sie verhandeln! Hält Ihr Gegenüber Ihrem Blick stand? Strahlt es Selbstbewusstsein aus? Oder ist der Blick fordernd, bohrend und dominant? Wie auch immer der Blickkontakt aussieht, Sie werden eine Rückmeldung über Ihr Gegenüber als Mensch bekommen und erkennen können, ob das Angebot ehrlich gemeint ist. Empfehlungen, wie Sie selbst eine positive Wirkung erzielen können:

- Blickkontakt mindestens eine Sekunde pro Person, maximal drei Sekunden pro Person
  Eine kürzere Dauer wird nicht als Blickkontakt empfunden. Empfehlung für noch nicht so routinierte Verhandelnde: Suchen Sie sich ein oder zwei Menschen vor Ihnen aus, die Ihnen sympathisch sind, und schauen Sie sie öfters an. Länger als drei Sekunden wirkt Blickkontakt als starrend.

- Intensiver Blickkontakt, wenn Sie Forderungen stellen
  Sie wirken bestimmt und verleihen Ihren Forderungen Nachdruck, wenn Sie sie mit einem intensiven Blickkontakt kom-

binieren. Sehen Sie nicht nach unten, wenn Sie Forderungen stellen oder ablehnen.

- **Kalte, berechnende Blicke vermeiden**
  Vergessen Sie nicht die Empfehlung »Weich zur Person und hart in der Sache!«. Schlagen Sie eine menschliche Brücke über einen warmen Blickkontakt. Wenn Sie Ihr Gegenüber fixieren, wird sich dieser zwangsläufig unwohl fühlen. Vertrauen bauen Sie so nicht auf.

- **Glanzlose Blicke stimulieren niemanden**
  Die besten Argumente nützen Ihnen nichts, wenn Ihre Augen kein Erleben versprechen.

- **Beziehen Sie Verhandlungspartner:innen mit dem Blickkontakt ein**
  Schauen Sie nicht nur den Entscheidungsträger der Gegenseite an, sondern nehmen Sie Blickkontakt mit allen auf. Vergessen Sie nicht, auch die Mitglieder Ihres eigenen Teams mit einzubeziehen.

- **Jede Verhandlung beginnt und endet mit einer »Schau mir in die Augen«-Pause!**
  Schicken Sie bereits zu Beginn der Verhandlung, noch bevor Sie die ersten Worte sagen, einen bewussten Blick in die virtuelle Verhandlungsrunde. Schenken Sie sich und der Gegenseite durch diesen ersten Blickkontakt Zeit zur Konzentration. Der Blickkontakt bleibt dann auch nachher intensiver. Und auch wenn Sie das letzte Wort klar und vernehmlich gesagt haben, schicken Sie noch einmal einen kurzen Blick hinterher.

Was bedeutet es grundsätzlich, einer anderen Person in die Augen zu schauen?

Mit dem Blick in die Augen bauen Sie eine Verbindung auf und zwingen Verhandlungspartner:innen zu einer Stellungnahme. Diesem Zwang entziehen wir uns gerne durch ein kleines Blinzeln, einen langen Lidschlag. Allein zur Seite zu sehen reicht oft schon, um der direkten Konfrontation aus dem Weg zu gehen. Immer, wenn Ihr Gegenüber sich nicht zu einer Entscheidung zwingen lassen will, wird die Person wegsehen, das muss dann gar nicht mehr groß mit Worten erläutert werden. Denken Sie bei zukünftigen Verhandlungen daran, dass die Gegenseite sich vielleicht einer konkreten Stellungnahme entziehen will, wenn sie den Blick wegnimmt. Nehmen Sie dies zur Kenntnis, sprechen Sie es an oder machen Sie eine Pause, um nächste Schritte zu überlegen. Sie können es umgekehrt auch anderen bewusst einfacher machen, indem Sie selbst den Blick zur Seite nehmen. Ihr Gegenüber wird dann in der Verhandlung gelöster sein und Zeit haben, seine Entscheidung noch einmal zu überdenken.

Gar nicht so einfach – Wie Sie online Blickkontakt halten

Was für Präsenzverhandlungen gilt, gilt auch online: In die Augen Ihres Gegenübers zu schauen baut Vertrauen auf. Vertrauen ist wichtig, um in Verhandlungen gute Beziehungen zu entwickeln und die bestmöglichen Resultate zu erzielen. Online sehen wir uns auch selbst. Das ist ungewohnt. Wir sind immer auch ein wenig fasziniert von uns selbst, und es ist nicht einfach, sich nicht selbst anzublicken. Ein erster Tipp: Wechseln Sie in die Galerieansicht, damit reduzieren Sie schon einmal Ihr Bild auf eine gemeinsame Kachelgröße aller Beteiligten der Verhandlung. Wenn Ihre Software es Ihnen ermöglicht, können Sie die Galerieansicht zusätzlich am oberen Bildschirmrand positionieren. So schauen Sie intuitiv häufiger zum oberen Bildschirmrand, also dorthin, wo die Kamera sich in der Regel befindet. Dort wird ein direkter Augenkontakt simuliert. Wer sich noch weiter professionalisieren möchte, kann auch mit Eyetracking-Software arbeiten. Eyetracking ist eine Technologie, die genutzt wird, um zu sehen, wohin eine Person auf dem Bildschirm blickt, und die auch helfen kann, den Blickkontakt herzustellen. Microsoft Teams beispielsweise bietet in seinen Einstellungen das Feature »EyeContact« an, das mithilfe künstlicher Intelligenz (KI) Ihren Blick während virtuellen Meetings lenkt (Stand August 2022). Da die Entwicklung neuer Technologien schnell ist, recherchieren Sie am besten den aktuellen Stand. Egal, ob die von Ihnen genutzte Plattform ein Eyetracking-Feature anbietet oder Sie lieber auf eine eigenständige Software zurückgreifen wollen: Es ist wichtig zu beachten, dass möglicherweise eine spezielle Hardware wie eine Eyetracking-Kamera benötigt wird. Das Münchner Start-up[27] 4Tiitoo zum Beispiel bietet mit NUIA Full Focus eine smarte, blickgesteuerte Lösung an, in Videokonferenzen Blickkontakt mit den Verhandlungspartner:innen herzustellen und zu halten. Allerdings gibt es zur Nutzung von Eyetracking-Software auch Gegenstimmen, wie von Techcrunch, die davon abraten, um nicht Gefahr zu laufen, mehr wie ein Roboter, weniger wie ein Mensch zu wirken. Am besten machen Sie sich selbst ein Bild.

VIRTUELL VERHANDELN. QR

Das Unternehmen IMOTIONS hat 10 verschiedene Anbieter von Eyetracking-Software miteinander verglichen. Hier erfahren Sie mehr.

Techcrunch rät in diesem Beitrag von der Nutzung von Eyetracking-Software ab.

VIRTUELL VERHANDELN. BEST PRACTICE

Schauen Sie beim Sprechen so oft wie möglich in die Kamera. Als Orientierung dient Ihnen der leuchtende Punkt, der sich meist ober- oder unterhalb des Bildschirms befindet, sofern Sie keine externe Kamera benutzen. Das fühlt sich sehr ungewohnt an, weil Sie in diesem Moment keine Response von den Verhandlungsteilnehmenden erhalten. Wenn Sie, wie es angenehmer ist, auf die Kacheln Ihrer Gesprächspartner:innen schauen, sehen diese Ihren Blick jedoch nach unten gerichtet. Das wirkt weniger selbstbewusst. Schauen Sie direkt in die Kamera, blicken Sie dem Gegenüber direkt in die Augen, selbst wenn sich das für Sie nicht so anfühlt. Kleben Sie als Erinnerungshilfe ein kleines Post-it oder einen farbigen Klebepunkt neben die Kamera.

Schauen Sie genau hin, was Verhandelnde über Körpersprache noch ausdrücken

Verhandelnde drücken ihre Betroffenheit immer mit dem ganzen Körper aus. Was davon können wir beim virtuellen Verhandeln beobachten? Es sind die Bewegung der Augenbrauen, ein Rümpfen der Nase; auch Zupfen am Ohrläppchen, Mundbewegungen, Spannungszustände von Hals, Nacken und Schultern sowie gestikulierende Hände geben uns jede Menge indirekte Informationen.

Was drücken Verhandelnde mit ihren Augenbrauen aus?

Zwei hochgezogene Augenbrauen sind ein Zeichen höchster Aufmerksamkeit: Verhandelnde demonstrieren damit ihre Aufnahme möglichst vieler Informationen. Im Gegensatz dazu bedeutet nur eine hochgezogene Augenbraue Skepsis. Der Verhandelnde glaubt, nur die halbe Wahrheit zu erfahren.

Warum fasst man sich häufig an Brillen oder Ohrläppchen?

Die Aussage ist klar: Wer Schwächen im eigenen Konzept entdeckt hat, muss schärfer hinsehen. Manchmal ist es auch die Sorge darüber, ein Detail vergessen zu haben. Verhandelnde, die unsicher sind, greifen sich erstaunlicherweise auch oft ans Ohrläppchen, als wollten sie ihr Sehvermögen stimulieren. In der Akupunktur liegt der Stimulationspunkt für besseres Sehen tatsächlich am Ohrläppchen. Manchmal allerdings ist es auch nur eine Verlegenheitsgeste, ein Signal von Körperlichkeit im Angesicht der virtuellen Kachel. Weil sich auch hier die Frage stellt: Wohin mit den Händen, wenn man nicht gerade mitschreibt? Weil sie ein Ziel suchen, gelangen sie dann auch schnell mal in die Nähe der Ohrläppchen. Also, aufgepasst: keine Signale überinterpretieren!

Welche Bedeutung hat der Mund in der Körpersprache?

Über den Mund lassen wir Dinge in unseren Körper gelangen. Er trifft die unmittelbare und intuitive Aussage über alles, was uns guttut, durch ein Lächeln, und das, was uns nicht gut tut, durch heruntergezogene Mundwinkel. So gesehen repräsentiert der Mund als unmittelbarer Spiegel die Befindlichkeit der Verhandlungspartner:innen.

Und was sagen uns die Lippen?

Ein zusammengekniffener Mund zeigt eine Weigerung an, etwas aufzunehmen. In der Verhandlung signalisiert dies die Abwehr gegenüber neuen Ideen oder Ansätzen der Gegenseite. Eine lockere Lippenhaltung hingegen deutet einen offenen Geist an.

Was bedeutet es, wenn Verhandelnde sich an die Nase fassen?

Die Nase ist eine der letzten Bewertungsinstanzen. Wir überprüfen im übertragenen Sinne, was uns genießbar erscheint und was nicht. Wer in der Verhandlung einen Preis nennt und sich dabei an die Nase greift, fürchtet, sein Angebot könne zu hoch sein. So gesehen ist der Griff an die Nase ein Zeichen kritischer Überprüfung und Nachdenklichkeit. Oder die Nase juckt einfach nur …

Ein Lächeln vor dem ersten Wort wirkt Wunder!

Die Mimik, unseren Gesichtsausdruck, können wir nur zeitweise steuern. Sie die ganze Zeit unter Kontrolle zu halten ist aber auch gar nicht nötig. Den meisten Menschen widerstrebt es ohnehin, eine bestimmte Mimik einzustudieren, nur um die Wirkung zu erhöhen. Wir wollen einen Verhandlungsbeitrag liefern, wollen informieren oder überzeugen – aber nicht schauspielern! Dennoch mögen wir keine versteinerte Mimik. Ganz leicht können wir etwas dafür tun, freundlich zu wirken. Schauen Sie das Publikum offen und wohlwollend an. Auch neutrale Themen vertragen ein freundliches Gesicht. Lächeln entspricht immer einer positiven Ausstrahlung. Vermeiden Sie nach Möglichkeit folgende Muster:

- Verlegenheitslachen
  Die Augen des schüchternen Verhandelnden erscheinen dabei fragend, das Lächeln wirkt nie ganz fertig.
- Auslachen
  Ironisches Lachen verändert die Augenpartie. Die Augen verengen sich leicht, manchmal wird dabei eine Augenbraue gehoben.
- Aufgesetztes Lachen
  Maskenhaftes Lachen wirkt nicht authentisch. Der Mensch zeigt dabei oft die Zähne, der Ausdruck wirkt wie eingefroren.
- Kaltes Lachen
  Man spricht vom kalten Lachen, wenn die Augen nicht mitlachen. Meistens bleibt der Kopf gerade, und der Blick fixiert die

Gegenseite. Das Lachen scheint ein Vorgeschmack auf den persönlichen Triumph zu sein.

Welche Bedeutung haben Hals und Nacken für Verhandelnde?

Sie ermöglichen die Beweglichkeit des Kopfes, den Überblick. Verhandelnde mit beweglichem Nacken sind nach allen Seiten hin offen. Sie sehen nicht nur das Bekannte, sondern auch das Neue und Fremde. Welche Nackenhaltungen können wir in Verhandlungen beobachten? Die aufrechte, gerade, beinahe steife Haltung von Hals und Nacken signalisiert »Ich stehe gerade für das, was ich sage«. Menschen in »Habachtstellung« halten sich klar an ihre Ziele. Was links und rechts des Weges liegt, wird als Ablenkung gesehen. In vielen Kulturen wird diese Haltung für die Zuverlässigkeit, die sie signalisiert, geschätzt, auch wenn Kritiker sie als schmalspurig bezeichnen. Für Verhandelnde mit dieser Grundhaltung gelten Ausweichen, Nachgeben und das Schließen von Kompromissen als negativ. Versteift sich inmitten der Verhandlung der Hals Ihres Gegenübers, so können Sie sicher sein, dass Sie gerade eine Schwachstelle in der Argumentation getroffen haben. Löst sich die Spannung und neigt sich der Kopf, so haben Sie den anderen zu sich rüber gewonnen. Welche Signale sendet ein leicht seitlich geneigter Kopf dem Verhandlungspartner? Ihre Bereitschaft, Nebenwege zu beschreiten. Sie entziehen sich der direkten Konfrontation. Verhandelnde bringen durch ein Neigen des Kopfes auch Verständnis zum Ausdruck. Den Verhandlungspartnern fällt es beim Blick auf einen geneigten Kopf des Gegenübers oft leichter, Fehler oder Probleme einzugestehen.

Wenn Verhandelnde die Hand an den Hals legen, bedeutet dies, dass versucht wird, eine Schwäche zu überdecken. Vielleicht weiß Ihr Gegenüber nicht, was erwartet wird oder wie ein Argument formuliert werden kann.

Innere Energiespeicher für die Verhandlung

In der Brust sitzen Herz und Lunge, unsere körpereigenen Energiespeicher, die Sie während der Verhandlung bestmöglich nutzen sollten. Wenn Sie tief atmen, werden Ihre Lungen mit Sauerstoff gefüllt. Damit einhergehend wächst auch Ihr Energielevel und intensiviert sich Ihre Ausstrahlung von Vitalität. Der Klang Ihrer Stimme verstärkt sich, Schultern und Schulterblätter werden lockerer. Diese entspannte Körperhaltung ermöglicht den freien Fluss des Atmens und schafft Mobilität und Handlungsfähigkeit. Flaches Atmen im Gegensatz dazu wirkt unsicher und setzt die Körperspannung herab. Als Folge wird der negative Eindruck einer eingefallenen Brust erzeugt. Ein Mangel an Sauerstoff macht sich zudem dadurch bemerkbar, dass die Stimme nicht mehr trägt und unsicher wirkt.

Wann halten Verhandelnde den Atem an?

Der Atem stockt ... Alles, was Sie in einer Verhandlung zweifeln lässt oder Sie vor eine Entscheidung stellt, lässt Sie den Atem anhalten. Verhandelnde, die gleichmäßig ein- und ausatmen, während ihnen Vorschläge unterbreitet werden, sind meist nicht überrascht davon. Halten Verhandelnde den Atem für einen kleinen Moment an, bedeutet das, dass sie über ein Angebot nachdenken. Sie verordnen sich einen Moment Stillstand. In genau diesem Moment fällt die Entscheidung: Nehme ich das Angebot an, oder weise ich es zurück?

Wenn die Last auf die Schultern drückt

Gerade gehaltene Schultern signalisieren: Ich trage keine Bürde, weder physisch noch psychisch. Alles, was einen Verhandelnden belastet, drückt auf seine Schultern und krümmt den Rücken. Droht Gefahr, ziehen wir instinktiv den Kopf ein, die Schultern werden dabei angehoben. In Verhandlungen von heute tragen Sie keine buchstäblichen Lasten mehr, Ihre Belastung ist Verantwortung. Sie haben sicher in Verhandlungen schon folgende Bemerkungen gehört: »Auf mir lastet die Verantwortung« oder »Ich trage die Verantwortung«. Wer belastet ist, dessen Beweglichkeit ist eingeschränkt. Was drücken Verhandelnde aus, wenn sie Ihnen die kalte Schulter statt der Körpermitte zeigen? Ablehnung. Die kalte Schulter ist auch immer eine unbewegliche Schulter. Der dazugehörende Arm bleibt leblos und kann weder geben noch nehmen. Wer über die kalte Schulter hinweg verhandelt, redet wie über eine Mauer. Flexibilität wird in dieser Verhandlung unmöglich sein.

Vom Pointing Finger und dem Stachelschwein – Gesten verstehen

Was hat es zu bedeuten, dass der Vorgesetzte dauernd mit seinem Kugelschreiber auf Sie »einsticht«? Warum werden die Fingerknöchel des neuen Mitarbeiters kreideweiß, wenn er sein neues Konzept vorschlägt? Wieso verliert die Vertriebskollegin immer dann die Kontrolle über ihre Hände, wenn sie an der Reihe ist? Die Online-Verhandlung scheint eine wahre Opernbühne zu sein, Ort großer Gesten und kleiner Verlegenheiten. Doch was steckt hinter all diesen Bewegungen? Mit der bewusst oder unbewusst eingesetzten Führung der Arme und Hände unterstützt der Verhandelnde das gesprochene Wort. Gleichzeitig spiegelt Gestik auch immer die innere Haltung. Grundsätzlich offen wirkt der Verhandelnde, wenn Arme und Hände frei genug erscheinen, sich vom Körper wegzubewegen, sie ihn weder verbarrikadieren noch verklemmt erscheinen lassen. Die eigene Gestik ist dann natürlich, wenn sie nicht aus dem Handgelenk kommt, sondern aus dem Ellbogen, bei stark motorisch geprägten Menschen sogar aus der Schulter heraus.

Besonders online wirken schnelle Gesten noch schneller ruckartig und hektisch, während langsame Gesten einen ruhigen und kontrollierten Eindruck vermitteln. Der ausgestreckte Finger wird als »Pistole« bezeichnet und ist eine dominante Geste, während betende Hände mit aufgestellten Fingern defensiv und besonders bei Verhandelnden zu beobachten sind, die sich in die Enge getrieben fühlen, weshalb diese Geste auch als Stachelschwein bezeichnet wird. Zum eigenen Schutz werden die Stacheln aufgestellt.

Die drei Grundbewegungen der Hand: offen, verdeckt und dominant

Jede:r Verhandelnde benutzt alle drei Grundformen der Handbewegungen. Je nach Charakter werden die einen oder die anderen vorherrschen.

- Die verdeckte Handbewegung
  Wer in der Verhandlung seinem Gegenüber nur den Handrücken zeigt, verbirgt damit die sensible Handinnenseite. Verhandlungspartner:innen werden vom Gefühl beschlichen, dass die andere Person etwas zu verbergen hat.

- Die offene Handbewegung
  Bei der offenen Bewegung dagegen zeigen Verhandelnde ihre Handflächen und signalisieren: Was ich in Händen halte, zeige ich und offenbare damit, dass ich nichts zu verbergen habe. Sie haben keine Angst, dass ihnen jemand etwas wegnehmen könnte, sondern scheinen sogar bereit zu sein, mit anderen zu teilen und sich in der Verhandlung auf Kompromisse einzulassen. Offen Hände tendieren wie von selbst nach oben, ihre natürlichen Bewegungen führen in die Breite und in die Höhe. Einen solchen Radius verbinden wir mit Großzügigkeit und Selbstsicherheit. Mit der offenen Hand zu geben bedeutet, dem anderen nichts aufzuzwingen. Ihr Angebot bleibt wie auf einem Tablett liegen. Verhandelnde dürfen selbst entscheiden, ob sie das Angebot annehmen oder nicht. Wenn Sie offene Angebote machen, dann achten Sie darauf, dass Ihre Hand mindestens zwei Sekunden in der offenen Geste bleibt, damit Ihr Gegenüber Zeit genug hat zuzugreifen. Stellen Sie sich vor, Ihnen würde jemand

ein Stück Kuchen auf einem Tablett anbieten und das Tablett sofort wieder zurückziehen. Sie würden glauben, das Angebot wäre nicht ernst gemeint. In der schnellen Bewegung liegt ein Hauch Aggressivität. Dahinter steckt die Befürchtung, abgelehnt zu werden. Wer allerdings hinter seinem Angebot steht, braucht keine Angst vor einer Ablehnung zu haben. Ein weiterer Vorteil der offenen Hand ist, dass der dominante Zeigefingereffekt dadurch verhindert wird und Sie eine Bevormundung der Gegenseite vermeiden. Je mehr offene Gesten Sie sich angewöhnen, umso positiver wird Ihre Wirkung sein.

- Die dominante Handbewegung
  Dominante Handbewegungen üben Druck aus. Sie führen von oben nach unten. Dieses Herunterdrücken wirkt unterdrückend. In der dominierenden Geste liegt der Wunsch, sich gegenüber dem anderen durchzusetzen, notfalls gegen dessen Willen. Dominante Verhandelnde wirken aufgrund dieses Verhaltens selten positiv.

VIRTUELL VERHANDELN. WISSEN

Statusheber und Statussenker der virtuellen Körpersprache

Wenn Verhandelnde aufeinandertreffen, werden über die Körpersprache oft unbewusste Signale gesendet, wer in der »Hackordnung« höher steht. In virtuellen Verhandlungen findet dieses unbewusste Abklären des Status auch statt. Durch die reduzierte Wahrnehmung der körpersprachlichen Situation ist jedoch eine Dechiffrierung oft schwieriger. Der CEO hat im Online-Meeting die gleiche Kachelgröße wie die Experten, die ihn unterstützen, seine Körpersignale lassen sich in einer kompakten 3-D-Ansicht nicht sofort entschlüsseln. Körpersprachlich zeigt sich Macht durch statushebende Signale. Unterordnung können virtuell Verhandelnde durch statussenkende Merkmale beobachten.

	Hochstatus	Tiefstatus
Blickkontakt	▪ intensiven Blickkontakt halten, aus einer konfrontativen Körperhaltung heraus ▪ wenig zwinkern ▪ bis ca. drei Sekunden wird Blickkontakt als angenehm empfunden, dauert er länger, wirkt er zunehmend unangenehm. Auch online kann gestarrt werden!	▪ kurzer, nervöser Blickkontakt ▪ Blickkontakt abbrechen und nachher schnell zurückschielen ▪ Blick nach unten mit zur Seite geneigtem Kopf
Raumanspruch und Gesten	▪ Raum einnehmen, indem mehrere Bildschirme vorhanden sind ▪ schneller Zugriff auf Information möglich ▪ den meisten Raum beanspruchen durch entweder Redeanteil oder aber Schweigen ▪ große, ausladende Gesten	▪ kleinräumige und fahrige Gesten ▪ Selbstberuhigungsgesten ▪ Informationen werden umständlich in Dateien gesucht
Brustbein und Schultern	▪ »Heldenbrust« zeigen – Brust nach vorne schieben ▪ fast einen hohlen Rücken machen ▪ nach unten und hinten gedrückte Schultern	▪ »Hühnerbrust« zeigen – Brust nach hinten drängen ▪ einen runden Rücken machen ▪ eingefallene Schultern
Kopfhaltung und Kopfbewegungen	▪ gerade gehaltener Kopf ▪ nach oben gerecktes Kinn ▪ langsame Kopfbewegungen	▪ seitlich geneigter Kopf ▪ unruhige und nervöse Kopfbewegungen ▪ sich im Gespräch am Kinn abstützen

Mimik und Lächeln	■ wenig bis kein Lächeln unterstreicht Ernsthaftigkeit ■ bis hin zum Pokerface, um innere Vorgänge nicht nach außen zu tragen	■ viel Lächeln, oft in Kombination mit häufigem Nicken ■ bis hin zum Verlegenheitslächeln, um unangenehme Situationen dadurch zu entspannen
Körperspannung	■ feste Körperspannung ■ bis hin zur Überspannung, die auf andere aggressiv wirken kann	■ wenig oder sogar fehlende Körperspannung ■ schnelle und spannungslose Gesten

VIRTUELL VERHANDELN. BEST PRACTICE

Bewegen Sie sich vor dem Bildschirm nicht zu viel: Große Gesten und ständiges Hin- und Herrücken wirken eher konfus und können zu Störungen bei der Übertragung führen. Legen Sie sich alle Informationen vorher ausgedruckt zurecht, dann müssen Sie während der Verhandlung nichts holen oder suchen. Verzichten Sie zudem darauf, sich vor eingeschalteter Kamera Kaffee einzuschenken oder Snacks zu essen. Kekse, Chips und Ähnliches sowie ihre Verpackungen können wirklich laut rascheln ☺. Wenn Sie ein Getränk neben sich stehen haben, achten Sie darauf, dass Tasse oder Glas sauber und nicht durch Tropfen und Kalkränder verschmiert sind. Die werden durch die Weitwinkelobjektive der Kameras wie mit einer Lupe vergrößert, wenn Sie einen Schluck daraus nehmen.

Von der Sitzposition ist die Bewegungsmöglichkeit des Oberkörpers abhängig

Setzen Sie Ihre Füße weit nach vorne, so lehnt sich automatisch der Oberkörper nach hinten. Zuneigung gegenüber Verhandelnden können Sie so nicht zeigen. Stehen die Beine gerade oder sind sie leicht zurückgenommen, fällt es Ihnen leichter, sich dem anderen entgegenzubeugen.

Verhandelnde, die sich im Gespräch zur Seite neigen, weichen aus – entweder rational oder emotional. Sie bleiben zwar rezeptiv, wollen selbst aber nicht klar Stellung beziehen. Von zur Seite geneigten Verhandlungspartnern werden Sie Antworten hören wie: »Darüber muss ich mir noch Gedanken machen« oder »Interessant, diesen Punkt sollten wir noch mal diskutieren«. Versuchen Sie also, schwankende Verhandlungspartner:innen aufzurichten. Nur aus einer solchen Haltung heraus werden sie klare, zielgerichtete Aussagen machen.

VIRTUELL VERHANDELN. BEST PRACTICE

Probieren Sie einmal zu Hause vor Ihrer Webcam zwei Varianten aus: 1. Drei Minuten die »Tagesschau-Variante«: Sprechen Sie wie ein Nachrichtensprecher mit nur sehr wenigen Gesten. 2. Drei Minuten präsentieren Sie mit ruhigen und gezielt bewussten Gesten. Zeichnen Sie Ihre Präsentation auf und sehen Sie sich das Resultat an. Was gefällt Ihnen besser? Womit fühlen Sie sich wohler? Welche Wirkung sagt Ihnen mehr zu? Sie können auch eine Kollegin oder einen Freund bitten, ein Feedback abzugeben oder sich zu einem Übungsmeeting mit Ihnen zu treffen.

Wolfgang Schatz

Wolfgang Schatz ist Schauspieler. Er hatte Rollen im *Tatort*, den *Rosenheim Cops*, *Der Bulle von Tölz*, *Derrick* u.v.m. Außerdem arbeitet er als Synchronsprecher für *Die Simpsons* und *South Park*. Seit 2007 ist Wolfgang Schatz auch als Seminar-Schauspieler und Projektleiter tätig. Er begleitete das Global Siemens Negotiation Excellence Training mit mehr als 1200 Teilnehmenden in 18 Ländern.

J. P.: Wolfgang, wie verändert virtuelles Verhandeln die Wahrnehmung der Körpersprache?
W. S.: Hier nehme ich zwei Richtungen wahr. Die virtuell unbewusst Verhandelnden nehmen auch die Körpersprache des Verhandlungspartners defensiv passiv auf und sehen wenig Bedarf, aktiv zu werden. Allein schon das Nutzen eines virtuellen Hintergrunds bei Zoom, Teams & Co. verführt ja dazu, sich möglichst wenig zu bewegen. Wer aber bewusst und aktiv virtuelles Verhandeln angeht, verschafft sich auch bei den Verhandlungsergebnissen echte Vorteile.

J. P.: Welche Tipps gibst du aus der Perspektive des Schauspielers für Online-Verhandlungen?
W. S.: Ein technisch professioneller Auftritt erhöht deutlich die Außenwirkung. Setting, Licht, Kamera, Ton und Stabilität der Verbindung sollten perfekt eingerichtet sein. Die Höhe der Kameralinse – möglichst extern – sollte auf der Höhe der Augen liegen. So schaffen Verhandelnde es im wahrsten Sinne des Wortes, sich auf Augenhöhe zu begegnen. Das ist eine der Grundvoraussetzungen für kooperatives Verhandeln. Bei wichtigen eigenen Passagen des Verhandelns blicken Verhandelnde idealerweise direkt in die Kamera – also nicht nach unten, wo sie auf dem Monitor die Gesprächspartner

sehen. So fühlt sich der Verhandlungspartner direkt angesprochen. Online-Präsentationen gestalten Verhandelnde wirkungsvoller und abwechslungsreicher, indem sie jeweils nach vier bis sechs Folien den Präsentationsmodus unterbrechen und sich selbst groß einblenden für ein zum Thema passendes Beispiel oder eine Anekdote.

J. P.: Um differenziert, direkt und schnell auf den jeweiligen Typ des Gegenübers einzugehen, empfiehlst du die Nutzung des DISG-Persönlichkeitsmodells (dem die individuelle Unterteilung in die vier Grundtypen Dominanz, Initiative, Stetigkeit und Gewissenhaftigkeit zugrunde liegt). Wie kann das funktionieren? Und was empfiehlst du zum Umgang mit dominanten, initiativen, stetigen und gewissenhaften Verhandelnden?
W. S.: Gerne gebe ich ein paar Tipps zum Umgang mit den vier Typen. Dominante Verhandelnde erwarten kurzen Small Talk. Verhandlungspartner können beispielsweise gleich zu Beginn des Gesprächs fragen, wie viel Zeit zur Verfügung steht. Mein Tipp: Nutzen Sie zur Unterstreichung Ihrer Verhandlungsposition immer wieder klare, präzisierende Handbewegungen, vermeiden Sie also bewusstes Herumfuchteln. Kommen Sie ruhig etwas näher zur Kamera, so wirken Sie bei Bedarf größer und stärker. Bei für Sie überzogenen Forderungen der Gegenseite reagieren Sie sofort, z. B. mit einem Kopfschütteln oder einem klaren Nein. Kompetitiv Verhandelnde provozieren zuweilen, indem sie mitten in der Verhandlung die Kamera ausschalten. Hat die Gegenseite die Kamera zu Beginn nicht eingeschaltet, fragen Sie nach dem Grund und bitten um Aktivierung. Wird dies verweigert, sollten auch Sie die Kamera deaktivieren.

J. P.: Initiative gelten als optimistisch und aufgeschlossen. Wie gehen virtuell Verhandelnde am besten mit ihnen um?
W. S.: Initiativ Verhandelnde lieben ausgedehnten Small Talk, alles ist mit Emotionen verknüpft. Ein Trick ist die Positionierung eines persönlichen Objektes sichtbar hinter Ihnen. Das kann ein Gegenstand passend zu Ihrem Hobby sein oder ein Bild, Musikinstrument oder Sportgerät, das scheinbar zufällig an der Wand lehnt – und sofort das Gegenüber einlädt, interessierte Fragen zu stellen. Und

schon haben Sie ein Thema, an das Sie später wieder anknüpfen können. Aktive Körpersprache schafft hier sofort Nähe, und alles kann mit Emotionen verknüpft werden: »Das freut mich«, »Ach schade …«, »Das irritiert mich …«. Initiativen kann die Beziehung zum Gegenüber wichtiger sein als das Verhandlungsergebnis. Dieses Wissen könnte man auch virtuell als Druckmittel einsetzen. Sobald sich ein I-Typ von Ihrem Ziel entfernt, können Sie nonverbal Ihre Enttäuschung zeigen durch Kopfschütteln oder ein scheinbar unbewusstes Seufzen. Ein I-Typ wird nun versuchen einzulenken.

J. P.: Dann gibt es beim DISG-Modell noch die Verhandelnden, die überwiegend ruhig und entspannt auftreten, die Stetigen. Welchen Tipp gibst du Verhandelnden bei den Stetigen?
W. S.: Sehen Sie bei ihnen eine dampfende Tasse Kaffee oder Tee, fühlen Sie selbst sich gleich entspannter. Diese Stimmung können Sie – später – auch auf Ihre Verhandlung übertragen. Keine Überraschungen, alles transparent. Positionieren Sie sich mit Ihrer Kamera vor einer Bücherwand oder in einer gemütlichen Sitzecke. Gehen Sie Schritt für Schritt vor und vermeiden Sie überzogene Anfangspositionen und große Gesten. Kündigen Sie größere Veränderungen vorab an, sodass Ihr Gegenüber nicht überrascht wird.

J. P.: Ist es so, dass die Gewissenhaften bevorzugt ihre Kamera nicht einschalten? Was können Verhandelnde da tun?
W. S.: Ja, auf diese Weise fühlen Gewissenhafte mehr für sich und sind stärker in ihrer Komfortzone. Dennoch ist es für sie hilfreich, den Gesprächspartner zu sehen. Am besten, Sie verschicken mit der Zoom- oder Teams-Einladung den Hinweis »Für unser Gespräch bitte ich um Aktivierung der Kamera«. Versenden Sie vorab Ihre Agenda, damit begeben Sie sich mit einer klaren Struktur in die Welt der G-Typen. Vermeiden Sie aktive Körpersprache und Gestik. Ihre Stimme sollte durchweg ruhig und sachlich sein. Auf Ihre Eingangsfrage »Wie geht es Ihnen?« wird Ihr Gesprächspartner wohl mit einem einfachen »Gut« antworten – und damit signalisieren, bitte gleich zur Sache zu kommen. Gehen Sie an dieser Stelle aber zu Business-Small-Talk über und zeigen Sie durch Nachfragen ech-

tes Interesse z.B. an seinem aktuellen Projekt. Dann ist auch ein sachlich Detailverliebter bereit, sich zu öffnen. Vermeiden Sie rhetorische Weichmacher wie »natürlich«, »irgendwie«, »einfach« oder »ich sag mal«, damit würden Sie sich in den Augen eines G-Typen als oberflächlich offenbaren. Belegen Sie jedes Argument ausführlich mit objektiven Kriterien und nachvollziehbaren Argumenten.

VIRTUELL VERHANDELN. QR

Hier erfahren Sie mehr über Wolfgang Schatz.

Hier erfahren Sie mehr über das DISG-Persönlichkeitsmodell.

VIRTUELL VERHANDELN. TIPP #17

Der Ton macht die Musik – Ihre Stimme am Mikrofon

»Im richtigen Ton kann man alles sagen, im falschen nichts. Das Heikle daran ist, den richtigen zu finden.« Dieser Satz von Bernhard Shaw trifft auf Verhandeln in besonderem Maße zu. Die Stimme geht direkt ohne Filter und blitzschnell ins Herz der Verhandlungspartner:innen und öffnet dieses für die Botschaft Ihrer Worte. Ihre Stimme kann Sie besser als alles andere an Ihrer Erscheinung als glaubwürdig, entschlossen, sympathisch und kompetent identifizieren – oder eben auch nicht. Im Wort »Stimmung« steckt das Wort »Stimme« – ein klarer Beweis dafür, wie maßgeblich die Stimme dafür verantwortlich ist, Ihre inneren Regungen zu verraten. Ihr Ton lässt hören, ob Sie zu Ihrem Anliegen stehen oder ob Zweifel, Unsicherheit, Langeweile oder Missfallen Sie beschäftigen. Stimme und Sprechweise sind Gradmesser Ihrer Authentizität. Die technische Übertragung und das Mikrofon stellen online zusätzliche Herausforderungen für Verhandelnde dar.

Jede Stimme ist einzigartig, so unverwechselbar wie ein Fingerabdruck

Die Stimmtrainerin Eva Loschky[28] berichtet über einen Versuch des Max-Planck-Instituts in Leipzig. Dort entschlüsselten Forschende die versteckten Botschaften des Stimmklangs. Treffen wir auf neue Verhandlungspartner:innen, führen diese sofort, ob wir wollen oder nicht, in uns zu einer neurobiologischen Resonanz. Blickkontakt, Stimme, Sprechweise, mimischer Ausdruck und die Körperbewegungen rufen in uns ein Spektrum an Spiegelreaktionen hervor. Spiegelnervenzellen aktivieren in uns das, was zunächst nur die nonverbalen Signale des Verhandlungspartners selbst waren. Indem wir die Empfindungen eines anderen Menschen in uns selbst spüren, gewinnen wir ein spontanes, intuitives Verstehen dessen, was andere bewegt. »Wie es in den Wald hineinschallt, so tönt es heraus.« Was der Volksmund so einfach beschreibt, erklärt die Wissenschaft folgendermaßen: Unser Gehirn speichert diese Erfahrungen mit Körperzuständen als sogenannte somatische Marker. Entweder das nonverbale Auftreten Ihrer Verhandlungspartner:innen gibt Ihnen Sicherheit und regt Sie an, oder aber die Stimme und das Auftreten wirken auf Sie unfreundlich und nicht vertrauenerweckend. Diese unbewusst angetriggerten Wahrnehmungen lösen Körperreaktionen bei uns aus. Diese speichern wir ebenfalls unbewusst in Zusammenhang mit den jeweiligen Verhandlungspartner:innen ab. Wann immer Sie später an diese Person denken, reaktivieren

Sie genau diese Körperzustände. Als Verhandelnde:r haben Sie innerhalb der ersten drei Sekunden einer Verhandlung bereits durch Ihre Stimme und Ihr Auftreten Einfluss genommen, lange bevor Ihr Gegenüber die Bedeutung Ihrer Worte erkennt und verarbeitet. Mit der Bedeutung des Erfahrungswissens beschäftigen sich verschiedene Disziplinen: Entscheidungswissenschaft, Neurologie und Psychologie. Sie können sich Ihr adaptives Unbewusstes als Art Supercomputer vorstellen, der schnell und unbemerkt Unmengen von Daten verarbeitet, die auf Sie einströmen.

VIRTUELL VERHANDELN. BEST PRACTICE

Ihre Stimme spielt in virtuellen Verhandlungen eine zentrale Rolle. Sie vermittelt den Verhandelnden Wertschätzung, Neugierde, Anteilnahme, Wärme und Sympathie. Einem Verhandelnden mit wohlklingender Stimme hört man lieber zu als einem mit unangenehmer Stimme. Glücklicherweise klingt fast jede gesunde Stimme gut, wenn sie mit der richtigen Sprechtechnik und Satztechnik eingesetzt wird.

Der Verhandlungsexperte Chris Voss, der viele Jahre Verhandlungen mit Geiselnehmern für das FBI geführt hat, schreibt in seinem Buch *Kompromisslos verhandeln: Die Strategien und Methoden des Verhandlungsführers des FBI*[29] über seine Erfahrungen in Extremsituationen. In Verhandlungen mit gefährlichen Geiselnehmern geht es darum, eine Eskalation zu verhindern, denn diese kann Menschenleben kosten. Um im Gespräch zu bleiben, hat Chris Voss sich im Laufe der Zeit eine »Late Night FM DJ Voice« antrainiert. Er spricht wie ein Radiomoderator, der zu später Stunde eine tiefe, weiche, langsame und Sicherheit vermittelnde Stimme präsentiert. Voss vertritt die Meinung, dass Verhandelnde ihre Stimme als Werkzeug betrachten können, mit dem sie unfreiwillig neurologische Telepathie erzielen. Er geht so weit zu sagen, dass die Stimme das mächtigste aller Instrumente eines Verhandelnden ist, dass Verhandelnde mit ihr im Gehirn der Gegenseite einen emotionalen Schalter umlegen können. Von Misstrauen zu Vertrauen, von Nervosität zu Ruhe. Neben der Stimmlage des Late-Night-Moderators benutzt Voss zwei weitere Stimmlagen: die positiv-spielerische Stimme, mit der er Zuversicht und Optimismus im Glauben an das Erreichen von Zielen vermittelt. Und die bestimmte, starke Stimme, um Einhalt zu gebieten und Nein zu sagen. Den größten Teil seiner Verhandlungszeit benutzt Voss die spielerisch-positive Stimme, die einen easygoing, leichten und beflügelnden Charakter repräsentiert. Der Schlüssel zum Einsetzen der positiv-spielerischen Stimme sei es, selbst zu lächeln, wenn wir sprechen. Der tonale Effekt beeinflusst unbewusst auch am Telefon oder in virtuellen Verhandlungen ohne Kameraeinsatz die Gegenseite.

VIRTUELL VERHANDELN. BEST PRACTICE

Sprechen Sie online noch klarer und deutlicher als in Präsenzverhandlungen. Modulieren Sie! Wagen Sie Höhen und Tiefen. Sprechen Sie in kurzen, klaren Bogensätzen, denn dann geht die Stimme automatisch immer wieder in die tieferen Stimmlagen. Diese kommen besser an. Denken Sie an den Late-Night-Moderator.

Dialekt oder nicht Dialekt – das ist hier die Frage

Stehen Sie zu Ihrer regionalen Herkunft. Kein Dialekt ist besser oder schlechter als der andere. Allerdings hat das Sprichwort »Jeder soll reden, wie ihm der Schnabel gewachsen ist« dann doch nur begrenzt Gültigkeit. Wenn Sie merken, dass Ihr Dialekt im Verhandlungsgespräch störend wirkt, weil Sie nicht verstanden werden und Verhandlungspartner:innen vielleicht sogar nachfragen, wechseln Sie ins Hochdeutsche. Die meisten Menschen sprechen nicht reinen Dialekt, sondern eine Umgangssprache mit regionaler Färbung. Damit zeigen sie ihre Identität und wo ihre Wurzeln liegen.

VIRTUELL VERHANDELN. BEST PRACTICE

Als Faustregel in Online-Verhandlungen gilt: Sprechen Sie situationsangemessen. Versuchen Sie auch durch Ihre Sprechweise Gemeinsamkeiten mit Gesprächspartner:innen zu erwecken. Je formeller und offizieller eine Rede- und Gesprächssituation ist und je stärker Ihr Gegenüber Hochdeutsch spricht, umso mehr sollten Sie sich dieser Sprechweise annähern. Je lockerer, vertrauter und informeller eine Online-Verhandlung abläuft, umso eher können Sie in der Umgangssprache bleiben.

VIRTUELL VERHANDELN. DENKZEIT

In Kapitel 5 haben Sie erfahren, wo die Limitationen in der Körpersprache beim virtuellen Verhandeln liegen und wie Sie Ihre Wirkung in der Kachel vergrößern können. Fünf wertvolle Tipps werden Ihnen dabei helfen. Welches ist Ihr Favorit, den Sie in Erinnerung behalten wollen und in der nächsten Online-Verhandlung anwenden werden?

Tipp #13: Nicht in schwarze Löcher sprechen:
Kamera einschalten

....

Tipp #14: Den Fokus auf den Verhandelnden!
Die Position vor der Kamera

....

Tipp #15: Spot on! Das richtige Licht

....

Tipp #16: Steigern Sie Ihre Online-Wirkung:
Virtuelle Körpersprache

....

Tipp #17: Der Ton macht die Musik:
Ihre Stimme am Mikrofon

....

6. Doch, es ist möglich! Einflussnahme in virtuellen Verhandlungen

Die Kunst der Einflussnahme ist die ausgewiesene Kernkompetenz erfolgreicher Verhandelnder, die Superkraft schlechthin. Im folgenden Kapitel erfahren Sie, wie Sie diese Superpower auch in virtuellen Verhandlungen nutzen können. Sie erkennen, weshalb es wichtig ist, zunächst Klarheit über das höhere Ziel zu haben und erst dann die passende Strategie zu entwickeln. Eine wesentliche Entscheidung liegt für Verhandelnde darin, ob sie kooperieren wollen oder im Wettbewerb zueinander stehen. Wenn Sie langfristig kollaborieren, werden Sie ein gemeinsames Ergebnis zur beiderseitigen Zufriedenheit anstreben. Vielleicht kennen Sie bereits die fünf Prinzipien des Verhandelns nach dem Harvard-Konzept und fragen sich, wie diese online anwendbar sind. Wenn Sie im Wettbewerb miteinander stehen und an der Maximierung des individuellen Erfolgs interessiert sind, dann wollen Sie von dem zu verteilenden Kuchen das größtmögliche Stück bekommen. Im kompetitiven Verhandeln werden klassische Verhandlungstaktiken wie die Konzessionsregeln angewendet oder vielleicht sogar die Kiste der Verhandlungstricks geöffnet. Doch sind die gleichen Taktiken auch virtuell anwendbar? Sie erfahren, welche Möglichkeiten Sie haben und wo die kleinen und feinen Unterschiede beim virtuellen Verhandeln liegen. Des Weiteren lesen Sie in diesem Kapitel, was Sie tun können, wenn online Schwierigkeiten auftauchen, und wie Sie trotz aller Widrigkeiten die Kontrolle behalten.

Warum Menschen verhandeln

Menschen verhandeln, weil durch Verhandlungen bessere Ergebnisse erzielt werden können als ohne. Das bedeutet, das Ergebnis der Verhandlung führt zu einem Mehrwert. Klingt abstrakt? Ist es gar nicht. Gute Verhandelnde nehmen deshalb aktiv Einfluss auf die Verhandlung, um ein Ergebnis zu erzielen, das in ihrem eigenen Sinn ist. Dabei ist interessant, wie sich der Erfolg einer virtuellen Verhandlung messen lässt. Beim Verhandeln gibt es grundsätzlich nicht die eine richtige Lösung, das eine perfekte Ergebnis. Es ist ein wenig wie bei der Schönheit: Die Zufriedenheit liegt im Auge des Betrachters.

Was ein gutes Verhandlungsergebnis auszeichnet

Grundsätzlich kann die Qualität einer Verhandlung an drei verschiedenen Faktoren festgemacht werden:

1. Die Effektivität: Wie zufrieden sind virtuell Verhandelnde mit der Qualität des Sachergebnisses, also dessen, was am Ende in den Verträgen steht?
2. Die Effizienz: Wie viele Ressourcen, also Zeit und Personalzeit, hat die virtuelle Verhandlung in Anspruch genommen?
3. Verhandlungsklima: Welche Qualität hat die Beziehung der miteinander verhandelnden Personen? Hat die Beziehung sich verbessert oder verschlechtert?

Die Einschätzung der Zufriedenheit mit einem Verhandlungsergebnis ist nie ganz objektiv. Einigkeit besteht allerdings immer in folgenden Punkten: Ein gutes Verhandlungsergebnis ist klar, also eindeutig in der Auslegung. Es ist realisierbar und damit kein Luftschloss. Gleichzeitig ist es fair, das heißt, niemand wird übers Ohr gehauen, und es ist nützlich für beide Seiten. Last but not least ist ein gutes Verhandlungsergebnis nachhaltig. Es wird von beiden Seiten getragen und erfordert kein Nachverhandeln.

Die zwei Hauptverhandlungsstile

Auch beim virtuellen Verhandeln können zwei unterschiedliche Haltungen der Gegenseite gegenüber eingenommen werden: eine kooperative Grundhaltung, wenn Sie den anderen als Partner:in sehen und ein Ergebnis zur beiderseitigen Zufriedenheit erzielen möchten, und eine kompetitive Grundhaltung. Hier geht es im Wesentlichen darum, sich gegenüber der Gegenseite durchzusetzen. Der andere wird als Gegner betrachtet, und den gilt es zu besiegen. Lassen Sie uns die beiden Grundhaltungen näher vergleichen.

Die kompetitive Grundhaltung

Schon im Sandkasten lernen wir zu drohen: »Wenn du mir deine Schaufel nicht gibst, dann darfst du nie wieder meinen Eimer haben.« Bereits Vierjährige unterstreichen ihre Worte körpersprachlich, indem sie sich vor ihrem Kindergartenfreund in Pose bringen. Die Haltung, die sich dahinter verbirgt: Es kann nur einen Gewinner geben. Das ist der, der sich durchsetzt. Und der bin ich. Der andere verliert. Früh gelernt, entwickeln sich schnell Verhaltensmuster, die Menschen im Laufe ihres Verhandlungslebens weiter perfektionieren. Die Macht des Stärkeren, sich das zu holen, was er will, setzt sich dann weiter und weiter fort. Wenn der Einkäufer zum Lieferanten sagt: »Wir haben fünf Konkurrenten, die günstigere Konditionen bieten als Sie«, dann fängt der Lieferant an zu schwitzen und rechnet im Kopf, wie viel Preisnachlass er gewähren kann.

Merkmale des kompetitiven Verhandlungsstils:

- Der andere ist mein Gegner, und Gegner gilt es zu besiegen.
- Die zeitliche Orientierung ist auf Kurzfristigkeit ausgelegt, das heißt, ich muss im Hier und Jetzt siegen, deshalb ist der kompetitive Stil häufiger bei Einmalverhandlungen zu beobachten.
- Der Verhandelnde versucht, von einem zu verteilenden Kuchen das größtmögliche Stück zu bekommen.

- Der Verhandlungsprozess ist gekennzeichnet durch Antagonismus und den Einsatz von Machtmitteln und Tricks.
- Der persönliche Einsatz wird genutzt, um eigene Interessen durchzusetzen, die Interessen der anderen spielen dabei keine Rolle.
- Die Beziehung ist gekennzeichnet durch Misstrauen und Verdächtigungen, und manchmal wird aus dem Gegner ein Feind – und den gilt es zu vernichten.

Die kooperative Grundhaltung

Gleichzeitig lernen wir auch von Kindesbeinen an, dass wir Teil einer sozialen Gemeinschaft sind und mit anderen auf Dauer nur klarkommen, wenn wir gemeinsame Lösungen finden. Im Kindergarten wird die Brotzeit freiwillig geteilt, weil dann später beim Malen auch die Wachsmalkreiden geteilt werden. Ein friedliches Miteinander beruht auf Geben und Nehmen. Wir wünschen uns, dass nicht nur wir, sondern auch die anderen und die Gemeinschaft zufrieden sind. So entsteht ein Gefühl von Zusammengehörigkeit und Verbundenheit. Auch das setzt sich im Berufsleben weiter fort. Dem Lieferanten, der Sie in Notsituationen nicht hängen lässt, kommen Sie auch lieber in einer Preisverhandlung entgegen.

Merkmale des kooperativen Verhandlungsstils:

- Der/die andere ist Partner:in, und beide Seiten sollen mit dem Ergebnis zufrieden sein.
- Die zeitliche Orientierung ist auf Langfristigkeit ausgelegt, das heißt, Geben und Nehmen wechseln sich auf Dauer ab.
- Verhandelnde versuchen den Kuchen gemeinsam größer zu machen und anschließend fair zu verteilen.
- Der Verhandlungsprozess ist gekennzeichnet durch Kreativität, Flexibilität und gemeinsame Problemlösung.
- Der persönliche Einsatz wird auch in den Dienst des anderen gestellt, um eine Lösung zum beiderseitigen Nutzen zu finden.
- Die Beziehung ist nach der Verhandlung gestärkt, Vertrauen entsteht und entspannt beide Verhandlungsparteien. Ein

Gefühl der Verlässlichkeit entwickelt sich als Grundlage zukünftiger Zusammenarbeit.

VIRTUELL VERHANDELN. BEST PRACTICE

Die Wahl des Verhandlungsstils ist unabhängig von der Wahl der Verhandlungsart. Sowohl kooperative als auch kompetitive Verhandlungen können virtuell durchgeführt werden.

VIRTUELL VERHANDELN. TIPP #18

Die passende Dramaturgie entwickeln

Im Theater versteht man unter Dramaturgie die Lehre von der Auswahl und Anordnung erzählerischer Mittel. Dramaturgen haben von Anfang an das große Gesamtbild eines Bühnenstücks im Kopf. Sie planen, basierend auf diesem Big Picture, das Drehbuch. Sie sortieren und filtern, komponieren und entwickeln einzelne Szenen. Sie casten Schauspieler:innen und unterstützen die Regie mit Strategien und Ideen. In der Filmindustrie greift man auch mal zusätzlich auf einen Script Doctor zurück, der Fehler im Drehbuch ausmerzt. Am Ende sitzen die Theaterbesucher:innen im Foyer und genießen die Premiere. Übertragen Sie das Bild der Dramaturgie auf Verhandlungen, ergeben sich daraus folgende Empfehlungen:

- Fangen Sie rechtzeitig an, die passende Dramaturgie für Ihre virtuelle Verhandlung zu entwerfen, damit sie zum großen Bühnenerfolg wird.
- Entscheiden Sie sich eindeutig für Kooperation, Wettbewerb oder eine Kombination aus beiden Verhandlungsstilen.
- Machen Sie sich mit den bewährten Verhandlungstechniken

vertraut, um die richtigen Werkzeuge anwenden zu können und flexibel zu bleiben.
- Werden Sie zudem vertraut mit den taktischen Kniffen sowohl der kooperativen als auch der kompetitiven Verhandlungsführung.
- Erkundigen Sie sich im Vorfeld, wer die Verhandlungspartner:innen sind, damit Sie die Persönlichkeiten Ihrer Gegenüber auch ohne persönlichen Kontakt einschätzen können.
- Bereiten Sie sich auf unterschiedliche Szenarien vor und spielen Sie diese mit Ihrem Team durch, damit Sie auf mögliche Fallen in Distanzverhandlungen gut vorbereitet sind.
- Benutzen Sie zur Vorbereitung die folgende Checkliste, die sich in einen allgemeinen und einen persönlichen Part untergliedert.

VIRTUELL VERHANDELN. WISSEN

Checkliste zur Vorbereitung auf virtuelle Verhandlungen

Allgemeine Vorbereitung

Thema:

....

Teilnehmende:

- Werden Sie allein oder im Team verhandeln?
- Wer nimmt von Ihrer Seite teil?
- Wer wird welche Rolle im Team übernehmen?
- Wer nimmt von der Gegenseite teil?
- Wer moderiert die Verhandlung?

Datum und Uhrzeit:

- Ist die Einladung/der Link verschickt?
- Welche Dauer ist für die Verhandlung geplant?
- Gibt es einen Folgetermin? Wann kann der Folgetermin stattfinden?
- Bis wann wollen Sie ein Ergebnis erzielt haben?

Sprache:

....

Materialien:

- Sind Unterlagen zur Vorbereitung auf die Verhandlung gesichtet?
- Haben alle Beteiligten relevante Unterlagen erhalten?

Organisatorisches:

- Sind alle technischen Voraussetzungen gegeben?
- Mit welcher Meeting-Software verhandeln Sie? Sind Sie mit den wichtigsten Funktionen vertraut?
- Haben Sie eine stabile Internetverbindung?
- Ist ein alternativer Kommunikationskanal notwendig?

Persönliche Vorbereitung

1. Welche höherliegenden Ziele verfolgen Sie?
   - auf der inhaltlichen Ebene?
   - auf der persönlichen Ebene?
   - Verhandeln Sie als Agent (im Auftrag) oder Prinzipal (für eigene Zwecke)?
   - Gibt es eine Hidden Agenda (verborgene Absicht)?

2. **Was ist Ihr konkretes Ziel (ZOPA = Zone of Possible Agreement – die Zone der möglichen Übereinkunft)?**
   - Was ist Ihr minimales Ziel (Reservationspunkt)?
   - Was ist Ihr realistisches Ziel?
   - Was ist Ihr maximales Ziel?
   - Wie sieht Ihr Eröffnungsangebot aus (Anker)?
3. **Wie ist die Verhandlungsmacht verteilt?**
   - Was ist Ihre BATNA (Best Alternative to Negotiated Agreement – Plan B)?
   - Was ist die (vermutete) BATNA der Gegenseite?
4. **Wie gut kennen Sie die Gegenseite?**
   - Haben Sie Vorerfahrungen gesammelt? In Präsenz?
   - Treffen Sie die Gegenseite zum ersten Mal virtuell?
   - Was können Sie im Vorfeld in Erfahrung bringen?
5. **Was sind die Interessen der Gegenseite?**
   - Gibt es gemeinsame Interessen?
   - Von welchem Ergebnis profitieren beide Seiten?
   - Wo liegen die Interessenkonflikte?
6. **Wie gehen Sie mit Informationen um?**
   - Was werden Sie der Gegenseite offenbaren?
   - Was werden Sie für sich behalten?
   - Welche Informationen brauchen Sie von der Gegenseite?
7. **Was sind erst einmal nur Vermutungen?**
   - Was sind Vorannahmen?
   - Welche Vorannahmen hat die Gegenseite eventuell von Ihnen?
   - Wollen Sie diese Vorannahmen ausräumen, stehen lassen oder verstärken?

8. **Verhandeln Sie nur einen Punkt oder ein ganzes Paket?**
   - Was sind davon die Hauptpunkte?
   - Wie sind diese miteinander verbunden?
   - Welche Punkte sind für die Gegenseite wichtig?

9. **Welche Konzessionen können Sie von der Gegenseite fordern?**
   - An welcher Stelle sind Sie bereit, Konzessionen anzubieten?
   - Was ist für Sie nicht verhandelbar?
   - Wie werden Sie mit Widerstand umgehen?
   - Wann werden Sie die virtuelle Verhandlung abbrechen?

10. **Wie sind Sie persönlich vorbereitet?**
   - Wie sicher fühlen Sie sich beim Verhandeln?
   - Was sind Ihre Hot Buttons, wo sind Sie besonders empfindlich?
   - Was werden Sie tun, wenn die Verhandlung scheitert?
   - Wie viel Zeit wollen Sie in die Vorbereitung investieren?

VIRTUELL VERHANDELN. BEST PRACTICE

Halten Sie die Checkliste für virtuelle Verhandlungen in Ihrem Meeting bereit, ein geöffnetes Fenster auf einem zweiten Bildschirm eignet sich gut dafür. So können Sie immer mal wieder einen Blick auf Ihre Grundprinzipien werfen. Halten Sie spontane Beobachtungen, wie Fragen, die aus der Situation heraus entstehen oder die Sie stellen möchten, handschriftlich fest. Das Klappern der Tastatur im Hintergrund stört die Kommunikation.

Nachdem Sie sich mithilfe der Checkliste für virtuelle Verhandlungen vorbereitet haben, können Sie die Vorgehensweise für Ihre virtuelle Verhandlung planen. In den folgenden Empfehlungen erfahren Sie, welche Taktiken hinter dem kooperativen und kompetitiven Verhandlungsstil liegen und wie Sie diese an Remote-Verhandlungen anpassen. Mehr dazu finden Sie in dem Buch *Besser verhandeln. Das Trainingsbuch* von Jutta Portner.

VIRTUELL VERHANDELN. LESEFUTTER

Jutta Portner
Besser verhandeln
Das Trainingsbuch

GABAL Verlag
392 Seiten
23,0 x 15,5 cm

978-3-86936-054-6
€ 32,90 (D) | € 33,90 (A)

VIRTUELL VERHANDELN. WISSEN

Das Verhandlungsdilemma

Sie kennen nun bereits den kompetitiven und den kooperativen Verhandlungsstil und die beiden grundsätzlichen Möglichkeiten, Wert zu schaffen (creating value) und Wert zu fordern (claiming value). Eine entscheidende Rolle spielt hierbei die Distribution der Ressourcen. »Ich will mein Stück vom Kuchen und davon möglichst viel!« (my piece of the pie) gilt als Grundhaltung der kompetitiv Verhandelnden, während auf der anderen Seite das Motto des kooperativ Verhandelnden lautet: »Wie kann ich den Kuchen größer machen, oder wie kann ich den Kuchen gerecht verteilen, sollte ich ihn nicht vergrößern können?« (expanding the pie).

In welcher Konstellation können unterschiedliche Verhandlungsstile aufeinandertreffen?

Mathematisch gesehen gibt es folgende drei Möglichkeiten:

- Kompetitiv trifft auf kompetitiv.
- Kompetitiv trifft auf kooperativ.
- Kooperativ trifft auf kooperativ.

Zu welchen Ergebnissen führen die Verhandlungen?

- Kompetitiv gegen kompetitiv: Verhandeln hart, manchmal mit Verlusten für beide Seiten, oder kommen zu keinem Ergebnis, weil niemand nachgeben will.
- Kompetitiv gegen kooperativ: Hart schlägt weich, weil weich Forderungen akzeptiert und nachgibt, um zu einem Ergebnis zu kommen.
- Kooperativ und kooperativ: Erreichen ein Ergebnis, das für beide Seiten gut ist.

Was bedeutet das für den einzelnen Verhandelnden im Moment?

1. Bester Fall: Ich verhandle kompetitiv, der andere verhandelt kooperativ – ich nehme mir also den Wert, den die andere Seite geschaffen hat.
2. Zweitbester Fall: Ich verhandle kooperativ, die andere Seite ebenso – beide Seiten schaffen Wert und teilen ihn sich.
3. Drittbester Fall: Ich verhandle kompetitiv, die andere Seite ebenso – beide Seiten nehmen sich Wert, schaffen aber wenig Wert.
4. Schlechtester Fall: Die andere Seite verhandelt kompetitiv, ich verhandle kooperativ – der andere nimmt sich den Wert, den ich geschaffen habe.

▶▶▶

Was ist das Verhandlungsdilemma?

Der Begriff »Verhandlungsdilemma« lehnt sich an das »Gefangenendilemma« an. Das Paradoxon[30], das zentraler Bestandteil der Spieltheorie[31] ist, zeigt, dass individuell vorteilsorientierte Entscheidungen zu kollektiv schlechteren Ergebnissen führen können. Eine Partei kann nicht bessergestellt werden, ohne gleichzeitig eine andere schlechterzustellen. Für den Verhandelnden bedeutet es, dass kooperativ zu verhandeln immer nur die zweitbeste Möglichkeit ist! Denn die beste Möglichkeit für den Einzelnen ist es, den Wert zu nehmen, den der andere geschaffen hat, also selbst kompetitiv zu sein, während der andere nachgiebig ist. Was einmal funktioniert, aber nicht in längerfristigen Kooperationen.

VIRTUELL VERHANDELN. TIPP #19

Wenn Sie kooperieren wollen und Win-win anstreben

Schon seit etwa 40 Jahren hat sich das Harvard-Konzept als Ansatz des kooperativen Verhandelns durchgesetzt. Wenn Sie eine auf Dauer angelegte Zusammenarbeit mit Verhandlungspartner:innen anstreben, erzielt es hervorragende Ergebnisse. Es wurde vom Program on Negotiation, einem Teilbereich der juristischen Fakultät der Harvard University, von Roger Fisher und William Ury entwickelt. Im Jahr 1981 erschien das Buch *Getting to Yes,* welches die auf fünf Prinzipien basierende Methode zum ersten Mal einer breiten Öffentlichkeit bekannt machte. Das Harvard-Konzept ist das Ergebnis jahrelanger Forschungen, die allesamt das Ziel hatten herauszufinden, welche Prinzipien von Verhandelnden angewandt werden, um auf Dauer für beide Seiten zufriedenstellende Ergebnisse zu erzielen. Überraschend war, dass unabhängig davon, ob es sich um diplomatische, Business- oder Verhandlungen mit Freunden und Familienangehörigen handelte, immer die gleichen wiederkehrenden Prinzipien beobachtet werden konnten. Deshalb setzte sich das »Offene Verhandeln nach dem Harvard-Konzept« in der Praxis durch:

- Es gibt kaum ein anderes Konzept, das so umfassend und ganzheitlich ist. Es schließt viele andere bekannte und erfolgreich erprobte Ansätze und Theorien in sich ein.
- Die Erfolgsfaktoren des Harvard-Konzeptes haben sich unabhängig von den jeweiligen Umständen, den Verhandlungsparteien und der Zeit in der Praxis bewährt.
- Es ist letztlich im Interesse aller Beteiligten, die Regeln eines Win-win-Konzeptes anzuwenden.

VIRTUELL VERHANDELN. LESEFUTTER

Roger Fisher & William Ury
Getting to Yes
Negotiating an Agreement Without Giving In

Penguin
240 Seiten

978-0-14-311875-6

VIRTUELL VERHANDELN. WISSEN

Vorteile des Verhandelns nach dem Harvard-Konzept

Die konsequente Anwendung der Prinzipien des Getting-to-Yes-Konzeptes bietet einen systematischen Übergang …

von:	**zu:**
Feilschen um Positionen	Eingehen auf Interessen
»Dein Problem ist dein Problem.«	»Dein Problem geht auch mich etwas an.«
»Ich beherrsche den anderen.«	»Wir beherrschen den Prozess.«
Beziehung als Druckmittel	Beziehung als Quelle der Kooperation
Konzessionen führen zu Kompromissen	Kreativität führt zu neuen Optionen
Guter »Deal« oder gute Beziehung	Guter »Deal« und gute Beziehung
Was der eine gewinnt, verliert der andere (»Nullsummenspiel«)	Beide gewinnen (»Spiel mit variabler Menge«)
Gesetz des Stärkeren	Faire Lösungen

Harvard-Konzept. Prinzip 1

Unterscheiden Sie zwischen dem Verhandlungsgegenstand und der Beziehung zwischen den Verhandlungspartner:innen. Bleiben Sie weich zu Personen und hart in der Sache.

Die Vermischung von Sach- und Beziehungsproblemen schadet der Beziehung und lähmt den Fortschritt in der Sache. Eine funktionierende Beziehung ist aber Voraussetzung für eine effiziente Bearbeitung von Sachproblemen.

Deshalb die Empfehlungen:

- Erkennen Sie Beziehungsprobleme und behandeln Sie diese von den Sachproblemen getrennt.
- Überprüfen Sie die Beziehung zu Verhandlungspartner:innen auf wechselseitiges Vertrauen, wechselseitige Akzeptanz und funktionierende Kommunikation. Dazu gehört auch, sich zu entschuldigen, wenn Fehler verursacht wurden.
- Kontakt vor Kontrakt! Bearbeiten Sie Beziehungsprobleme, bevor Sie mit den Sachproblemen beginnen.
- Bauen Sie wechselseitiges Vertrauen auf, indem Sie sich selbst unter allen Umständen und unabhängig vom Verhalten der Verhandlungspartner:innen zu jedem Zeitpunkt der Verhandlung vertrauenswürdig verhalten.
- Verfolgen Sie inhaltlich klar und konsequent Ihr Ziel. Werden Sie nicht nachgiebig, um Harmonie zu wahren.

VIRTUELL VERHANDELN. BEST PRACTICE

Die Bedeutung einer intakten Beziehung zwischen Verhandelnden ist die Kernaussage des Prinzips 1 des Harvard-Konzeptes. In virtuellen Verhandlungen fällt es Verhandelnden oft schwer, in Kontakt zu kommen. Wenn Sie die Notwendigkeit verstanden haben, dann investieren Sie unbedingt Zeit, um einander kennenzulernen. Bleiben Sie dabei entspannt und zuversichtlich.

Harvard-Konzept. Prinzip 2

Konzentrieren Sie sich nicht auf Positionen, sondern auf Interessen.

Unter Verhandlungsposition wird die eindeutige Forderung in einer Verhandlung verstanden: »Wir wollen … von Ihnen, wir brauchen …, wir benötigen …, wir sind bereit, für … zu bezahlen.«

Nach dem Harvard-Konzept verbirgt sich hinter jeder Verhandlungsposition ein Interesse. Unter Interessen werden das Motiv, die Beweggründe, aber auch Bedürfnisse und Befürchtungen der Verhandelnden verstanden. Das sind legitime Anliegen eines jeden Verhandlungspartners. Interessen lassen sich oft durch verschiedene Lösungen befriedigen. Interessengeleitetes Verhandeln ist deshalb im Gegensatz zum positionalen Verhandeln offen, was das Verhandlungsresultat betrifft, und schafft gerade dadurch neue und oft kreative Lösungsmöglichkeiten. Position zu beziehen markiert zwar Stärke, offenbart aber im Grunde eine Schwäche, denn sie entspringt der Befürchtung, mit einem schlechten Resultat aus der Verhandlung zu gehen. Je länger eine Position vertreten wird, umso schwieriger ist es, von ihr abzulassen. Der Weg zurück ist aus Gründen der Gesichtswahrung dann nicht mehr möglich.

Deshalb die Empfehlungen:

- Verschaffen Sie sich Klarheit über Ihre eigenen Interessen und fragen Sie sich bereits in der Vorbereitung: Was ist uns wirklich wichtig?
- Legen Sie die eigenen Interessen offen dar, ohne vorschnell Position zu beziehen.
- Hinterfragen Sie die Positionen der Gegenseite auf die dahinterliegenden Interessen: Wozu brauchen Sie …? Wofür benötigen Sie …? Weshalb ist Ihnen … wichtig? Warum wollen Sie …?
- Konzentrieren Sie sich zuerst immer auf gemeinsame Interessen. Das schafft Gemeinsamkeiten. Lassen Sie Interessenkonflikte vorerst ruhen und bearbeiten Sie diese in einem zweiten Schritt.

VIRTUELL VERHANDELN. WISSEN

Das Geschick, Vorschläge zu unterbreiten

Es gehört zum Wesen einer virtuellen Verhandlung, einen Interessenkonflikt zu lösen. Ansonsten bestünde keine Notwendigkeit, sich online zu treffen. Die eine Seite möchte die eine Lösung, die andere Seite eine andere. Wie schnell es zu einer Einigung kommt, hängt davon ab, wie groß die Differenz zwischen den beiden Lösungsvorschlägen ist, wie wichtig es für beide Seiten ist, zu einer Übereinkunft zu kommen, und wie viel Verhandlungsmacht die jeweilige Seite besitzt. Laut Huthwaite International beherrschen Verhandlungsprofis die Kunst, geschickt Vorschläge zu unterbreiten und so die Einigung zu beschleunigen. Durchschnittliche Verhandelnde unterbreiten im Durchschnitt 3,1-mal pro Stunde einen Gegenvorschlag, während Verhandlungsprofis es nur 1,7-mal pro Stunde tun. Was bedeutet das? Verhandlungsprofis erforschen länger die hinter den Forderungen liegenden Motive und Beweggründe der Gegenseite. Dieses Wissen ermöglicht es dann in Folge, passgenauere Angebote zu unterbreiten. Erinnern Sie sich in Ihrer nächsten virtuellen Verhandlung daran, erst zu explorieren und dann im zweiten Schritt die Lösung vorzuschlagen. So verhindern Sie, dass sich virtuelle Verhandlungen im Kreis drehen, was für alle Beteiligten frustrierend ist.

VIRTUELL VERHANDELN. BEST PRACTICE

Interessen statt Positionen! Das bedeutet in der virtuellen Verhandlung, viel mit Fragen zu arbeiten, um die Interessen der Gegenseite zu explorieren. Stellen Sie in Ihrer virtuellen Verhandlung besonders viele offene Fragen. Erklären Sie, weshalb Sie fragen: »Helfen Sie mir zu verstehen, warum …« Machen Sie häufiger kleine Zwischenzusammenfassungen, um das Verständnis zu überprüfen. Im virtuellen Raum ist es schwieriger, Stille auszuhalten. ▶▶▶

Halten Sie trotzdem einen Moment inne, wenn Sie die Gegenseite nach weiteren Ergänzungen gefragt haben. Vereinbaren Sie in größeren virtuellen Verhandlungsrunden ein einfaches Signal, zum Beispiel das Heben einer Hand, wenn Sie zusätzliche Fragen haben und mehr ins Detail gehen wollen. Konzentrieren Sie sich zunächst auf die Interessen der Gegenseite und teilen Sie erst im zweiten Schritt Ihre Interessen mit. Kommentieren Sie die Interessen der anderen nicht, sondern lassen Sie diese einfach mal stehen. Kein Mensch bekommt gern seine eigene Welt erklärt.

Harvard-Konzept. Prinzip 3

Entwickeln Sie zuerst möglichst viele Optionen. Bewerten und entscheiden Sie später.

Wenn Sie in einer Verhandlung eine Lösung finden wollen, die den Interessen aller beteiligten Parteien optimal gerecht wird, bedarf es einer kreativen Ideenentwicklung aller. Verhandelnde arbeiten viel zu häufig gegeneinander statt miteinander, und Kreativität wird oft durch vorschnelles Urteilen behindert. Als Folge davon besteht die Gefahr, Positionen einzunehmen, sich unwiderruflich festzulegen und die Interessen aus den Augen zu verlieren. Oft haben Verhandelnde auch nur die eine mögliche Lösung vor ihrem geistigen Auge und sind zufrieden, wenn sie diese erreicht haben, sodass erst gar nicht versucht wird, nach einer zweiten, dritten oder vierten möglichen Lösung zu suchen. Dieser Haltung liegt die Annahme zugrunde, dass der »Kuchen« begrenzt sei und die anderen ihre Probleme gefälligst selbst lösen sollen.

Deshalb die Empfehlungen:

- Verschieben Sie die Verhandlung über Konditionen möglichst nach hinten. Natürlich wollen Sie eine Einigung in Bezug auf den Preis finden, zunächst allerdings lohnt es sich, weitere Möglichkeiten der Zusammenarbeit auszuloten.

- Stellen Sie Fragen nach Lösungsmöglichkeiten, bei denen Sie idealerweise zuerst die Interessen der Verhandlungspartner:innen und dann Ihre eigenen nennen. »Was können wir tun, damit Sie … (Interessen der Gegenseite) und wir … (eigene Interessen) bekommen?«
- Geben Sie sich nicht mit der erstbesten Lösung zufrieden, sondern suchen Sie nach zusätzlichen Varianten. »Das klingt schon mal interessant. Gibt es noch weitere Möglichkeiten?«
- Fokussieren Sie sich auf Lösungsmöglichkeiten, die die Interessen beider Parteien berücksichtigen, also auch den Interessen der Gegenpartei gerecht werden.
- Schieben Sie Stellungnahmen im Sinne von Zustimmung oder Ablehnung so lange hinaus, bis das Kreativitätspotenzial aller beteiligten Personen ausgeschöpft ist.

VIRTUELL VERHANDELN. BEST PRACTICE

Virtuell Verhandelnde haben die Tendenz, Meetings kurz zu halten, was einerseits zu einer großen Effizienz führt. Andererseits geht damit das Risiko einher, sich zu schnell mit der erstbesten Lösung zufriedenzugeben. Intervenieren Sie freundlich, wenn Sie den Eindruck haben, dass das kreative Potenzial noch nicht ausgeschöpft ist, und verkaufen Sie es als Vorteil für beide Seiten, noch einmal gemeinsam über weitere Möglichkeiten nachzudenken.

Harvard-Konzept. Prinzip 4

Lösen Sie Interessenkonflikte durch das Hinzuziehen von objektiven Kriterien und fairen Verfahren.

Konflikte in der Sache entstehen oft aus gegenläufigen, einander widersprechenden Interessen der Verhandlungsparteien. Die eigenen Interessen rücksichtslos auf Kosten der Verhandlungspartner:innen durchzusetzen ist ebenso Willkür, wie die eigenen Interessen zugunsten des Gegenübers zu opfern. Willkür erzeugt stets böses Blut. Wenn es Ihnen gelingt, Willkür durch Transparenz, das heißt durch Nachvollziehbarkeit, Angemessenheit und Fairness, zu ersetzen, dann werden die Entscheidungen von allen Beteiligten mitgetragen. Übereinkünfte können so akzeptiert werden, auch wenn sie mal nicht zur absoluten Zufriedenheit der einen oder anderen Partei ausfallen. Nur wenn Verhandelnde den angelegten Maßstab als gerecht ansehen, fühlen sie sich auf Augenhöhe mit den Verhandlungspartner:innen.

Deshalb die Empfehlung: Suchen Sie nach allgemeingültigen Normen, Werten und Rechtsgrundsätzen, die als objektive Entscheidungskriterien verwendet werden können, weil sie

- von allen parteiischen Interessen der einzelnen Verhandlungspartner:innen unabhängig sind.
- für alle beteiligten Verhandlungspartner:innen gültig sind und damit verbindlich sein können.

VIRTUELL VERHANDELN. BEST PRACTICE

Überlegen Sie schon in der Vorbereitung auf Ihre virtuelle Verhandlung, auf Basis welcher nachvollziehbaren Fakten und Maßstäbe eine gemeinsame Entscheidung getroffen werden kann. Wie wollen Sie einzelne Optionen bewerten? Wünschen Sie einen Cost-Breakdown (Aufschlüsselung aller Kosten)? Wollen Sie mit Rahmenverträgen einen Standard etablieren? Wie gehen Sie mit Force majeure (Höherer Gewalt) um? Brauchen Sie Konkurrenzschutzklauseln? Wie können Sie ein Entgegenkommen ausgleichen, damit auch die Gegenseite zufrieden ist? Welche Möglichkeiten der Kompensation bieten Sie an? Es ist nicht einfach, ohne gründliche Vorbereitung all diese Fragen samt ihrer Antworten aus dem Ärmel zu schütteln. Ein Vorteil von virtuellen Verhandlungen ist, dass Sie jederzeit schnell Zugriff auf sehr viele verschiedene Varianten haben, besonders wenn es sich um Kalkulationen handelt.

Harvard-Konzept. Prinzip 5

Entscheiden Sie sich für oder gegen ein Verhandlungsergebnis durch einen Vergleich mit Ihrer besten Alternative.

Ein Verhandlungsergebnis ist dann ein Erfolg, wenn die Übereinkunft besser als die bestmögliche Alternative ist. Niemand wird einer Verhandlungslösung zustimmen, wenn es eine bessere Option abseits des Verhandlungstisches gibt. Damit ist die beste Alternative ein von der anderen Partei unabhängiges Entscheidungskriterium für oder gegen ein Verhandlungsresultat. Die beste Alternative bezeichnet das Harvard-Konzepts als BATNA (Best Alternative to Negotiated Agreement). Ist eine solche Alternative vorhanden, wird das Gefühl der Abhängigkeit von den Verhandlungspartner:innen gemindert: Haben Sie einen attraktiven Plan B, verfügen Sie über viel Verhandlungsmacht. Verhandeln Sie im schlimmsten Fall mit einem Monopolisten, haben Sie hingegen wenig oder keine Verhandlungsmacht.

Deshalb die Empfehlungen:

- Verbessern Sie mögliche Alternativen zu Ihrer aktuellen BATNA rechtzeitig. Ein von einem Monopolisten abhängiges Unternehmen wird so rechtzeitig wie möglich anfangen, weitere Lieferanten aufzubauen und zu qualifizieren.
- Stimmen Sie nur dann einer Entscheidung zu, wenn diese besser als Ihre BATNA ist.
- Prüfen Sie, ob die andere Seite zu einer vorgeschlagenen Verhandlungslösung keine bessere Alternative hat. Dazu können Sie direkt in der Verhandlung nachfragen, oder Sie haben diesen Sachverhalt bereits im Vorfeld recherchiert.
- Drohen Sie den Verhandlungspartner:innen nicht mit der eigenen Alternative, sondern teilen Sie diese allenfalls als eigenes Entscheidungsproblem mit.
- Ziehen Sie die zweitbeste Alternative aller Parteien als Option in Entscheidungsprozesse mit ein.

VIRTUELL VERHANDELN. BEST PRACTICE

Ein weiterer Vorteil des virtuellen Verhandelns ist, dass Sie schneller und unkomplizierter mit potenziellen weiteren Verhandlungspartner:innen Kontakt aufnehmen und sich abstimmen können. Das Risiko, einem Ergebnis zuzustimmen, nur weil der bisher betriebene Aufwand bereits hoch ist, fällt weg. Ein solches Vorgehen verbessert den Überblick über mögliche Alternativen auf dem Markt und vermittelt Ihnen einen realistischen Eindruck Ihrer Situation und der damit verbundenen Verhandlungsmacht.

VIRTUELL VERHANDELN. WISSEN

Wer kooperieren will, der fragt

Nach der Huthwaite-International-Studie verbringen Verhandlungsprofis 41 Prozent der Zeit damit, Fragen zu stellen, um das Denken der Gegenseite hinter deren Sichtweisen zu verstehen. Die Vergleichsgruppe der durchschnittlich Verhandelnden investierte im Vergleich dazu nur 33 Prozent der Zeit in Fragen. Machen Sie sich deshalb immer wieder bewusst, wie wichtig es beim Verhandeln ist, genau zu verstehen, was der/die Verhandlungspartner:in will. Ganz unabhängig davon, ob die Gegenseite versucht, mit Unnachgiebigkeit hart ihr Ziel zu verfolgen, oder kooperativ an einer gemeinsamen Lösung interessiert ist. Das Kommunikationswerkzeug dafür sind Fragetechniken. Vielen Verhandelnden fällt es schwer zu fragen, sind sie doch die meiste Zeit damit beschäftigt, zu reden und sich selbst verständlich zu machen. Verhandlungsprofis haben die Schlüsselrolle von Fragen jedoch verstanden und nutzen das Werkzeug der geschickten Fragetechnik häufig. Ihr Durchschnittswert liegt bei vier Fragen pro 15 Minuten Verhandlungszeit. Natürlich spielt die Art der Frage eine Rolle und ob im Anschluss die Antworten der Verhandlungspartner:innen aktiv gehört und verstanden werden und dann auch auf Resonanz stoßen. Es gibt zwei Hauptfragearten, die in der Regel bekannt sind: geschlossene und offene Fragen. Ein:e Verhandelnde:r sollte die Unterschiede und deren Bedeutung für die Verhandlung genau kennen. Eine geschlossene Frage kann mit einem einfachen »Ja« oder »Nein« beantwortet werden. Deshalb werden geschlossene Fragen auch als Entscheidungsfragen bezeichnet. Sie eröffnen einen Dialog nicht, sondern schließen ihn, indem eine präzise Entscheidung abgefragt wird. Die offenen Fragen hingegen laden die Verhandlungspartner:innen ein, Meinungen und Fakten preiszugeben, weshalb sie auch Informationsfragen genannt werden. Verhandelnde können bereits durch den bewussten Einsatz offener oder geschlossener Fragen die Verhandlung aktiv steuern:

- »Was ist Ihnen wichtig?« – eine offene Frage, wenn Sie Klarheit schaffen möchten.
- »Welche Optionen haben wir?« – eine offene Frage zum Entwickeln von Lösungen.
- »Wollen wir uns so einigen?« – eine geschlossene Frage, wenn Sie den Deal abschließen wollen.

Und machen Sie sich außerdem eins bewusst: Zum Fragen gehört auch das Zuhören – wie der Schlüssel zum Schloss. Es gibt Verhandelnde, die sehr gereizt darauf reagieren, wenn ihnen eine Frage gestellt, beim Formulieren der Antwort aber nicht zugehört wird. Ein solches Missverhältnis führt dann meist dazu, dass die Argumente wiederholt werden, oftmals ändert sich der Tonfall, und die Stimmung heizt sich auf. Das kann ein erster Schritt in Richtung Sackgasse sein, den es unbedingt zu vermeiden gilt.

VIRTUELL VERHANDELN. TIPP #20

Wenn Sie gewinnen wollen und mit Tricks arbeiten

Treffen Sie als Verhandelnde:r auf eine Gegenseite, die von Ihnen abhängiger ist als umgekehrt, dann stehen Ihnen im Fall einer Nichteinigung vermutlich attraktivere Alternativen zur Verfügung. Sie besitzen damit mehr Verhandlungsmacht und können dieses Ungleichgewicht zu Ihrem Vorteil nutzen. Sie können kompetitiv auftreten, während die Gegenseite versuchen wird, mit Ihnen zu kooperieren. Auf den ersten Blick ist das ein sehr reizvolles Szenario und eine komfortable Situation für Sie als den »Mächtigeren«. Sie nehmen, was die andere Seite gibt. Kurzfristig gesehen ist dieser kompetitive Ansatz sinnvoll, denn Sie als Verhandelnde:r können auf die Maximierung des eigenen Gewinns setzen. Auf Dauer entsteht aus einem solchen Ungleichgewicht allerdings oft eine Unzufriedenheit aufseiten des Verhandelnden, der als Verlierer aus einem Wettbewerb hervorgeht. Es kann auch passieren, dass Verhandlungspartner:innen mit der Zeit lernen, das Spiel der Competition zu spielen und von vornherein das erste Angebot so hoch setzen, dass genügend Spielraum für ein zähes Hin und Her vorhanden ist. Last but not least spielt es keine Rolle, wie viel Freude Verhandelnde am harten Verhandeln haben und wie geschult sie darin sind. Auch kulturelle Aspekte haben einen Einfluss auf das Verhandlungsverhalten. Menschen, die in Basarkulturen aufwachsen, gehen oft sehr viel selbstverständlicher mit dem kompetitiven Verhandlungsstil um, kennen sie ihn doch schon von Kindesbeinen an. Folgende Fragen stellen sich virtuell Verhandelnde, die gewinnen wollen:

- In welchen Situationen wird kompetitiv verhandelt?
- Wie werden Konditionen virtuell verhandelt, wenn es nur um den Preis geht?
- Wie werden kompetitive Tricks in virtuellen Verhandlungen angewandt?

In welchen Situationen wird kompetitiv verhandelt?

Kompetitiv verhandelt wird meist dann, wenn es sich um einmalige Begegnungen handelt, aus denen keine weitere Kooperation hervorgeht. Das können private Situationen wie Immobilienkäufe sein, denn wohl eher selten werden Sie eine zweite Immobilie beim gleichen Makler kaufen. Auch der Kauf oder Verkauf von Fahrzeugen wäre ein solches Beispiel. Im Geschäftsleben sind Verhandlungen um Konditionen mit Lieferanten im Projektgeschäft oder Firmenkäufe oder Verkäufe mögliche Situationen, in denen ausschließlich kompetitiv verhandelt wird. Doch auch Verhandlungen, in denen Verhandelnde planen, längerfristig zusammenzuarbeiten, können neben dem kooperativen Anteil der gemeinsamen Problemlösung einen kompetitiven Anteil haben, wenn es um Preise und Konditionen geht. Das unternehmerische Interesse am Profit steht an dieser Stelle im Vordergrund, die Art der Verhandlung spielt eine untergeordnete Rolle. Kennen sich die verhandelnden Parteien bereits, wird gern auf eine virtuelle Verhandlung zurückgegriffen. Werden größere Budgets verhandelt und die Parteien kennen sich noch nicht, fällt die Entscheidung meist zugunsten einer Präsenzverhandlung aus.

Wie werden Konditionen virtuell verhandelt, wenn es nur um den Preis geht?

Wenn der Preis das einzige Argument ist und Sie den Kuchen nicht durch Kreativität vergrößern können, dann helfen Ihnen die Konzessionsregeln. Dazu folgende Empfehlungen:

- Lassen Sie sich selbst Raum für Zugeständnisse.
- Planen Sie, in welchen Schritten Sie Zugeständnisse machen werden.
- Machen Sie das erste Angebot, wenn der Markt intransparent ist, damit werfen Sie den Preisanker aus.
- Lassen Sie die Gegenseite das erste Angebot machen, wenn der

Markt transparent ist. Im Zweifelsfall gilt die Regel, dass diejenigen Verhandelnden, die etwas anbieten, den Preis zuerst nennen.

- Fragen Sie proaktiv nach Zugeständnissen. Wenn Sie nicht fragen, wird die Gegenseite Ihnen nicht entgegenkommen.
- Seien Sie nicht die erste Person, die ein großes Zugeständnis macht.
- Erheben Sie Einspruch, wenn die Gegenseite Zugeständnisse einfordert. Zeigen Sie verbal, dass Ihnen die Forderung zu hoch ist.
- Stellen Sie zu jedem Zugeständnis eine Bedingung.
- Wenn Sie ein Zugeständnis erhalten, müssen Sie nicht automatisch auch eines geben.
- Tauschen Sie Zugeständnisse, die Ihnen wenig bedeuten, gegen solche, die einen hohen Wert für Sie haben, und umgekehrt.
- Wenn Sie geben, geben Sie in kleinen Schritten.
- Lassen Sie Ihre Zugeständnisse kleiner und kleiner werden.
- Nutzen Sie die Macht der eingeschränkten Autorität: »Ich kann das heute hier nicht entscheiden« oder »Unsere Firmenphilosophie sieht vor, dass wir das erst intern klären«.
- Fühlen Sie sich nicht zu früh sicher. Nichts ist endgültig, bis nicht auch dem letzten Punkt zugestimmt wurde.

VIRTUELL VERHANDELN. BEST PRACTICE

Ein Vorteil des Verhandelns von Konditionen im virtuellen Raum ist, dass Sie Notizen aus der Vorbereitung sehr viel leichter zugänglich haben als in Präsenzverhandlungen. Sie haben jederzeit die Möglichkeit, einen Blick in die Skizzen diverser Kalkulationen zu werfen und sich über den zweiten Kommunikationskanal mit Ihrem Team auszutauschen. Ein möglicher Nachteil kann darin liegen, dass Verhandelnde, die auch in Präsenzverhandlungen nicht gerne hart verhandeln, dies im virtuellen Raum noch weniger gern tun. Auch hier lauert die Vermeidungsfalle: Was unangenehm ist, wird vermieden. Eine grobe Regel könnte lauten, wenigstens drei Runden zu drehen, das heißt dreimal den Preis nachzuverhandeln, bevor Sie endgültig zustimmen.

Dr. Jörg Rottenburger

Dr. Jörg Rottenburger promovierte an der WHU (Otto Beisheim School of Management) International Business and Supply Management zum Thema »Differentiating Deception: New Insights into Bluffing, Lying and Paltering in Business Negotiations«. 2019 wurde Dr. Jörg Rottenburger für seine Dissertation mit dem Wissenschaftspreis des Bundesverbands Materialwirtschaft, Einkauf und Logistik e.V. (BME) ausgezeichnet. In seiner Arbeit untersucht er die Bedeutung von Täuschungen in Einkaufsverhandlungen. Seine These: In vielen Branchen ist die Beschaffung zum Grundstein für das Erreichen von Wettbewerbsvorteilen geworden. Dadurch nimmt die Bedeutung von Einkaufsverhandlungen zu. Die Dissertation untersucht Täuschungen in solchen Verhandlungen anhand von acht Verhandlungsstudien, an denen mehr als 700 Ein- und Verkäufer aus Europa und Nordamerika beteiligt waren. Dr. Jörg Rottenburger ist heute als Business Process Owner bei der PERI SE tätig.

J. P.: It's alright, it's just a bluff. Ist Täuschen in Verhandlungen moralisch akzeptiert?

J. R.: Jein. Grundsätzlich gelten in Verhandlungen andere Spielregeln. Hier muss jedoch zwischen drei Arten der Täuschung unterschieden werden: Auslassungen, Bluffs und Lügen.

Auslassung bedeutet, dass meine Aussage zwar wahr ist, aber wesentliche Aspekte vorenthält, um mein Gegenüber bewusst zu falschen Schlussfolgerungen zu verleiten.

Als Bluffen wird das Ausstoßen falscher, also nicht umsetzbarer Drohungen aufgefasst sowie das Tätigen von Falschaussagen in Bezug auf die eigene Verhandlungsposition.

Lügen umfasst dagegen die Abgabe falscher, also nicht einhaltbarer Versprechungen sowie Falschaussagen in Bezug auf den Verhandlungsgegenstand.

Insgesamt lässt sich sagen: Bluffs gelten als legitim, Auslassungen fallen in eine Grauzone, Lügen wird dagegen als unmoralisch betrachtet. Dass die verschiedenen Täuschungsarten unterschiedlich bewertet werden, liegt nicht nur an ihren inhaltlichen Unterschieden, sondern auch daran, wie wir diese vor uns selbst rechtfertigen können: Bluffs beziehen sich auf Inhalte, die mein Gegenüber laut herrschender Meinung ohnehin nichts angehen – zum Beispiel, wie viel Gewinn ich mit einer Transaktion erziele und ob noch weitere Kaufinteressenten existieren. Geht es dagegen um Täuschungen über den Verhandlungsgegenstand an sich – beispielsweise bezüglich der Funktionalität des zu erwerbenden Produkts –, so fällt die innerliche Rechtfertigung wesentlich schwerer.

J. P.: Fällt das Täuschen beim virtuellen Verhandeln leichter?
J. R.: Virtuelle Verhandlungen geben uns mehr Begründungen an die Hand, das Durchführen von Täuschungsmanövern vor uns selbst zu rechtfertigen; alles wirkt distanzierter und unpersönlicher. Vor allem besteht aber die Gefahr einer selbsterfüllenden Prophezeiung: Wenn ich davon ausgehe, dass in virtuellen Kontexten vermehrt getäuscht wird, fallen auch meine eigenen Hemmschwellen.

J. P.: Welche Empfehlungen können Sie online Verhandelnden geben?
J. R.: Unsere Forschung zeigt, dass das Aufkommen von Lügen zum Beispiel durch Verweis auf ethische Grundsätze reduziert werden kann. In Vorstellungsrunden zu Beginn einer Verhandlung lasse ich daher manchmal beiläufig den Hinweis fallen, dass es sich bei meinem Arbeitgeber um ein Familienunternehmen mit ausgeprägtem Wertesystem handelt. Auch kann man versuchen, die virtuelle Verhandlung persönlicher zu gestalten; das Anschalten der Kamera und die Vorstellungsrunde zu Beginn einer neuen Verhandlungskonstellation betrachte ich daher als Muss.

Generell sollten wir uns jedoch nichts vormachen: Wo verhandelt wird, wird früher oder später auch getäuscht. Wichtig ist, dass wir adäquat damit umgehen können. Offline wie online ist es somit elementar, gut vorbereitet und wachsam zu sein, um die Aussagen des Gegenübers noch während der Verhandlung auf Plausibilität überprüfen zu können. Hören Sie aufmerksam zu und bohren Sie im Fall von ausweichenden oder vagen Aussagen durch gezielte Folgefragen nach, bis Sie eine klare Antwort erhalten

Wie werden kompetitive Tricks in virtuellen Verhandlungen angewandt?

Die Anwendung von virtuellen Verhandlungstricks ist wahrlich wahre Zauberkunst. Ob Merlin, Gandalf, Miraculix oder Dumbledore – wir kennen sie alle, die berühmten Zauberer. So unterschiedlich sie sind, haben sie doch eine Gemeinsamkeit. Sie beherrschen Zauberpraktiken und Täuschungskünste. Als Verhandelnde:r (oder Zuschauer:in bei Zaubershows) staunen, zweifeln und lachen wir – und manchmal fürchten wir uns auch vor dem, was so alles geschehen kann. Während der Verhandlung greifen Verhandelnde besonders oft in die Trickkiste. Die häufigsten Tricks werden während des Verhandlungsprozesses gespielt.

Verhandlungstricks zu kennen und zu nutzen kann hilfreich sein, macht aber noch keine:n gute:n Verhandelnde:n aus Ihnen. Ohne ein höheres Ziel, eine gute Strategie und ein perfekt aufeinander abgestimmtes Zusammenspiel im Verhandlungsteam kommen Sie nur mit Tricks allein nicht weit. Um die Wirkung von Tricks zu verstehen, können Sie sich am Verhandlungsprozess orientieren. Während der unterschiedlichen Phasen der Verhandlung haben sich verschiedene Tricks für die Anwendenden bewährt.

Gavin Kennedy, Autor des Bestsellers *Everything is Negotiable. How to get the Best Deal Every Time*[32] stellt in diesem Buch und weiterführend in Trainingsunterlagen für Studierende[33] eine Sammlung von Tricks vor. Die Tricks können drei Bereichen zugeordnet werden:

- **Pre-Tricks** zu Beginn der virtuellen Verhandlung:
  Die Eröffnung und das Spiel um die Macht

- **Mid-Tricks** während der virtuellen Verhandlung: Mittendrin, manchmal bekannt, manchmal auch nicht
- **Late-Tricks** kurz vor dem Abschluss der virtuellen Verhandlung: Fast geschafft und noch eine Überraschung zu guter Letzt

VIRTUELL VERHANDELN. BEST PRACTICE

Es lohnt sich, über Verhandlungstricks Bescheid zu wissen. Denn nur, wenn Sie die Pre-, Mid- und Late-Tricks kennen, werden Sie in der Lage sein, diese auch in einer virtuellen Verhandlung anzuwenden oder zu erkennen und Gegenmaßnahmen zu ergreifen, damit Sie keine Zugeständnisse machen und mehr geben, als ursprünglich beabsichtigt. Übrigens besuchen Magier Zaubererschulen und üben dort sehr lange, bis sie sich mit ihren Tricks der Täuschung vor das große Publikum wagen. Als virtuell Verhandelnde:r sollten Sie Ihre Kunststücke also auch wirklich beherrschen, bevor Sie sie anwenden.

Zu Beginn der Verhandlung wird in der Ouvertüre der Ton gesetzt. Viele Verhandelnde versprechen sich, wenn sie kompetitiv verhandeln, grundsätzlich einen Vorteil von Dominanz. Sie setzen hierbei auf herbeigeführte Verhandlungsmacht im Gegensatz zu naturgegebener Verhandlungsmacht. Da im kompetitiven Verhandeln die Partner als Gegner:innen gesehen werden, die es zu besiegen gilt, sind auch Mittel erlaubt, die die Gegenseite schwächen. Dominante Verhaltensweisen zeigen sich vielfältig auch schon früh in der Verhandlung in Form von Pre-Tricks.

In der Mitte der Verhandlung wird argumentiert und gefeilscht. Der Kuchen wird aufgeteilt. Hier helfen Verhandlungstricks, um die Annahme dessen, was dem einzelnen Verhandelnden zusteht, zu beeinflussen. Die Haltung dahinter ist: Ich kann Sie glauben machen, dass Ihnen nichts oder zumindest weniger zusteht. Es gibt eine große Bandbreite an Mid-Tricks, die eingesetzt werden können, um zu täuschen. Kleine, zarte, kaum merkliche Kniffe bis hin zu schweren Geschützen am Rande der Legalität, den »schmutzigen Tricks«.

Am Ende der Verhandlung, in der Abschlussphase, geht es darum, zu einer finalen Entscheidung zu kommen. Hier treffen wir auf Late-Tricks, mithilfe derer Verhandelnde die Gegenseite zum Abschluss drängen wollen, um einen letzten Vorteil für die eigene Seite zu verbuchen. Einige der Tricks sind sehr bekannt und funktionieren immer wieder hervorragend. Andere sind weniger bekannt.

Alles, was Sie über Pre-Tricks wissen sollten

VIRTUELL VERHANDELN. BEST PRACTICE

Pre-Tricks werden zu Beginn der virtuellen Verhandlung eingesetzt. Bereits in der Eröffnung beginnt das Spiel um die Macht, und das geht oft einher mit Kontrolle: Kontrolle von Information, von Beziehungen, von Verhandlungen. Um Kontrolle auszuüben bedarf es Dominanz und einer Strategie der Einschüchterung, die darauf abzielt, dass die Gegenseite sich kleiner fühlen soll, als sie tatsächlich ist. Das Gefühl der Ohnmacht resultiert darin, dass Verhandelnde sich nicht auf Augenhöhe begegnen. Die starke, mächtige Seite lenkt, die schwache, ohnmächtige Seite folgt. Da in virtuellen Verhandlungen das Format durch gleich große Kacheln festgelegt ist, kann Dominanz nur schwer körpersprachlich untermauert werden. Mit den Pre-Tricks 1 bis 3 kann durch das Stellen von Vorbedingungen, die Manipulation der Agenda und die Behauptung, einzelne Themen seien grundsätzlich nicht verhandelbar, Einfluss genommen werden.

Pre-Trick 1: Vorbedingungen stellen

Der/die Verhandelnde kann vor der eigentlichen Verhandlung vermeintliche Pflöcke in den Boden rammen und damit Bedingungen implementieren, die als gesetzt angesehen werden. Das können zum Beispiel Ausschließlichkeitsvereinbarungen, Forderungen, IP-Rechte (Patentrechte) zu überlassen, Verbote, mit Wettbewerbern zu arbeiten, Absichtserklärungen und Ähnliches sein. Vorbedingungen werden in virtuellen Verhandlungen oft per Mail mitgeteilt.

Wie kann der Pre-Trick 1 abgewehrt werden? Seien Sie achtsam, wenn solche Bedingungen die Voraussetzungen sind, damit man sich überhaupt mit Ihnen an den Verhandlungstisch setzt. Es gibt allerdings auch Situationen, in denen Vorbedingungen keine Tricks sind, sondern dem/der Verhandelnden helfen, schlechte Erfahrungen, die in der Vergangenheit gemacht worden sind, von vornherein zu vermeiden. Wichtig ist es, hier genau hinzusehen. Sprechen Sie die Vorbedingungen in der ersten virtuellen Zusammenkunft an und hinterfragen Sie deren Unverrückbarkeit.

Pre-Trick 2: Die Manipulation der Agenda

Im Vorfeld wird eine Agenda verschickt. Die Verhandelnden bereiten sich auf die festgelegten Themen und Rahmenbedingungen vor.

Wird die virtuelle Verhandlung dann eröffnet, stellt die Gegenseite fest, dass die Agenda umgestellt wurde. So ist sie nicht oder schlecht vorbereitet, was denjenigen, die die Agenda manipulieren, Vorteile verschaffen kann. Manchmal wird nach außen eine freundliche Scheinerklärung abgegeben und sich für die fehlende Vorinformation über die Umstellung der Agenda entschuldigt. Die Gegenseite möchte nicht, dass sich das Klima verschlechtert, und akzeptiert die Änderung zähneknirschend. Die Manipulation der Agenda kann auch die Anzahl der teilnehmenden Verhandelnden betreffen. So können kurzfristig mehr Personen auf der einen Seite aus dem Hut gezaubert werden oder aber, und dann wird es wahrlich große Magie, ranghöhere Entscheidende kurzfristig dazustoßen oder nicht erscheinen.

Wie kann der Pre-Trick 2 abgewehrt werden? Intervenieren Sie, wenn die Agenda umgestellt wurde, denn dann ist das Risiko groß, dass die Gegenseite über die Reihenfolge und Priorisierung der zu verhandelnden Punkte bereits vor Eröffnung Einfluss nehmen will. Beide Seiten haben immer das Recht auf ein Veto, wenn es darum geht, die Agenda der zu verhandelnden Gegenstände zu ändern. Ein Vorteil virtueller Verhandlungen ist, dass meist schnell neue Termine vereinbart werden können.

Pre-Trick 3: Das ist »nicht verhandelbar«

Ähnlich wie auch bei Vorbedingungen gibt es kompetitiv Verhandelnde, die einige Verhandlungsgegenstände von vornherein als »nicht verhandelbar« titulieren. Sie spekulieren darauf, dass die Gegenseite die Kröte schluckt und eine mit Vehemenz aufgestellte Behauptung erst gar nicht hinterfragt.

Wie kann der Pre-Trick 3 abgewehrt werden? Ob Sie solche Bedingungen klaglos akzeptieren oder zum Thema machen, hängt von der Wahrnehmung Ihrer Verhandlungsmacht ab. Wie wichtig ist Ihnen die Zusammenarbeit? Haben Sie Alternativen, dann lohnt es sich sehr wohl, dies zum Thema zu machen und als Verhandlungsgegenstand mit aufzunehmen. Weiter spielt es eine Rolle, wie wichtig der Verhandlungsgegenstand, der »nicht verhandelbar« ist, für das Gesamtergebnis ist. Je nach Wichtigkeit können die »Not-Negotiables« zu einem »Deal Blocker« werden. Sind Sie sich dessen bewusst und sehen Sie keine Möglichkeit, das Hindernis zu überwinden, so kann es sinnvoll sein, die Verhandlung frühzeitig abzubrechen. Handelt es sich bei »nicht verhandelbar« um Aspekte mit geringerem Wert, können Sie als Verhandelnde:r überlegen, den Punkt zu akzeptieren oder das Thema erst einmal zu parken, mit dem Hinweis, zu einem späteren Zeitpunkt – wenn die Verhandlung fortgeschritten ist – das Gesamtpaket zu betrachten. Vereinbaren Sie mit Ihren Verhandlungspartner:innen in virtuellen Verhandlungen, wo Sie offene Punkte ablegen wollen, wer sich darum kümmert und wann Sie diese wieder ansprechen. Das gehört zu den Aufgaben der Person, die die virtuelle Verhandlung moderiert.

Alles, was Sie über Mid-Tricks wissen sollten

VIRTUELL VERHANDELN. BEST PRACTICE

Mid-Tricks werden von virtuell Verhandelnden während der Verhandlung genutzt, wenn es um Angebote, Forderungen und Konditionen geht. Die Dosis der Tricks entscheidet über ihre Wirksamkeit. Heutzutage sind viele der Tricks aus Präsenzverhandlungen bekannt. Übertrieben ausgespielt, können Sie das Gegenteil bewirken. Verhandelnde fühlen sich hereingelegt, das Verhandlungsklima kann sich rapide verschlechtern, die Gegenseite ist ab sofort ständig auf der Hut. Werden Mid-Tricks zu früh eingesetzt, weiß die Gegenseite, was Sie vorhaben, was Sie leicht einschätzbar werden lässt. Die meisten der Mid-Tricks können in Präsenz- ebenso wie in virtuellen Verhandlungen angewendet werden. Einer der Hauptunterschiede liegt darin, dass Verhandelnde in Online-Verhandlungen eine erhöhte Aufmerksamkeit benötigen, die Tricks zu erkennen, um sie im nächsten Schritt auch abwehren zu können. Die Technik spielt hier eindeutig zugunsten der kompetitiv Verhandelnden, da immer noch ein Teil der Aufmerksamkeit durch den Aufwand der Beherrschung der Technik gebunden ist.

VIRTUELL VERHANDELN. WISSEN

10 Mid-Tricks aus der Verhandlungskiste professionell Verhandelnder

Ausgebuffte Verhandelnde besitzen oft eine große Trickkiste und lüften während der virtuellen Verhandlung gern mehrmals den Deckel, um so Zugeständnisse zum eigenen Vorteil zu kassieren, ohne selbst viel zu geben. Die zehn gängigsten Tricks[34] sind:

1. Der Bluff: der bekannteste Trick von allen
2. Das Strohfeuer: viel Lärm um nichts
3. Take it or leave it: friss oder stirb
4. Die Salamitaktik: Scheibchen für Scheibchen
5. Das Ego streicheln: Komplimente und mehr
6. Good Guy – Bad Guy: Zuckerbrot und Peitsche
7. Die Mitleidsschiene: gekonnt auf die Tränendrüse drücken
8. Der Ruf nach höherer Autorität: Verhandelt wird nur mit dem Chef
9. Split the difference: in der Mitte treffen
10. Der Nibble: Kleinvieh macht auch Mist

Mid-Trick 1: Der Bluff, oder der bekannteste Trick von allen

Der Bluff ist eine bewusste Täuschung und Irreführung der Verhandlungspartner:innen und einer der gängigsten Verhandlungstricks. Sicher kennen Sie den Begriff vom Kartenspielen: Sie haben ein mieses Blatt in den Händen und lassen die Gegenseite das Gegenteil glauben. Ziel eines Bluffs ist es, der Gegenseite in der Annahme einer besseren zur Verfügung stehenden Alternative Zugeständnisse abzuringen. Das funktioniert oft, allerding muss der »Bluffer« bereit sein, die Konsequenzen zu tragen, sollte der / die Mitspieler:in nicht anbeißen. Je transparenter der Markt ist und ein:e Verhandelnde:r Konditionen und Produkte kennt, desto schwerer wird es, zu bluffen. Verhandelnden fällt es in Remote-Verhandlungen oft leichter zu bluffen, weil das Lügen einfacher ist. Das Gefühl, durch körpersprachliche Signale oder einen tiefen Blick in die Augen entlarvt zu werden, ist in Präsenzverhandlungen deutlich höher.

Wie kann der Mid-Trick 1 abgewehrt werden? Bereiten Sie sich gut vor und lassen Sie es auch mal darauf ankommen. Die Bereitschaft zu verlieren kann Sie auch stark machen. Manchmal verzockt man sich und verliert. Ab und zu werden Sie fallen, wenn Sie das Maximale aus der Verhandlung herausholen wollen. In Summe wird es meist kein Problem sein. In Verhandlungen gelten andere Regeln als im richtigen Leben. Erwarten Sie von Ihrem Gegenüber keine absolute Ehrlichkeit, aber auf jeden Fall Fairness.

Mid-Trick 2: Das Strohfeuer, oder viel Lärm um nichts

Gewerkschaften, die zu Tarifverhandlungen aufrufen, sind Meister darin, Strohfeuer-Forderungen zu stellen. Selbst in schwierigen Zeiten fordern Gewerkschaften Zugeständnisse in Höhen, von denen sie von vornherein wissen, dass sie diese niemals in Gänze erhalten werden: eine verbesserte Altersversorgung, Sicherheitszuschläge, Nachtarbeitszuschläge, Wochenend- und Feiertagszuschläge, kürzere Wochenarbeitszeiten, zusätzliche Ferientage, verbesserte Arbeitsbedingungen. Die Historie zeigt, dass ein Teil der Forderungen im Laufe der Zeit verschwindet und die Kernforderungen auf dem Tisch bleiben, sobald das entfachte Strohfeuer verlischt. Dies sind in der Regel die Sicherung der Arbeitsplätze und die Gehaltsforderungen. Strohfeuer-Forderungen dienen dazu, der Gegenseite »geopfert« zu werden, in dem Wissen, später etwas von größerer Bedeutung für die eigene Seite zu erhalten. Meistens weiß die Gegenseite nicht, was dem Verhandelnden wirklich wichtig ist. Strohfeuer-Forderungen einzukassieren vermittelt der Gegenseite hohe Zufriedenheit. Sie können einen ersten Sieg mit nach Hause nehmen und ihn in der eigenen Organisation als solchen verkaufen. »Schaut, was wir ihnen abgerungen haben, und es hat ihnen auch richtig wehgetan!« Zudem wird mit zunehmendem Löschen des Strohfeuers auch die Komplexität der Themen bereinigt. So entsteht das Gefühl, der endgültigen Einigung näher zu kommen.

Wie kann der Mid-Trick 2 abgewehrt werden? Spielen Sie das Spiel mit. Verhandelnde können Gleichem mit Gleichem begegnen und ebenfalls mit überzogenen Forderungen starten. Der »Strohfeuer-Trick« ist virtuell leichter zu ertragen, die Distanz kann so besser gewahrt werden. Das Gefühl, Teil eines Spiels zu sein, das vorhersehbar ist, macht Verhandelnde in der Corporate World schon mal zu Industrie-Schauspieler:innen.

Mid-Trick 3: Take it or leave it, oder friss oder stirb

Wenn der Verhandelnde die Gegenseite im Laufe einer sich scheinbar gut entwickelnden Verhandlung plötzlich mit dem »Friss oder stirb«-Trick konfrontiert, dann ist das für den kooperativ Verhandelnden harter Tobak. Wichtig dabei ist, dass die Forderung glaubwürdig ist. Hat die Gegenseite berechtigte Zweifel an ihrer Glaubwürdigkeit, wird dieser Trick nicht funktionieren.

Wie kann der Mid-Trick 3 abgewehrt werden? Bleiben Sie unbedingt ruhig. Das ist die erste Sofortmaßnahme. Die Gegenseite will Sie unter Druck setzen und bei Ihnen Angst erzeugen, am Ende mit leeren Händen dazustehen. Lassen Sie sich nicht einschüchtern und sehen Sie diesen Trick als Einstieg in ein zähes Ringen um Konditionen, natürlich immer unter der Voraussetzung, dass Sie eine Alternative haben. Sprechen Sie aber auf keinen Fall eine Gegendrohung aus. Auch im Angesicht von »Take it or leave it« ist es für virtuell Verhandelnde einfacher, emotional Abstand zu wahren. Im Gegensatz zu einer Präsenzverhandlung kann die emotionale Verstrickung, die durch das Überraschungsmoment ausgelöst wird, einfacher unter Kontrolle gehalten werden.

Mid-Trick 4: Die Salamitaktik, oder Scheibchen für Scheibchen

Der ehemalige Präsident der Europäischen Kommission, Jean-Claude Juncker, beschreibt die Salamitaktik so: »Wir beschließen etwas, stellen es in den Raum und warten einige Zeit ab, ob etwas passiert. Wenn es dann kein großes Geschrei gibt und keine Aufstände, weil die meisten gar nicht begreifen, was da beschlossen wurde, dann machen wir weiter. Schritt für Schritt, bis es kein Zurück mehr gibt.«[35] Die Salamitaktik leitet sich metaphorisch vom Schneiden einer Salami in einzelne Scheiben ab. Fehlt ein einzelnes Scheibchen, fällt es kaum ins Gewicht. Doch schneidet man weiter und weiter, ist die Salami nach einiger Zeit kürzer geworden. Bald darauf ist sie ganz verschwunden, und am Ende ist man doch satt. In virtuellen Verhandlungen können Sie nach und nach kleine Zugeständnisse einfordern, die den Verhandlungspartner:innen nicht wehtun und deshalb fast unbemerkt gegeben werden. Dann stellen Sie im nächsten Meeting die nächste kleine Forderung und im nächsten wieder … So summieren sich die Zugeständnisse im Laufe der Zeit.

Wie kann der Mid-Trick 4 abgewehrt werden? Eine Grundregel der Verhandlungstaktik lautet: Zugeständnisse werden nicht verschenkt, sondern getauscht. Bleiben Sie besonders in virtuellen Verhandlungen fokussiert, wenn Sie um ein kleines Entgegenkommen gebeten werden. Formulierungen wie »Wenn wir Ihnen bei X entgegenkommen, dann wünschen wir uns im Gegenzug Y« sorgen dafür, dass auch Sie Salamischeibchen bekommen und am Ende beide Seiten satt werden. Alternativ können Sie auch kleine Forderungen nach Zugeständnissen mit dem Hinweis mitnehmen, die Vorgehensweise zunächst intern zu klären, um dann das Gesamtpaket zu bewerten.

Mid-Trick 5: Das Ego streicheln, oder Komplimente und mehr

Jeder Mensch hat den Wunsch, zufrieden zu sein. Jeder Mensch verhandelt gern, wenn er am Ende das Gefühl hat, gewonnen zu haben. Und manchmal erstehen wir dann sogar Dinge, die wir gar nicht brauchen. Wir streben nach der Befriedigung unserer Bedürfnisse, wollen uns gut fühlen. Erfahrene Verhandelnde wissen das. Ein sehr erfahrener Verhandlungsprofi, der lange Jahre für einen großen Automobilkonzern wichtige Verhandlungen führte, beschrieb das so: »Verkaufe ein kleines Entgegenkommen als größtmöglichen Schmerz.«

Wie kann der Mid-Trick 5 abgewehrt werden? Nehmen Sie sich Zeit zur Vorbereitung und kennen Sie Ihre Hot Buttons. Welche Knöpfe muss die Gegenseite drücken, damit die Gier, etwas haben zu wollen, angetriggert wird? Lernen Sie sich selbst kennen. Ist es Ihnen wichtig, sich im Glanz des Erfolgs zu sonnen oder von anderen beneidet zu werden? Wenn ja, dann gilt auch hier, vereinbaren Sie einen Folgetermin für den nächsten Schritt der virtuellen Verhandlung. Überdenken Sie die Situation in Ruhe, bevor Sie Entscheidungen treffen, die Sie im Nachhinein bereuen.

VIRTUELL VERHANDELN. WISSEN

»Machen Sie sie glücklich!«
Warum es taktisch klug ist, der Gegenseite zu helfen, ihre Bedürfnisse zu befriedigen

Verhandelnde fühlen sich zufrieden, wenn ...

... sie etwas bekommen, was eigentlich jemand anderes wollte.

... sie einen günstigeren Preis bekommen, als sie sich vorgestellt haben.

... sie mehr bekommen, als sie sich vorgestellt haben.

... sie hart um etwas kämpfen mussten oder unerwartet noch etwas dazubekommen.

... andere sie für den Deal loben oder um den Deal beneiden.

... sie erkennen, dass die Gegenseite einen Fehler zu ihren Gunsten gemacht hat.

Mid-Trick 6: Good Guy – Bad Guy, oder Zuckerbrot und Peitsche

Good Guy–Bad Guy ist ein Verhandlungstrick, den viele Menschen aus Filmen kennen. Der Verdächtige wird befragt und verweigert die Zusammenarbeit. Warum sollte er der Polizei auch irgendetwas gestehen. Um das Schweigen zu brechen, treten zwei Polizisten im Team auf. Der Bad Cop beleidigt den Angeklagten, treibt ihn in die Ecke, konfrontiert ihn mit Vorwürfen, vielleicht wird der Verdächtige auch noch mit dem grellen Schein einer Lampe geblendet, oder ihm werden Mahlzeiten, Schlaf und Ruhe entzogen. Nach einer Weile verlässt der Bad Cop den Raum, und der Good Cop kommt rein. Der Good Cop behandelt den Verdächtigen respektvoll. Er zeigt sich zuvorkommend und verständnisvoll, bietet dem Angeklagten etwas zu trinken an. Im Gegenzug öffnet sich der Befragte und gibt preis, was beide Partner der Gegenseite (der Good Cop und der Bad Cop) wissen wollen. Dieser Verhandlungstrick ist auch unter »Sugar–Vinegar« oder »Weißer Hut–Schwarzer Hut« bekannt. In Verhandlungen funktioniert die Methode »Good Guy–Bad Guy« sogar dann, wenn der Bad Guy gar nicht anwesend ist. Es reicht, freundlich aufzuzeigen, dass der Geschäftsführer so einen Vertrag niemals unterzeichnen wird, dass noch nachgearbeitet werden muss. Andere mögliche Bad Guys, die gar nicht in Erscheinung treten müssen, können Ihre Bank, Ihr Rechnungswesen, Ihr:e Anwält:in, Ihr:e Kund:in, der Betriebsrat oder Ihr:e Partner:in sein. Sie selbst spielen die Rolle desjenigen, der ja wollen würde, aber leider ... gibt es da noch eine zweite, entscheidende, meist höhere Instanz. Manchmal ist es sogar so, dass der Bad Guy gar keine reale Person ist. Bad Guys können Gesetze, Regularien, Gremien, Computerprogramme oder Verfahrensweisen sein. Vergessen Sie dabei nicht, dass diese »höheren« Instanzen immer von Menschen gemacht worden sind. Der Good-Guy–Bad-Guy-Trick mag abgedroschen klingen, in der Praxis funktioniert er meist hervorragend und führt zu wirklich guten Ergebnissen.

Wie kann der Mid-Trick 6 abgewehrt werden? Lassen Sie sich nicht aus der Ruhe bringen und zu Zugeständnissen hinreißen. Eine gute Vorbereitung und Klarheit in Bezug auf die Alternativen helfen Ihnen dabei, keine vorschnellen Entscheidungen zu treffen. Sprechen Sie in vermehrt den Good Guy an und unterbrechen Sie den Bad Guy in seinem Redefluss durch das Heben der Hand. Richten Sie den Blick auf die Kachel des Good Guys und antworten Sie dem Good Guy auf die Fragen des Bad Guys. Überhören Sie auch mal die Kommentare des Bad Guys. Rechnen Sie bereits vor dem Start der Verhandlung mit einem starken Bad Guy und wollen diesen ausbremsen oder partiell ruhigstellen, dann holen Sie sich ebenfalls Unterstützung und verhandeln nicht allein gegen ein Duo.

VIRTUELL VERHANDELN. WISSEN

Die Choreografie des Good-Guy – Bad-Guy-Tricks

1. In der Vorbereitung auf die virtuelle Verhandlung werden Rollen klar abgestimmt und ein alternativer Kommunikationskanal festgelegt.
2. Der Good Guy eröffnet die virtuelle Verhandlung und führt den Small Talk, der Bad Guy ist anwesend und schweigt.
3. Die Position und Forderung der Gegenseite werden vom Good Guy erfragt.
4. Die Forderung wird durch den Bad Guy strikt abgelehnt.
5. Der Bad Guy setzt weiter kontinuierlich Gegenargumente ein, der Good Guy schweigt.
6. Druck wird weiter in Ton und Worten durch den Bad Guy aufgebaut.
7. Eine eindeutige Antipathie gegen seine Person wird durch das Verhalten des Bad Guys bewusst geschaffen.
8. Dann kommt es zu einem geschickten Einschalten des Good Guys auf der höchsten Eskalationsstufe. Der Hinweis über den richtigen Zeitpunkt erfolgt über den alternativen Kommunikationskanal.
9. Der Bad Guy verabschiedet sich genervt und verlässt das virtuelle Meeting.
10. Der Good Guy entschuldigt sich für das Verhalten des Bad Guys.
11. Die Position des Bad Guys wird durch den Good Guy im freundlichen Ton bestätigt.
12. Der Good Guy führt das gewünschte Ergebnis herbei.

Mid-Trick 7: Die Mitleidsschiene, oder gekonnt auf die Tränendrüse drücken

Das Gejammer ist groß, die Klagen auch: Erst die Pandemie, dann der Krieg in der Ukraine, Lieferverzögerungen und die Inflation. Die Geschäftslage ist schwierig, Arbeitsplätze sind gefährdet, die Wirtschaft liegt am Boden, die Branche ist in der Krise. Als

Verhandelnde:r sind Sie zu bedauern und erwarten deswegen Zugeständnisse. Die Mitleidsschiene funktioniert gut, wenn die Gegenseite empathisch und empfänglich für menschliche Not ist. In virtuellen Verhandlungen ist der »Mitleidsschiene«-Trick seltener zu beobachten, da Online-Verhandlungen viel mehr als Präsenzgespräche einen stärkeren Fokus auf der Effizienz haben.

Wie kann der Mid-Trick 7 abgewehrt werden? Äußern Sie Verständnis für die schwierige Situation, in der sich Ihre Verhandlungspartner:innen befinden. Bleiben Sie in der Rolle des aktiv Zuhörenden und schlüpfen Sie nicht in der Rolle des empathisch Zuhörenden, dadurch gelingt es Ihnen einfacher, auf die Sachebene zurückzukehren. Wenden Sie das 1. Prinzip des Harvard-Konzeptes an und trennen Sie zwischen der Beziehung zu den Verhandlungspartner:innen und dem Verhandlungsgegenstand. Bleiben Sie auf jeden Fall weich zur Person und hart in der Sache. Verfolgen Sie die eigenen Ziele konsequent, ohne nachgiebig zu werden. Machen Sie sich immer Ihre BATNA bewusst. Natürlich können Sie auch immer Ausnahmen von der Regel machen, wenn wirklich Not an der Frau oder am Mann ist und Sie helfen wollen.

Mid-Trick 8: Der Ruf nach höherer Autorität, oder verhandelt wird nur mit dem Chef

»Wenn wir hier nicht weiterkommen, dann wende ich mich direkt an Ihren Geschäftsführer/Vorstand/Aufsichtsrat oder vielleicht doch lieber an den besten Rechtsanwalt der Stadt oder die Presse?« Die Absicht, die hinter dem Trick »Ruf nach höherer Autorität« steckt, besteht darin, sich durch den Verweis auf gute Beziehungen einen Vorteil zu verschaffen. Im Sinne von: »Kommen Sie mir lieber gleich entgegen, bevor ich meine Beziehungen spielen lasse und Sie einen auf den Deckel kriegen.« Dieser Trick funktioniert bei Verhandlungspartner:innen, die in hierarchischen Strukturen arbeiten und harmonieliebend sind. Um Konflikte zu vermeiden, werden Zugeständnisse gemacht.

Wie kann der Mid-Trick 8 abgewehrt werden? Na, dann mal zu! Lassen Sie die/den Verhandelnde:n sich doch an Geschäftsführer/Vorstand/... wenden. Wichtig ist, dass Sie intern Rückendeckung haben und an einem Strang ziehen. Idealerweise wird der Ranghöhere die Anfrage an Sie zurückdelegieren. Dann wird dieser Trick in Zukunft nicht mehr versucht werden, weil seine Wirkung verpufft ist. Sie verhandeln grundsätzlich auf Augenhöhe, und wenn nach oben eskaliert wird, dann bitte auf beiden Seiten. Ein Vorteil digitaler Verhandlungen ist, dass die »Höhere Autorität« schneller und notfalls auch direkt im Moment der ausgesprochenen Drohung dazugeholt werden kann, um entweder zu beruhigen oder dem/der Verhandelnden den Rücken zu stärken. Manchmal reicht es auch, wenn die »Höhere Autorität« sich nur für eine kurze Zeit dazuschaltet.

Mid-Trick 9: Split the difference, oder lassen Sie uns in der Mitte treffen

Ein raffinierter Trick. Ein typischer Ablauf des Verhandelns von Konditionen sieht folgendermaßen aus: Die eine Seite teilt ihre Forderung mit, daraufhin erfolgt das Gegengebot. Im Regelfall tanzen sich Verhandelnde nun an, bis sie sich in der Mitte treffen. Beide Seiten kommen einander in etwa gleichem Maße entgegen. Anders beim »Lassen Sie uns in der Mitte treffen«-Trick, der vom Anwender dann vorgeschlagen wird, nachdem die Gegenseite bereits ein erstes großes Entgegenkommen formuliert hat. Es klingt vermeintlich fair: Wir treffen uns in der Mitte. Das wäre es auch, wäre nicht einseitig schon mal ein ordentliches Zugeständnis eingefahren worden.

Wie kann der Mid-Trick 9 abgewehrt werden? Wenn es um das Aufteilen des Kuchens geht, dann heißt es aufpassen: Fair bedeutet, beide Seiten kommen gleichermaßen aufeinander zu. Einen differenzierten Blick auf den Ansatz des »Sich in der Mitte Treffens« hat Chris Voss. Der ehemalige Berater des FBI in Sachen Hostage-Verhandlungen schreibt in seinem Bestseller *Kompromisslos verhandeln*[36], dass diese Strategie dazu führt, dass ein gutes Klima herrscht und Verhandelnde sich wohlfühlen. Tatsächlich aber zeigt es, dass Verhandelnde zu bequem waren, sich darauf einzulassen, was die Gegenseite wirklich wollte. Dazu ist es laut Voss notwendig, einander zuzuhören, den dargebotenen Meinungen mit Respekt zu begegnen und zu analysieren, was die Gegenseite wirklich will, und das bedeutet eben mehr Arbeit als der Quick-run des Feilschens. Für virtuelle Verhandlungen heißt es: raus aus der Effizienzfalle und den Mehrwert vermitteln, den es bedeutet, sich Zeit zu nehmen.

Mid-Trick 10: Der Nibble, oder Kleinvieh macht auch Mist

»Nibble« heißt übersetzt »Häppchen«. Ein kleines Häppchen, das der/die Verhandelnde während, am Ende oder sogar nach der Verhandlung der Gegenseite gibt, wenn Vereinbarungen umgesetzt werden. Das hat den Vorteil, dass die Verhandlungspartner:innen ein kleines gutes Gefühl erleben. Nibbeln funktioniert auch in die umgekehrte Richtung. Verhandelnde holen sich den Nibble, damit sie selbst einen kleinen, eigentlich nicht der Rede werten Vorteil erlangen. Autohändler:innen zum Beispiel haben einen großen Fundus an Nibble-Artikeln, die sie beigeben können. Das tun sie aber nur, wenn Kund:innen auch fragen. Wer nicht fragt, der nicht gewinnt. Es gibt Autokaufende, die sich, sobald ihre Händler:innen den Vertrag vorbereiten, nach Winterfußmatten, Sommerreifen, dem nächsthöheren Felgenmodell, günstigeren Zinsraten, zusätzlichem Service, einem vollen Tank bei Übernahme des Fahrzeugs oder der kostenfreien Lieferung des Fahrzeuges an den Heimatort erkundigen. Sie bekommen niemals alles kostenfrei, aber eben doch immer wieder das eine oder andere. Einkaufende holen sich Häppchen von Verkaufenden, und Verkaufende holen sich Häppchen von Einkaufenden. Genibbelt wird überall. Es ist eine übliche Praxis und der Nibble eine altbekannte Verhandlungstaktik. Viele Verhandelnde planen deshalb von vornherein ein, was der Nibble sein wird, das Häppchen, das den Appetit stillt. Und bieten es der anderen Seite in der Verhandlung dann als Bonbon an. Nibbeln ist im virtuellen Umfeld schwieriger, besonders wenn es sich bei den kleinen Gefälligkeiten um die sogenannten Tangibles (alles, was anfassbar ist) handelt. Im Gegensatz dazu gibt es die Non-Tangibles (alles, was nicht anfassbar ist, wie zum Beispiel Zahlungsziele, Vertragsdauern, Rabatte), die in virtuellen Verhandlungen einfacher zu nibbeln sind.

Wie kann der Mid-Trick 10 abgewehrt werden? Im Umgang mit dem Nibbeling gibt es zwei Varianten. Die erste Variante sieht vor, vorbereitet zu sein und das Nibbeling von vornherein in die Kalkulation mit einzuplanen, dann wird ein zusätzliches kleines Angebot nicht als »Verlust« definiert, sondern ist Teil der Verhandlungsmasse. Die zweite Variante schlägt vor, kurz innezuhalten und so zu tun, als denke man nach: »Ach, ich dachte, wir hätten den Deal schon abgeschlossen?« Wenn der Nibbelnde weiter nachfragt, kommunizieren Sie, dass Sie offiziell auch wieder Wünsche von Ihrer Seite einbringen werden, denn: keine Konzession ohne Gegenkonzession.

Alles, was Sie über Late-Tricks wissen sollten

VIRTUELL VERHANDELN. BEST PRACTICE

Die Late-Tricks werden kurz vor dem Abschluss des Deals aus dem Hut gezaubert. Verhandelnde wähnen sich bereits am Ziel und werden auf den letzten Metern mit unerwarteten Überraschungen konfrontiert – so wird noch einmal Druck ausgeübt, um sich einen einseitigen Vorteil zu verschaffen. Die Erwartung beim Verhandelnden ist groß: den Sack zumachen und mit einem akzeptablen Ergebnis nach Hause gehen. So gesehen ist die Endphase der Verhandlung ein kritischer Moment. Verhandelnde tendieren dazu, letzte Zugeständnisse zu verschenken, um nicht auf der Zielgeraden den Gesamterfolg der Verhandlung zu riskieren. Dieses Wissen wird von kompetitiv Verhandelnden ausgenutzt.

Late-Trick 1: Der »Zitternde Stift«

Gavin Kennedy bezeichnet folgenden Trick als »Zitternden Stift«: Sie haben stundenlang verhandelt, es war ein Geben und Nehmen. Sie sind zu einem Ergebnis gekommen, mit dem beide Seiten leben können. Nun treffen Sie sich zur Vertragsunterzeichnung, doch im letzten Moment kommt es zu einer Nachforderung.

Wie kann der Late-Trick 1 abgewehrt werden? Im virtuellen Umfeld zittert schon längst kein Stift mehr. Stattdessen flattert noch eine letzte überraschende Mail ins Postfach, oder Sie finden einen unerwarteten späten Anruf auf Ihrem Smartphone. Auch hier gibt es zwei Alternativen: Entweder Sie beißen in den sauren Apfel, weil Sie den Sack nicht noch einmal aufmachen wollen, und bewerten den Abschluss an sich höher als den Gewinn, den Sie durch erneutes Nachverhandeln herausholen können. Oder aber Sie machen unmissverständlich klar, dass die nachgeschobene Forderung für Sie ein No-go ist. Dann heißt es zurück auf Los für beide Seiten, und Sie drehen eine weitere Runde.

Late-Trick 2: »Jetzt oder nie«

Eine Verhandlung mit dem »Jetzt oder nie«-Trick zu beenden, übt massiven Druck auf die Gegenseite aus, weswegen er auch oft als »Walk out«-Trick bezeichnet wird. Wenn das Gegenüber sagt »Bis morgen Abend um 18 Uhr muss alles final sein, sonst bin ich raus«, dann wird durch die Ankündigung der Deadline die Zeitfrist als Druckmittel eingesetzt. Das Schwierige ist, einzuschätzen, ob die Frist den Tatsachen entspricht oder ob mit ihrer Hilfe künstlicher Druck aufgebaut wird. Wenn Sie zeigen, dass Sie bereit sind, eine Verhandlung abzubrechen, sollte Ihr Gegenüber eine Deadline nicht akzeptieren, erhöhen Sie Ihre Verhandlungsmacht. Versucht Ihr Gegenüber mit allen Mitteln, die Zeitfrist außer Kraft zu setzen, so wissen Sie, dass Sie noch einiges herausschlagen können. Setzen Sie den »Jetzt oder nie«-Trick ein, müssen Sie auch bereit sein, die Konsequenzen zu tragen, falls sich der andere nicht auf Ihre Forderung einlassen will. Einen Weg zurück gibt es dann selten. Er wäre mit einem erheblichen Gesichtsverlust verbunden. Wenden Sie den »Jetzt oder nie«-Trick nur sehr selten an, im Grunde ist er ein Zeichen von Schwäche und trägt einen Beigeschmack von etwas sehr Unerwachsenem in sich. Gehen kann jeder. Je öfter Sie den »Jetzt oder nie«-Trick anwenden, umso weniger werden Sie ernst genommen.

Wie kann der Late-Trick 2 abgewehrt werden? Am geschicktesten ist es, ihn zu überhören. Oft steckt eine emotionale Überreaktion dahinter, und dem Aggressor tut es schon kurz danach leid. Sich nicht darauf einzulassen verhindert, dass das Thema weiter eskaliert. Hinterfragen Sie stattdessen, wie es zu dieser Frist kommt und was es für Möglichkeiten gibt, wenn die Deadline überschritten wird. In virtuellen Verhandlungen besteht das Risiko, die Verhandlung schnell zu beenden, einfach durch einen Klick. Beim »Jetzt oder nie«-Trick geht es darum, die konfliktgeladene Situation auszuhalten und in ein konstruktives Verhandlungsgespräch umzuleiten.

Late-Trick 3: Zeitdruck und Verzögern, oder wer über die Zeit bestimmt, dominiert

Mit dem Aufbau von Zeitdruck kann ein Verhandelnder die Gegenseite dazu bringen, vorschnell Entscheidungen zu treffen und sich nicht genügend Zeit für Recherche und interne Absprachen zu nehmen. Entscheidungen hingegen zu verzögern, wird dann als Taktik eingesetzt, wenn Sie wissen, dass die Gegenseite zeitkritisch bestimmte Produkte oder Dienstleistungen benötigt und ein erheblicher Nachteil durch die Verzögerung entsteht. Somit sind Verhandlungspartner:innen gezwungen, Konditionen zuzustimmen, denen sie ohne Zeitnot nicht zugestimmt hätten.

Wie kann der Late-Trick 3 abgewehrt werden? Bleiben Sie ruhig und weisen Sie darauf hin, dass Sie zwar im Moment abhängig sind und das auch sehen, sich auf Dauer allerdings Alternativen zuwenden werden, wenn keine Verlässlichkeit vonseiten der Verhandlungspartner:innen gezeigt wird. Arbeitet die Gegenseite mit dem »Verzögern«-Trick, können Sie im virtuellen Umfeld einfacher dranbleiben und nachhaken und mit freundlicher Dreistigkeit so lange anklopfen, bis Sie gehört werden.

VIRTUELL VERHANDELN. BEST PRACTICE

Gewöhnen Sie sich an, wenn die Gegenseite virtuelle Verhandlungstricks einsetzt, diese nicht als Gefahr, sondern als Warnung an Sie zu sehen. So sind Sie über die wahren Absichten der Gegenseite informiert und erfahren etwas über deren Haltung und Motivation in Hinblick auf eine zukünftige Zusammenarbeit.

VIRTUELL VERHANDELN. TIPP #21

Wenn online Schwierigkeiten auftauchen

Tauchen in Präsenzverhandlungen Schwierigkeiten auf, stellt das für die Verhandelnden eine große Herausforderung dar. Findet die Verhandlung im virtuellen Raum statt, ist eine problematische Situation umso gravierender. Es hat beinahe den Anschein, als würde das virtuelle Umfeld wie ein Brennglas wirken, das Schwierigkeiten schneller entzünden lässt und den Brand beschleunigt. Neben dem Harvard-Konzept gibt es ein zweites, darauf aufbauendes Konzept, das an den Erfolg von *Getting to Yes* anknüpft und sich auf dessen Prinzipien bezieht. In *Getting Past No*[37] benutzt der amerikanische Verhandlungsexperte William Ury wie im Standardwerk ein fünfstufiges Modell als Rahmen. Er zeigt Barrieren der Kooperation auf und präsentiert Prinzipien, um diese Barrieren zu überwinden. Die fünf Barrieren sind:

1. Unsere Emotionen übermannen uns.
2. Die Emotionen der Gegenseite kochen hoch.
3. Die Sturheit der Gegenseite führt zu Stagnation.
4. Die Unzufriedenheit der Gegenseite mit möglichen Lösungen.
5. Die Macht der Gegenseite, den Deal zu blockieren.

Stellen Sie sich folgenden Verhandlungstag vor:

07.30 Uhr: Während des wöchentlichen virtuellen Teammeetings geraten Sie mit Ihrem Stellvertreter in Streit darüber, ob Sie ein oder zwei Tage mobiles Arbeiten im Team einführen wollen. Ihr Stellvertreter motzt Sie an: »Bist du wahnsinnig, zwei Tage im Homeoffice. Die tanzen uns dann doch nur noch auf der Nase rum!«

09.00 Uhr: Sie wählen sich pünktlich zu Ihrem nächsten Meeting ein. Ihr Vorgesetzter kommt zehn Minuten zu spät. Sie wollen einen Vorschlag unterbreiten, wie Sie die Ergebnisse Ihrer Forschungsabteilung einfacher dokumentieren können. Dazu haben Sie am Wochenende eine Präsentation vorbereitet und teilen sie. Ihr Chef schaut kurz darauf und winkt nur ab: »Das sieht noch so gar nicht ausgereift aus. Nächster Punkt auf der Agenda.«

14.30 Uhr. Als Sie nachmittags ein Online-Meeting mit einem neuen Kunden haben, um den seit sechs Monaten vorbereiteten Vertrag für den Bau einer neuen Anlage zu finalisieren, meint dieser: »Oh, es tut mir wirklich sehr leid, aber unser Finanzvorstand hat ein Veto eingelegt. Er gibt das Okay erst, wenn Sie nochmals zehn Prozent günstiger werden.«

17.30 Uhr: Auf dem Weg nach Hause erhalten Sie in der S-Bahn eine Mail von Ihrer Geschäftsführung, dass die zehn Prozent Rabatt für den neuen Kunden nicht genehmigt werden, aber »Sie bekommen das schon hin. Da sind wir ganz sicher.«

20.00 Uhr: Sie haben beschlossen, nach diesem Tag das aktuelle Champions-League-Fußballspiel anzusehen, als Ihr Stellvertreter anruft, um mit Ihnen das Thema von heute früh auszudiskutieren, da stecke doch wohl mehr dahinter.

Sie haben sicher ähnliche Tage erlebt und kennen die Gefühlslage, in der man sich nach einem solchen Marathon voller unbefriedigender Ergebnisse befindet. Wut, Ärger, Frustration und Zorn dominieren das Empfinden. Jeder hat mit gereizten Kolleg:innen, aufmüpfigen Stellvertreter:innen, unbeherrschten, unaufmerksamen Vorgesetzten oder unbeugsamen Geschäftspartner:innen zu tun. Wenn wir feststecken, nichts mehr vorwärtsgeht, das Ergebnis gegen null steuert, ist das oft eine klare Kampfansage. Was können Sie tun? »Love it, change it, leave it or stay unhappy«? Da kein Mensch verfahrene Situationen liebt, Problemlösung im Alleingang meist wenig Erfolg versprechend und Weglaufen keine Option ist, bleibt einzig und allein die gemeinsame Problemlösung. Hier genau setzt das Prinzip von Getting Past No an.

VIRTUELL VERHANDELN. LESEFUTTER

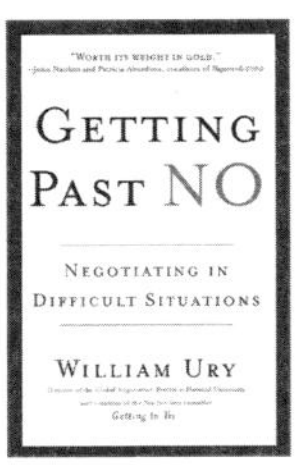

William Ury
Getting Past No
Negotiating In Difficult Situations

Random House
208 Seiten

978-0-553-37131-4

Warum Verhandelnde nicht kooperieren

Laut William Ury gibt vier Gründe, weshalb Verhandelnde nicht bereit zur Kooperation sind und Verhandlungspartner:innen als Gegner:innen sehen:

1. Verhandelnde haben Angst vor Kooperation.
2. Verhandelnde wissen nicht, wie kooperatives Verhandeln funktioniert.

3. Verhandelnde sehen keinen Vorteil für sich in kooperativem Verhalten.
4. Verhandelnde wissen, dass sie die Mächtigeren sind.

Verhandelnde haben Angst vor Kooperation

Besonders Verhandelnde, die dem Glaubenssatz folgen, »Erfolgreich verhandeln heißt gewinnen«, meinen, sie müssen hart auftreten und den anderen über den Tisch ziehen. Sie befürchten, sollten sie kooperieren, vor sich selbst oder vor anderen zu versagen. Sie haben Angst, den Erwartungen an sie selbst als dem »harten Hund« nicht gerecht zu werden. Die Furcht vor dem vermeintlichen Versagen lässt sie dann beim unbeirrbar harten Verhandlungsstil bleiben.

Verhandelnde wissen nicht, wie kooperatives Verhandeln funktioniert

Wie wollen Sie kooperativ verhandeln, wenn es Ihnen noch nie jemand vorgemacht hat? Woher wollen Sie wissen, dass individuelle Interessen die Triebfeder hinter jeder Position sind, wenn es Ihnen nie gesagt wurde? Wie wollen Sie darauf kommen, gemeinsam Lösungen zu suchen, wenn Sie vorgelebt bekommen haben, dass der »Mächtigere das Ergebnis diktiert«? Wie wollen Sie kooperativ verhandeln, wenn Ihr Glaubenssatz lautet: »Verhandeln bedeutet, den Gegner zu besiegen«?

Verhandelnde sehen keinen Vorteil für sich in kooperativem Verhalten

Schon ab dem Kindergartenalter werden wir in unserer individualistischen Gesellschaft dahingehend konditioniert, dass die Starken mehr Anerkennung erhalten als die Schwächeren. Beim Sportfest kassieren die mit den meisten Punkten die Ehrenurkunde, die anderen nur eine Siegerurkunde. Wer die meisten Punkte macht, gewinnt das Quiz. Der/die Beliebteste wird zur/m Klassensprecher:in gewählt, der/die beste Klavierspieler:in darf auf dem Konzertflügel vorspielen. Sich durchzusetzen, sich zu messen, besser zu sein als die anderen, wird uns eingeimpft ohne Wenn und Aber. Kein Wunder also, dass es erst mal sonderbar anmutet, wenn im Geschäftsleben die Interessen beider Seiten befriedigt werden sollen.

Verhandelnde wissen, dass sie die Mächtigeren sind

Warum sollen Sie mit jemandem kooperieren, wenn Sie in einer mächtigeren Position sind? In vielen Verhandlungssituationen denken Verhandelnde nicht an Kooperation, da sie von vornherein wissen, dass sie über mehr Machtmittel verfügen und letztendlich bekommen, was sie wollen, oder Bedingungen diktieren können. Der/die Verhandlungspartner:in ist abhängig und hat keine Alternativen.

In den Vorüberlegungen zur Frage, weshalb Verhandelnde sich der Kooperation entziehen, haben Sie erfahren, weshalb Verhandlungen eskalieren können. Welche Tools stehen Ihnen für die Deeskalation und Rückkehr zur konstruktiven Kommunikation zur Verfügung? Das Getting-Past-No-Konzept empfiehlt die folgenden fünf Prinzipien, wie aus Gegner:innen wieder Partner:innen werden:

1. Statt zu reagieren, lieber reflektieren.
2. Statt zu streiten, lieber die Perspektive wechseln.
3. Statt Positionen abzulehnen, lieber umformulieren.
4. Statt Druck auszuüben, lieber die Goldene Brücke bauen.
5. Statt die Gegner in die Knie zu zwingen, lieber zur Vernunft bringen.

Problem 1: Unsere Emotionen übermannen uns

Ein Wort ergibt das andere, eine Seite fängt an, unsachlich zu werden, die anderen springen auf diesen Zug auf, lassen sich provozieren und schießen zurück. Sie hören den Argumenten der anderen nicht mehr zu. Sie werden laut, unsachlich und verletzend. Mit der Sache hat das nichts mehr zu tun. Sie versuchen mit allen Mitteln, Ihren eigenen Standpunkt lauthals zu vertreten, oder reagieren ironisch oder gar sarkastisch. Was passiert in solchen Situationen? Die eigenen Emotionen brechen sich Bahn. Sie reagieren, ohne nachzudenken, versuchen es dem anderen heimzuzahlen und immer noch eins draufzusetzen. Die Wutspirale schraubt sich höher und höher. Die Situation eskaliert, die Parteien hauen zurück oder geben frustriert klein bei. Hier setzt Prinzip 1 von Getting Past No an: Die natürliche Reaktion auf einen persönlichen oder inhaltlichen Angriff ist es, entweder in gleicher Art und Weise zurückzuschlagen oder einzulenken und auf die Forderungen einzugehen. Beides sind unattraktive Möglichkeiten, die Unzufriedenheit und Frust nach sich ziehen. Hier bietet William Ury als dritte Möglichkeit an, Verhandlungen oder Diskussionen ruhig zu unterbrechen oder zu vertagen, um wieder einen kühlen Kopf zu bekommen.

Typische Taktiken nach William Ury, auf die Verhandelnde emotional reagieren:

1. Die Taktik der Gegenseite, keinerlei Flexibilität zu zeigen (»stonewall tactic«).
2. Verhandlungspartner:innen durch offensive Angriffe einschüchtern zu wollen (»attacks«).
3. Verhandlungspartner:innen durch Verhandlungstricks überlisten zu wollen (»tricks«).

Getting-Past-No-Konzept. Prinzip 1

Statt zu reagieren, lieber reflektieren. *Don't react. Go to the balcony.*

In vielen Fällen läuft der/die Verhandelnde Gefahr, durch seine/ihre Reaktion Teil des Spiels der Provokation zu werden. Das Risiko ist hoch, in einen Teufelskreis hineingezogen zu werden. Deshalb besteht der erste Schritt darin, nicht zu reagieren, sondern das eigene Verhalten zu kontrollieren. »Go to the balcony«, sagt Ury dazu.

Deshalb die Empfehlungen:

- Atmen Sie tief durch.
- Machen Sie eine Pause.

- Treten Sie mental einen Schritt zurück und überprüfen Sie Ihre eigenen Schwachstellen (Hot Buttons).
- Werden Sie nicht laut. Werden Sie nicht ungerecht.
- Überdenken Sie die Tricks des Gegenübers (Name the Game).
- Nehmen Sie sich Zeit, die Diskussion zu verlangsamen, um das Ziel im Blickfeld zu behalten (Keep your Eyes on the Prize).

VIRTUELL VERHANDELN. BEST PRACTICE

Sie können in Stresssituationen den Rückfall in alte Muster verhindern, indem Sie sich bewusst machen, was seit eh und je angeborene Reaktionen auf emotionalen Druck von Verhandelnden sind, und sich dann entscheiden, raus aus dem Spiel von Aktion und Reaktion zu treten. Emotionale Reaktionen auf Stress sind erst mal immer intuitiv und nicht rational. Auf Provokation reagieren Menschen auf drei unterschiedliche Arten: Sie schlagen zurück, das heißt, sie kämpfen und verteidigen sich. In virtuellen Verhandlungen werden sie laut und greifen andere persönlich oder die Sache an. Eine zweite angeborene Reaktion ist es, nachzugeben, um den Frieden und die Harmonie nicht zu gefährden. In virtuellen Verhandlungen werden Verhandelnde sich ins Schneckenhaus zurückziehen und sich nicht mehr an der Verhandlung beteiligen, vielleicht werden sie sogar die Kamera ausschalten. Die dritte angeborene Reaktion ist es, Verhandlungen abzubrechen, das heißt, Menschen entziehen sich der unangenehmen Situation, indem sie die Verhandlung mit einem Mausklick verlassen. Alle drei Reaktionen sind destruktiv. Als Folge auf diese unmittelbaren Reaktionen eskalieren Konflikte, virtuell Verhandelnde stimmen zu, obwohl sie es nicht wollen, oder es werden unzureichende Ergebnisse erreicht. Die Empfehlungen des Getting-Past-No-Konzeptes lassen sich wunderbar auf virtuelle Verhandlungen übertragen.

Problem 2: Die Emotionen der Gegenseite kochen hoch

Es sind jedoch nicht nur unsere eigenen Emotionen, die uns beim Verhandeln im Wege stehen. Auch die Emotionen der Gegenseite können hinderlich sein. Selbst wenn es Ihnen gelingt, Ruhe zu bewahren, heißt das noch lange nicht, dass auch Ihr Gegenüber in der Lage ist, ruhig und gelassen zu bleiben. So kann es also auch sein, dass Sie mit Schrecken beobachten, wie sich die Gegenseite immer stärker echauffiert, unsachlich und laut wird oder sogar mit Tricks arbeitet. Wie Sie es in einer solchen Situation schaffen, Ihre Verhandlungspartner:innen wieder auf den Boden der Tatsachen zurückzubringen, beschreibt Prinzip 2 von Getting Past No.

Getting-Past-No-Konzept. Prinzip 2

Statt zu streiten, lieber die Perspektive wechseln.
Disarm them. Step to their side.

Werden Sie von Verhandlungspartner:innen angegriffen, so erwarten diese intuitiv von Ihnen einen Gegenangriff beziehungsweise eine Entgegnung. Die Versuchung ist groß. Doch statt sich jetzt auf den Streit einzulassen, lautet die Empfehlung zuzuhören, seine/ihre Argumente zu bestätigen und so viele Gemeinsamkeiten wie nur möglich zu finden. Dadurch wird beim Gegenüber eine »kognitive Dissonanz« erzeugt, da man selbst eigentlich als Gegner:in wahrgenommen wird, durch dieses Verhalten aber »sympathisch« zu werden beginnt. Das macht es einfacher, schließlich die eigenen Ansichten klar auszudrücken, ohne zu provozieren. Ein günstiges Diskussionsklima ist geschaffen. Deshalb die Empfehlungen:

- Hören Sie aktiv zu: Paraphrasieren Sie, was Sie verstanden haben, und bitten Sie die Gegenseite, richtigzustellen, sollten Sie etwas vergessen haben.
- Zeigen Sie, dass Sie der Argumentation der Gegenseite folgen, und geben Sie ihr ausreichend Zeit, sich zu äußern.

- Stimmen Sie zu, wo immer es möglich ist, und häufen Sie »Jas« an.
- Entschuldigen Sie sich, falls nötig.
- Strahlen Sie immer Zuversicht aus.
- Erkennen Sie die Argumentation der Gegenseite an.
- Beziehen Sie Stellung, ohne zu provozieren, sagen Sie nicht »Aber …«, sondern »Ja, und …«.
- Betrachten Sie Unterschiede mit Optimismus.

Feind:innen machen keinen Rapport

Um optimal verhandeln zu können, gilt es zunächst, ein angenehmes Verhandlungsklima zu schaffen. Ein häufiger Fehler von Diskussionen und Verhandlungen ist es, dass beide Partner:innen sich jeweils nur auf ihren Teil und ihre Interessen konzentrieren. Aktives Zuhören macht Verhandeln einfacher. Dazu gehört auch, so viele Gemeinsamkeiten wie möglich zu finden und den/die Verhandlungs- beziehungsweise Diskussionspartner:in als Person schätzen zu können. Dadurch können die Ängste, die Zweifel und der Ärger des Gegenübers zerstreut werden. Verhalten Sie sich genau anders, als von Ihnen als Gegner:in erwartet wird.

VIRTUELL VERHANDELN. BEST PRACTICE

Verwenden Sie Ich- statt Du-Botschaften, wenn Sie Ihre Ansichten in virtuellen Verhandlungen vermitteln wollen. Die Reaktion von Verhandlungspartner:innen auf Du-Botschaften sieht so aus, dass diese sich oft persönlich angegriffen fühlen. Die Wahrnehmung der Wirkung ist virtuell über die Kachel viel schwieriger als in Präsenzverhandlungen.

VIRTUELL VERHANDELN. WISSEN

Die Fähigkeit, Eskalationen gezielt zu verhindern

Verhandlungsprofis befinden sich seltener in Verhandlungen, die eskalieren. Huthwaite International untersuchte, was die Gründe dafür sind, und fand heraus, dass Verhandlungsprofis weniger Dinge tun, durch die die Gegenseite sich provoziert fühlt. Gleichzeitig waren auch Verhaltensweisen beobachtbar, die präventiv eingesetzt wurden, um eine Eskalation zu vermeiden. Die gute Nachricht: Immerhin unterlassen bereits 77 Prozent aller Verhandelnden generell bewusst persönliche Angriffe, um dadurch Eskalationen zu vermeiden. Schwieriger fällt es vielen Verhandelnden, sich nicht unmittelbar zu verteidigen, wenn sie von der Gegenseite attackiert werden. Finden zu viele Gegenangriffe statt, entsteht der Eindruck, der andere wolle sich lediglich rechtfertigen oder suche die Schuld bei der Gegenseite, was wiederum zu einer Eskalation führen kann. Formulierungen wie »Das können Sie uns nicht vorwerfen«, »Sie haben betrogen, nicht wir« oder »Sie haben zuerst damit angefangen, uns Vorwürfe zu machen« führen schnell zu Eskalationsspiralen. Es ist nicht so, dass Verhandlungsprofis diese Formulierungen nicht verwenden. Nur tun sie es eben etwa dreimal weniger als der durchschnittlich erfahrene Verhandelnde.

Achtung, Irritatoren!

Werden Gegenangriffe bewusst unterdrückt, dann steigt die Anzahl irritierender Formulierungen. Was bedeutet das? Im Gegensatz zu direkten Angriffen wirken irritierende Reizwörter viel subtiler. Wenn Verhandelnde zu häufig ihre redliche Absicht unterstreichen, macht das die Gegenseite hellhörig. Misstrauen und Skepsis regen sich. Verhandelnde stellen sich die Frage, warum die Gegenseite so sehr betonen muss, wie aufrichtig sie ist. Irritierende Reizwörter sind Formulierungen, die das eigene Angebot übertrieben positiv hervorheben. Folgende Formulierungen lassen Verhandelnde aufhorchen:

▶▶▶

- »Unser Angebot ist wirklich großzügig.«
- »Das ist ein wirklich fairer Vorschlag.«
- »Wir wollen doch nur eine vernünftige Vorgehensweise.«
- »Also wir betonen hier ganz ehrlich ...«

Verhandlungsprofis verwenden etwa viermal seltener irritierende Reizwörter.

Problem 3: Die Sturheit der Gegenseite führt zu Stagnation

Sie wollen die Verhandlung zum Abschluss bringen, aber der andere: stur! Unflexibel! Sich wiederholend! Nicht kompromissbereit! Das kommt Ihnen bekannt vor? Was Sie in diesen Situationen tun können, beschreibt Prinzip 3 von Getting Past No: »Hinter gegensätzlichen Positionen liegen gemeinsame und verträgliche Interessen ebenso wie sich widersprechende. Wir tendieren dazu anzunehmen, dass nur, weil die Position der Gegenseite widersprüchlich ist, auch deren Interessen widersprüchlich sind. Und wenn es in unserem Interesse liegt, uns zu verteidigen, dann muss es in ihrem Interesse liegen, uns anzugreifen. In vielen Verhandlungen jedoch wird eine eingehende Untersuchung der zugrundeliegenden Interessen die Existenz von weit mehr geteilten oder verträglichen Interessen ans Tageslicht bringen als solche, die entgegengesetzt sind.«[38]

Getting-Past-No-Konzept. Prinzip 3

Statt Positionen abzulehnen, lieber umformulieren.
Don't reject – change the game.

Um in schwierigen Verhandlungs- / Diskussionssituationen eine Lösung zu finden, muss der Kontext verändert werden. Anstatt die Position der Partner:innen abzulehnen – was sie gewöhnlich nur noch stärker werden lässt –, soll die gemeinsame Aufmerksamkeit auf die Anstrengung gerichtet werden, die beiderseitigen Interessen zu vereinbaren. »Ja, es ist schwierig, hier eine Lösung zu finden. Was können wir tun? Haben Sie eine Idee?« Wichtig ist, auf das Problem zu fokussieren, indem nach den Motivationen des Partners und seinen Rat- und Lösungsvorschlägen gefragt wird. Dadurch kann auch die Position des Partners in einen neuen Kontext gesetzt werden.

Deshalb die Empfehlungen:

- »Stonewall-Taktiken« stehen lassen. Sturheit kann umgangen werden, indem sie einfach ignoriert wird, um zu sehen, ob Partner:innen mit ihrer Inflexibilität bluffen. Sie kann uminterpretiert und die fehlende Flexibilität als eine Verhaltensoption unter vielen angesprochen werden. »Sie sagen, dass Sie uns keinen Zentimeter entgegenkommen. Lassen wir das mal so im Raum stehen. Wo sehen Sie denn sonst noch Möglichkeiten für …?«
- »Attacks-Taktiken« ignorieren. Sie können persönliche Angriffe als Angriffe, die das Problem betreffen, ansehen oder sogar als Chance für die Zukunft definieren. »Was können wir tun, damit uns das nicht noch einmal passiert?«
- »Trick-Attacken« entlarven. Tricks können in einen neuen Kontext gesetzt werden, indem klärende Fragen gestellt werden, der Trick gegen Partner:innen selbst gewendet wird oder indem mitgespielt wird, ohne dass Partner:innen es wissen und Tricks der Gegenseite damit zum eigenen Vorteil werden. »Ich sehe, dass Sie hier mit einem Zeitlimit arbeiten. Sollten wir uns bis zum gesetzten Termin nicht entschieden haben, was wäre dann?«
- Wenn diese Versuche, einen neuen Kontext zu finden, erfolglos bleiben, kann das Problem direkt angesprochen und versucht werden, die Verhandlung / Diskussion vom Problem weg auf die Verhandlungs- / Diskussionsregeln zu lenken, indem über die Art zu kommunizieren gesprochen wird. »Wir drehen uns seit 20 Minuten im Kreis. Was schlagen Sie vor, was wir tun können, um weiterzukommen?«
- Verhandeln Sie über Spielregeln Ihrer Verhandlung.
- Formulieren Sie ein »Du« und ein »Ich« in ein »Wir« um.

- Zeigen Sie, dass Sie sich über die veränderte Atmosphäre freuen, wenn es zu einem Wendepunkt kommt.

Problem 4: Die Unzufriedenheit der Gegenseite mit möglichen Lösungen

Stellen Sie sich vor, Sie arbeiten zu viert in einem Team. Bei der Einstellung haben Sie eine Mobilitätsklausel unterschrieben, die besagt, dass Sie vom Unternehmen an jedem Standort weltweit eingesetzt werden können. Jetzt ist es so weit. Einer von vieren muss gehen. Nach Ulan Bator in die Mongolei. Für zwei Jahre. Ihr Vorgesetzter hat beschlossen, das Team die Entscheidung selbst treffen zu lassen. Sie sitzen zusammen, und Ihre drei Kolleg:innen sind sich schnell einig, dass Sie der richtige Mann/die richtige Frau sind. Sie erklären Ihnen detailliert, warum gerade Sie und nicht die anderen gehen müssen. Werden Sie gehen? Vermutlich nicht! Denn Sie sind unzufrieden mit der Lösung. Was getan werden kann, um die Gegenseite zu motivieren, sich auf eine Einigung einzulassen, beschreibt Prinzip 4 von Getting Past No. Hindernisse für Ihre Zustimmung können sein:

- Die Idee stammt von der Gegenseite.
- Die Gegenseite sieht ihre Interessen in der Lösung nicht befriedigt.
- Die Gegenseite hat Angst vor einem Gesichtsverlust.
- Das Ergebnis kommt zu schnell.

Getting-Past-No-Konzept. Prinzip 4

Statt Druck auszuüben, lieber die Goldene Brücke bauen.
Make it easy to say yes. Build them a golden bridge.

Selbst wenn die ersten drei Schritte erfolgt sind und einer Lösung objektiv nichts mehr im Weg steht, kann die Einigung noch misslingen. Der Partner kann das Gefühl haben, überrumpelt zu werden, da überraschend schnell eine Lösung gefunden scheint, oder den Eindruck gewinnen, nach außen hin sein Gesicht zu verlieren, wenn er der überraschenden Lösungsmöglichkeit zustimmt. William Ury schlägt die »Goldene Brücke« vor, die dem Partner eine Einwilligung so einfach wie möglich machen soll.

Deshalb die Empfehlungen:

- Anstatt Partner:innen zu einem raschen Abschluss der Verhandlung/Diskussion zu drängen, lehnen Sie sich zurück und lassen Sie die Partner:innen den letzten Schritt über die »Goldene Brücke« machen.
- Der Bau einer »Goldenen Brücke« beinhaltet mehr als nur ein attraktives Angebot. Besonders wichtig ist es, Partner:innen in den Entscheidungsprozess einzubinden.
- Selbst wenn die Einigung von einer Seite ausgearbeitet wurde, sollte die abschließende Lösung immer eine Wir-Entscheidung sein.
- Werfen Sie den Blick hinter die offensichtlichen Interessen der Gegenseite (wie etwa Geld) und beziehen Sie weitere Interessen wie Anerkennung und Autonomie mit ein.
- Achten Sie unbedingt darauf, eine Lösung zu finden, die es beiden Seiten gestattet, ihr Gesicht zu wahren und das Abweichen von der Ausgangsposition nach außen hin plausibel zu machen.
- Die »Goldene Brücke« muss es beiden Seiten ermöglichen, die Lösung als Sieg zu präsentieren.
- Und nicht zuletzt ist zu beachten, dass der Faktor Zeit in Verhandlungen/Diskussionen eine wesentliche Rolle spielt. Sowohl für das eigene Empfinden der Partner:innen als auch für das Auftreten nach außen hin ist es wichtig, nicht zu langsam und nicht zu schnell zu einer Lösung zu finden.

VIRTUELL VERHANDELN. BEST PRACTICE

Die Geschwindigkeit, mit der ein Gegenangebot unterbreitet wird, hat einen Effekt auf das Verhandlungsklima. Kommen Gegenangebote zu schnell, werden sie von der Gegenseite mit Vorsicht genossen. Verhandelnde werden entweder als nicht aufnahmebereit oder als grundsätzlich dagegen wahrgenommen. Damit steigt das Risiko einer Eskalation. Der virtuelle Verhandlungsprofi lässt sich Zeit und hält sich erst einmal damit zurück, unmittelbar ein Gegenangebot zu machen. Er versucht zu verstehen, bevor er sich verständlich macht. Durchschnittlich Verhandelnde unterbreiten, laut Huthwaite International, doppelt so häufig schnelle Gegenvorschläge.

Problem 5: Die Macht der Gegenseite, den Deal zu blockieren

Die letzte und gleichzeitig höchste Hürde auf dem Weg zur Kooperation stellt das Problem dar, wenn die Gegenseite weiß, dass sie die Mächtigeren sind, und keinerlei Interesse daran hat, zu verhandeln oder Ihnen entgegenzukommen. Was können Sie tun, um sich aus der Falle des Machtspiels zu befreien?

Getting-Past-No-Konzept. Prinzip 5

Statt die Gegner in die Knie zu zwingen, lieber zur Vernunft bringen.
Make it hard to say no. Bring them to their senses, not to their knees.

Ist die »Goldene Brücke« gebaut, und die Gegenseite will trotzdem nicht drübergehen, kann es daran liegen, dass sie wissen, dass sie die Mächtigeren sind und sowieso am Ende bekommen, was sie wollen, da der andere zu abhängig ist oder keine Alternative hat. Die natürliche Reaktion der meisten Menschen wird es sein, die bisherigen Bemühungen mit aller Kraft zu verstärken und unbedingt auf einen Abschluss hinzuwirken. Da die Chancen gering sind, die Gegenseite mit ihren eigenen Waffen zu schlagen, bleibt dem Schwächeren nur, den Stärkeren zur Vernunft zu bringen. Das Ziel von eskalierten Situationen ist es nach Ury nicht, Partner:innen zu besiegen, sondern sie »herüberzugewinnen«.

Deshalb die Empfehlung:

- Schärfen Sie nochmals die Sinne der Gegenseite, indem Sie ihr die Konsequenzen eines »Neins« klarmachen.
- Stellen Sie Fragen nach dem »Was geschieht nach einer abgelehnten Einigung?«.
- Warnen Sie die Gegenseite vor den Konsequenzen und appellieren Sie an die Verantwortung, die derjenige trägt, der für ein Scheitern verantwortlich ist.
- Demonstrieren Sie ohne zu provozieren die eigene BATNA, um der Gegenseite zu zeigen, dass es auch für Sie Handlungsalternativen gibt.
- Bestätigen Sie die Beziehung zur Gegenseite nochmals und überlassen Sie ihr die endgültige Entscheidung des »Neins«.
- Nutzen Sie das Potenzial Dritter. Bilden Sie Koalitionen. Schmieden Sie Allianzen. Das geht virtuell oft schneller als in Präsenz.
- Bitten Sie Dritte, als Schlichter zu agieren.
- Fragen Sie nach neutralen Personen, die die Verhandlung moderieren können.
- Schmieden Sie auf Langfristigkeit ausgelegte Pläne.
- Betonen Sie immer wieder den Wert der Zusammenarbeit. Planen Sie persönliche Besuche außerhalb der virtuellen Zusammenkünfte.

VIRTUELL VERHANDELN. BEST PRACTICE

Machen Sie es der Gegenseite auch in Online-Verhandlungen schwer, Nein zu sagen. Das Getting-Past-No-Konzept basiert im Wesentlichen darauf, sich zurückzunehmen und die Gefühle im Zaum zu halten. Es rät dazu, zuzuhören, statt selbst zu reden, Fragen zu stellen, statt Antworten zu geben, und Unterschiede zu überbrücken, wenn die Versuchung groß ist, seine eigene Position zu stärken. Die Strategie schlägt einen indirekten Weg zur Erreichung des Ziels einer Einigung vor, indem der Widerstand der Gegenseite nicht durchbrochen, sondern von der Seite umgangen und entgegen ihren Erwartungen gehandelt wird, um so eine kognitive Dissonanz aufzubauen. Mehr als auf eine Veränderung der Position der Gegenseite zielt die Strategie auf eine veränderte Wahrnehmung des Umfelds beziehungsweise des Kontextes. Dadurch sollen aus Widersacher:innen Partner:innen werden. Im Mittelpunkt steht nicht ein gegenseitiges Sich-Überzeugen, sondern das Finden einer gemeinsamen Problemlösung. Schlagen Sie in Online-Verhandlungen deshalb niemals, wirklich niemals die Tür endgültig zu, sondern nutzen Sie die im virtuellen Raum einfache Gelegenheit, sich häufig zu treffen. Das gibt Ihnen die Chance, in den Zwischenzeiten strategisch nachzuarbeiten und mit neuem Fokus Richtung Deeskalation zu starten.

VIRTUELL VERHANDELN. DENKZEIT

In Kapitel 6 haben Sie erfahren, wie Sie in virtuellen Verhandlungen Einfluss nehmen können. Sie wissen, wie Sie die Prinzipien des Harvard-Konzeptes anwenden und wie Sie klassische Verhandlungstaktiken und Tricks je nach Situation anwenden oder abwehren können. Notieren Sie jeweils zwei Punkte, die bei Ihnen schon gut funktionieren, und zwei Punkte, die Sie im kooperativen und kompetitiven Verhandeln noch besser in Ihren Online-Meetings machen können.

Tipp #18: Die passende Dramaturgie entwickeln

Tipp #19: Wenn Sie kooperieren wollen und Win-win anstreben

Tipp #20: Wenn Sie gewinnen wollen und mit Tricks arbeiten

Tipp #21: Wenn online Schwierigkeiten auftauchen

Zwei Dinge, die für mich gut funktionieren:

....

....

....

Zwei Dinge, die ich beim nächsten Mal noch besser machen kann:

....

....

....

7. Immer den Überblick behalten: Die Grundregeln des virtuellen Verhandelns

In Kapitel 7 erfahren Sie, was Ihnen dabei hilft, zu jedem Zeitpunkt der virtuellen Verhandlung die Zügel in der Hand zu behalten und die Kontrolle nicht zu verlieren. Am besten führen Sie die Online-Verhandlung dazu von Anfang an. Um das zu tun, können Sie den First Mover Advantage nutzen. Weiter hilft es Ihnen, sehr vertraut mit der Technik zu sein, damit Sie entspannt mit möglichen Fallen umgehen und Ihre Aufmerksamkeit voll und ganz auf den Inhalt lenken können. Sie helfen Ihrer Seite und auch den Verhandelnden der Gegenseite, wenn Sie Kerninhalte mit kollaborativen Tools visualisieren. Miro, Mural und Conceptboard haben sich dabei bewährt. Last but not least wird es Ihnen helfen, einen Teil der Aufgaben, die mit dem Moderieren einer virtuellen Verhandlung einhergehen, an Co-Moderator:innen abzugeben. Welche Aufgaben Sie delegieren können und welche auf jeden Fall in Ihren Händen bleiben sollen, damit Sie immer den Überblick behalten, erfahren Sie in Tipp #25. Und wenn Sie mal keinen Co-Moderierenden zur Verfügung haben sollten, dann gelten alle Empfehlungen natürlich auch für den Moderierenden selbst.

Von Anfang an führen: Den First Mover Advantage nutzen

Deepak Malhotra, der sich auf Verhandlungsstrategien spezialisiert hat, ist Professor an der Harvard Business School, und Autor zweier wichtiger Werke über Verhandlungsführung, *Negotiation Genius*[39] und *Negotiating the Impossible*[40]. In *Negotiation Genius* beschäftigt sich Malhotra mit Themen, wie Verhandelnde Chancen identifizieren können, wenn die Gegenseite daran kein Interesse hat, wie die Wahrheit herausgefunden werden kann, wenn die Gegenseite versucht, diese zu vertuschen, wie aus einer schwachen Position heraus verhandelt werden und Einfluss genommen werden kann, ohne zu manipulieren. Sein Kompass, an dem er Verhandlungsverhalten ausrichtet, ist dabei immer ethisch und moralisch integer. In *Negotiating the Impossible* beleuchtet er die Dynamiken, die hinter schwierigen Verhandlungen liegen. Was liegt Verhandlungen zugrunde, die eskalieren? Weshalb werden Verhandelnde aggressiv? Warum gibt es Situationen, in denen niemand bereit ist, auch nur einen Millimeter nachzugeben? Seine wichtigste Empfehlung lautet: von Anfang an führen und dazu den Vorteil des First Mover Advantage zu nutzen. Was ist damit gemeint? Malhotra identifiziert drei Methoden, um aus festgefahrenen Situationen wieder herauszukommen:

1. Power of Framing
2. Power of Process
3. Power of Empathy

Power of Framing, oder die Kunst, die erste Person zu sein, die die Richtung vorgibt

»Power of Framing« könnte man wörtlich übersetzen als die »Macht, den Rahmen vorzugeben«. Für das Führen von Verhandlungen bedeutet das, sich der Bedeutung bewusst zu sein, dass die Person, die als Erstes Einfluss nimmt, das Zielbild in den Köpfen der Verhandlungspartner:innen stark mit beeinflusst. Wenn die verhandlungsführende Person von Beginn an Signale setzt, die in Richtung Kooperation gehen, dann ist die Wahrscheinlichkeit hoch, dass unentschiedene Partner:innen der vorgegebenen Richtung folgen und ebenfalls kooperieren wollen. In der umgekehrten Richtung funktioniert das Spiel ebenso. Senden Sie Zeichen, dass es in Ihrer Verhandlung um Gewinnen und Verlieren geht, werden Ihnen andere mit hoher Wahrscheinlichkeit auch dabei folgen. Wie werden Verhandelnde zum First Mover?

- Die Seite, die ihren Vorschlag zuerst präsentiert, gewinnt Einfluss durch den Ankereffekt.
- Rufen Sie sich in Erinnerung, wie die Präsentation des Verhandlungsergebnisses für die Gegenseite aussieht, wenn diese es ihren Auftraggebenden oder Vorgesetzten vorstellen wird.
- Denken Sie an die Optik des Deals und geben Sie der Gegenseite etwas, was diese als Erfolg mitnehmen kann, um es intern bei sich gut zu verkaufen.
- Wenn Sie Ihre Vorschläge erklären, liefern Sie Ihren Verhandlungspartner:innen immer Argumente, mit denen diese Ihre Sicht in der Verhandlung nachvollziehen und später wiederum ihren Verantwortlichen erklären können.
- Schaffen Sie einen sicheren Raum, in dem um Hilfe hinsichtlich der Optik des Deals gefragt werden kann: »Helfen Sie uns. Wie sollen wir das unseren Vorgesetzten erklären?«
- Lenken Sie den Blick weg von den heißen Eisen auf weitere Themen, die auch zu behandeln sind.
- Achten Sie allerdings darauf, sich nicht klein zu machen und für Vorschläge oder Forderungen zu entschuldigen.

- Verhandeln Sie auch über den Verhandlungsstil und die Struktur, nicht nur über den Inhalt.

VIRTUELL VERHANDELN. BEST PRACTICE

Gerade in virtuellen Verhandlungen sind Verhandlungspartner:innen oft dankbar, wenn jemand die Initiative übernimmt. Wenn Sie die Bedeutung des First Mover Advantage kennen, dann ergreifen Sie die Gelegenheit, Einfluss zu nehmen. Besonders einfach geht das, wenn Sie der Einladende sind, dann geht es mit Ihrer Rolle des Moderierenden einher. Doch auch wenn die Gegenseite eingeladen hat, können Sie hinsichtlich der grundsätzlichen Frage, wie Sie verhandeln wollen, die erste Person sein, die sich dazu äußert.

Power of Process, oder weshalb diejenigen die Zügel in der Hand haben, die den Prozess kontrollieren

Professionell Verhandelnde bereiten sich neben dem Inhalt auch auf den Verhandlungsprozess vor und beherrschen diesen aus dem Effeff. Das bedeutet nicht nur, den sieben Schritten von der Vor- bis zur Nachbereitung zu folgen, sondern auch, die Implementierung eines möglichen Ergebnisses zu verhandeln. Wer macht was bis wann? Berücksichtigen Sie folgende Empfehlungen, um den Prozess zu kontrollieren:

- Wer über die Zeit bestimmt, dominiert: Behalten Sie immer das Zeitmanagement im Blick.
- Verhandeln Sie zuerst über den Prozess, und tauchen Sie erst dann in die Tiefen der inhaltlichen Feinheiten ein.
- Schlagen Sie eine Vorgehensweise hinsichtlich des Prozesses vor und synchronisieren Sie diese so weit es geht und immer wieder mit der Gegenseite.
- Suchen Sie nach Einverständnis, das eindeutig und öffentlich

ist. Selbst wenn Sie kein Einverständnis einholen können, ist das eine wichtige Information für Sie.

- »Nothing is agreed, until everything is agreed.« Der Leitsatz, dass nichts fix ist, bevor der Deal nicht endgültig abgeschlossen ist, gibt Ihren Verhandlungspartner:innen die Sicherheit, Vorschläge zu machen, in dem Wissen, dass diese noch einmal zurückgezogen werden können.
- Zwingen Sie die Gegenseite nicht zu absoluter Transparenz. Gestehen Sie Ihren Verhandlungspartner:innen zu, sich Zeit zu nehmen, um über die Vorgehensweise und Implementierung im Rahmen und unter Wahrung von Privatsphäre zu diskutieren und zu entscheiden.
- Passen Sie auf, dass Verhandlungen um den Prozess nicht zu Stellvertreterkriegen um die Verhandlungsmacht werden. Bestehen Sie auf Prinzipien der Fairness, die für beide Seiten gelten.

VIRTUELL VERHANDELN. BEST PRACTICE

Lassen Sie es sich zur Gewohnheit werden, in jeder virtuellen Verhandlung zu Beginn über den Prozess zu sprechen und nach und nach mehr Übereinstimmung und Spielregeln zu entwickeln, wie Sie gemeinsam vorgehen. Das hat den Vorteil, dass die Gegenseite nicht überreagieren wird, wenn es zu Unterbrechungen oder Verzögerungen kommt. Nutzen Sie den Vorteil des First Mover Advantage in Ihrer virtuellen Verhandlung auch, um einen Schritt weiter zu denken und Rahmenbedingungen für zukünftige Deals zu schaffen.

Power of Empathy, oder warum die Kontrolle von Emotionen hilft, sogar die hässlichsten Konflikte zu deeskalieren

Empathie in Verhandlungen ermöglicht es, sich in andere hineinzuversetzen, deren Bedürfnisse zu verstehen und darauf zu reagieren.

Indem Verhandelnde versuchen, sich in die Lage des Gegenübers zu versetzen, können sie Vertrauen und Verständnis aufbauen, was wiederum zu einer besseren Zusammenarbeit und einem erfolgreichen Ergebnis führt. Ohne Empathie riskieren Verhandelnde, die andere Seite zu verärgern oder zu entfremden, was zu schlechten Ergebnissen oder sogar zu Eskalation führen kann. So gesehen erweitert Empathie die Möglichkeiten, die Verhandelnde zur Lösung von Konflikten haben. Empathie bereichert den Werkzeugkasten professionell Verhandelnder, wenn sie bewusst und gezielt genutzt wird. Berücksichtigen Sie deshalb folgende Empfehlungen:

- Empathie ist am meisten bei Verhandlungspartner:innen gefragt, die es am wenigsten zu verdienen scheinen.
- Je vermeintlich unverständlicher das Verhalten der Gegenseite ist, desto größer ist der potenzielle Nutzen, es zu verstehen.
- Überlegen Sie, was der beste Kompromiss zwischen dem Aufrechterhalten Ihrer strategischen Flexibilität auf der einen und dem Wahren Ihrer Glaubwürdigkeit auf der anderen Seite ist. Es bedarf Fingerspitzengefühl, diesem Spagat gerecht zu werden.
- Seien Sie vorsichtig mit unnötigen Ultimaten und Drohungen. Damit treiben Sie die Gegenseite in die Enge. Die Reaktion darauf sind Angriffs- und Verteidigungsstrategien, die eine Eskalation befeuern.
- Flexibel zu sein bedeutet mitzugehen und nicht nachzugeben. Dazu können Sie Ihre Position stärken, indem Sie die Perspektive der Gegenseite erst verstehen, sich dann daran anpassen und im dritten Schritt den Nutzen für die Gegenseite umformulieren, sodass er zu den Bedürfnissen der Gegenseite passt.
- Bereiten Sie also nicht nur Ihre Argumentation vor, sondern auch die Gegenseite auf Ihre Argumentation.
- Berücksichtigen Sie alle möglichen Erklärungen für das Verhalten der Gegenseite und nehmen Sie nicht sofort Inkompetenz oder böse Absichten an.
- Ignorieren Sie Ultimaten. Je mehr Aufmerksamkeit Sie ihnen

schenken, desto schwieriger wird es für die andere Seite nachzugeben, wenn sich die Situation ändert.

VIRTUELL VERHANDELN. BEST PRACTICE

Hüten Sie sich besonders in virtuellen Verhandlungen vor dem Fluch des Wissens. Viele Verhandelnde fühlen sich sicher in ihren Fachgebieten und intellektualisieren. Dann sind sie in ihrer Komfortzone. Sobald Online-Verhandelnde das tun, verlieren sie leider das Gespür dafür, wie es sich für andere anfühlt, nicht zu wissen oder von Gefühlen getrieben zu sein. Vergessen Sie außerdem auch in virtuellen Verhandlungen nicht, zu betonen, welche Anreize und Optionen für alle Seiten geschaffen werden können, um zukünftige Verhandlungsversuche erfolgreicher zu gestalten. Selbst wenn die Zeit in der virtuellen Verhandlung knapp bemessen ist, lohnt es sich, ein paar Augenblicke darauf zu verwenden.

VIRTUELL VERHANDELN. INTERVIEW

Herbert Thaler

Herbert Thaler ist seit 2017 als Berater und Trainer für Verhandlungs- und Sales Management tätig. Er unterstützt Menschen in schwierigen Verhandlungen, ihre Ziele rascher und einfacher zu erreichen.

J. P.: Herbert, du hast für einen internationalen Forst- und Papierkonzern als Sales Manager gearbeitet und schließlich den Holzindustriestandort in Österreich als General Manager geleitet. Das Führen von Verhandlungen war Tagesgeschäft für dich, richtig?

H. T.: Das stimmt. Als Decision Maker verantwortete ich ein Verhandlungsvolumen von bis zu 150 Millionen Euro. In dieser Zeit erlebte ich wirklich haarige Verhandlungen. Dabei denke ich an die Verhandlungen mit dem Betriebsrat, wo die Gesprächsbasis komplett neu aufgebaut werden musste, oder die mit einem Großkunden, der um jeden Preis gewinnen wollte.

J. P.: Was ist für dich die größte Veränderung, wenn es um virtuelles Verhandeln geht?
H. T.: Die größte Veränderung liegt darin, dass du weniger Informationen von deinem Verhandlungspartner bekommst. Und Information bedeutet Macht in Verhandlungen.

J. P.: Meinst du damit die Macht, Information vorzuenthalten?
H. T.: Nein, es geht hierbei weniger darum, *was* jemand sagt, sondern vielmehr um das *Wie* (Lautstärke, Betonung, Redefluss) oder welche Körpersprache jemand zeigt (Gesichtsausdruck, Handbewegung, Körperhaltung). Zustimmung und Ablehnung, Gelassenheit oder Anspannung erkennst du oft nur an der nonverbalen Kommunikation.

J. P.: Wie wichtig ist das virtuelle Setting dabei?
H. T.: Der erste Eindruck zählt. Achte daher darauf, dass du einen großen Ausschnitt von dir zeigst und auch etwas von deinem Hintergrund. Damit kennt dein Verhandlungspartner dein Setting, wodurch du Vertrauen aufbaust. Künstliche Hintergründe wirken zwar professionell, hinterlassen aber meist den Eindruck von Vorspielen nicht vorhandener Tatsachen. Stell den Kamerawinkel so ein, dass die Kamera dich leicht von unten aufnimmt. Damit wirkst du psychologisch etwas größer, wodurch du eine Prise Dominanz vermittelst.

J. P.: Was ist für dich die größte Herausforderung im virtuellen Verhandeln?
H. T.: Das ist definitiv, rasch eine Beziehung aufzubauen und sie zu stabilisieren, wenn die Emotionen steigen. Virtualität bringt eine gewisse Distanziertheit mit sich, die es zu überwinden gilt.

J. P.: Welchen Vorteil siehst du im virtuellen Verhandeln?
H. T.: Verhandelnde können sehr einfach vorbereitete Playbooks und andere Hilfsmittel einsetzen, ohne dass der Verhandlungspartner diese sieht.

J. P.: Du meinst ein Negotiation Playbook, also eine Art Betriebshandbuch für die Verhandlung?
H. T.: Ja, das Schreiben eines Negotiation Playbooks ist mein konkreter Tipp für herausfordernde virtuelle Verhandlungen: Bereite dich umfassend vor. Denke die Verhandlung bis zum Ende durch. Welche Alternativen sind möglich, welche Sackgassen könnten entstehen? Anhand dieser Grundprinzipien baust du dir ein Negotiation Playbook. Wie eine Regieanleitung im Film ist so ein Playbook eine persönliche Schritt-für-Schritt-Anleitung, damit du in der Verhandlung jederzeit genau weißt, was du tust und sagst.

J. P.: Wie benutzen virtuell Verhandelnde das Negotiation Playbook?
H. T.: Dieses Playbook kannst du neben deine Verhandlungsunterlagen legen. Es gibt dir die nötige Sicherheit, das Richtige zu tun, wenn der Druck oder die Emotionen hoch sind. Viel Erfolg!

VIRTUELL VERHANDELN. QR

Hier erfahren Sie mehr über Herbert Thaler.

VIRTUELL VERHANDELN. WISSEN

Tit for Tat

Tit for Tat (»Wie du mir, so ich dir«) ist eine bekannte Verhandlungsstrategie, die durch den Politikwissenschaftler Robert Axelrod bekannt wurde. Axelrod gilt als der bedeutendste Vertreter der Theorie der rationalen Entscheidung und hat das Potenzial der Tit-for-Tat-Strategie in einem viel beachteten Computer-Experiment unter Beweis gestellt. Die Tit-for-Tat-Strategie kommt aus der Spieltheorie und zeigt Verhandelnden in einfachen Schritten, wie sie das für beide Seiten bestmögliche Ergebnis erzielen, auch wenn die andere Seite sich kompetitiv verhält. Tit for Tat schlägt folgende Vorgehensweise vor:

1. **Beginnen Sie mit Kooperation**
   Als initiierende Person setzen Sie ein erstes Zeichen in Richtung Kooperation. Sie senden Signale, die dem anderen zeigen, dass Sie, indem Sie sich kooperativ verhalten, bereit für Win-win sind.
2. **Bleiben Sie flexibel**
   Verhalten Sie sich im Folgenden immer so, wie die andere Partei sich zuvor verhalten hat. Gehen Verhandlungspartner:innen mit Ihnen mit und verhalten sich ebenfalls kooperativ, dann bleiben Sie auch bei Kooperation. Die Weichen sind gestellt.
3. **Wechseln Sie zu kompetitivem Verhalten**
   Sollten Verhandlungspartner:innen sich allerdings entgegen Ihrem ersten kooperativen Schritt für eine kompetitive Strategie entscheiden, zeigen Sie dem Gegenüber, dass auch Sie dieses Spiel beherrschen, und ziehen Sie in der gleichen Art und Weise nach.
4. **Bleiben Sie zu jedem Zeitpunkt der Verhandlung klar, freundlich und versöhnlich**
   Zeigen Sie Verhandlungspartner:innen auf verbindliche Art und Weise, dass Sie zu jedem Punkt bereit sind, wieder zur Kooperation zurückzukehren.

▶▶▶

Die Tit-for-Tat-Strategie kann in virtuellen ebenso wie in Präsenzverhandlungen eingesetzt werden. Nutzen Sie virtuell die Pausen, um den Überblick zu behalten und die nächsten Schritte in Anlehnung an die Tit-for-Tat-Strategie mit Ihrem Team zu diskutieren. Auch das Feedback von Beobachtenden aus Ihren eigenen Reihen ist in virtuellen Verhandlungen hilfreich.

In virtuellen Verhandlungen behalten Sie den Überblick, indem Sie schon in der Vorbereitung beginnen, trilateral zu denken. Vergessen Sie nicht, dass sich hinter den virtuellen Verhandlungspartner:innen weitere Personen befinden, deren Interessen, Bedürfnisse, Einwände und Alternativen Einfluss auf die mit Ihnen Verhandelnden haben. Berücksichtigen Sie den Einfluss, den Dritte haben können, auch wenn Sie den Verhandlungsspielraum definieren.

VIRTUELL VERHANDELN. TIPP #23

Vertraut mit der Technik sein

Auch die Technik kann bei virtuellen Verhandlungen Schwierigkeiten verursachen. Zum Glück gibt es hilfreiche Empfehlungen, sich Schritt für Schritt mit der Technik in Online-Meetings vertraut zu machen. So erlangen Sie als virtuell Verhandelnde nach und nach mehr Gelassenheit, bis es zur Selbstverständlichkeit wird, remote zu verhandeln. Egal, wie erfahren und technisch versiert die meisten virtuell Verhandelnden sind, sie alle wurden schon einmal von der Technologie im Stich gelassen. Es gibt verschiedene Möglichkeiten, sich der Technik in virtuellen Meetings anzunähern:

1. Nutzen Sie die verfügbaren Online-Tutorials und Anleitungen, die von der verwendeten Meeting-Software bereitgestellt werden.

2. Machen Sie sich mit den Funktionen der Meeting-Software vertraut, indem Sie mit Freund:innen oder Kolleg:innen üben und Generalproben abhalten.
3. Verwenden Sie die Technik nicht nur in virtuellen Verhandlungen, sondern regelmäßig in Ihren Remote-Teammeetings. Dann werden Sie immer vertrauter damit und gewöhnen sich an Funktionen und Abläufe.
4. Informieren Sie sich vor der virtuellen Verhandlung über mögliche Probleme, die während des Meetings auftreten können, und wie diese sich beheben lassen.
5. Wenn Schwierigkeiten auftreten, scheuen Sie sich nicht, um Hilfe zu bitten. Die Hilfe kann von verschiedenen Seiten kommen: Kolleg:innen, die schon versiert sind, können Ihnen unter die Arme greifen. Der technische Support aus der IT-Abteilung kann hinzugezogen werden. Sie suchen selbst nach Lösungen in anderen Quellen wie Online-Foren, Sozialen Netzwerken oder ChatGPT, einem mittels Künstlicher Intelligenz funktionierenden Chatbot.

VIRTUELL VERHANDELN. WISSEN

Chat GPT

Auf die Frage: »Wie kann Chat GPT mich bei Businessverhandlungen unterstützen?«, schrieb der Chatbot:

»GPT-basierte Chatbots wie ich können eine Reihe von Möglichkeiten bieten, um Sie in Businessverhandlungen zu unterstützen:

1. **Automatisierte Antworten**
   GPT-basierte Chatbots können häufig gestellte Fragen automatisch beantworten, ohne dass ein menschlicher Agent eingreifen muss. Das kann Ihnen Zeit sparen und eine schnellere Reaktionszeit gewährleisten.

▶▶▶

2. **Personalisierte Interaktion**
   Ein GPT-basierter Chatbot kann auf Basis von Kundendaten oder -informationen personalisierte Antworten geben. So können Sie in Businessverhandlungen effektiver auf die Bedürfnisse und Wünsche Ihrer Kunden eingehen.
3. **24/7-Verfügbarkeit**
   Ein GPT-basierter Chatbot kann rund um die Uhr verfügbar sein, was bedeutet, dass Sie auch außerhalb der normalen Geschäftszeiten mit Kunden kommunizieren und Geschäftsabschlüsse tätigen können.
4. **Sprachübersetzung**
   Ein GPT-basierter Chatbot kann in verschiedenen Sprachen kommunizieren, was hilfreich sein kann, wenn Sie mit Kunden in anderen Ländern oder Regionen verhandeln.
5. **Dokumentation**
   GPT-basierte Chatbots können eine schriftliche Aufzeichnung der Verhandlung führen und diese speichern. So können Sie später auf spezifische Punkte zurückkommen oder Verhandlungen bewerten und überprüfen.

Insgesamt können GPT-basierte Chatbots eine nützliche Ergänzung zu anderen Kommunikationsformen wie Telefonanrufen oder persönlichen Treffen sein, um Businessverhandlungen effektiver zu führen.

Typische technische Störungen, die bei virtuellen Verhandlungen auftreten können, sind:

1. Verbindungsprobleme
2. Schlechte Audio- und Videoqualität
3. Kompatibilitätsprobleme
4. Störungen durch Hintergrundgeräusche
5. Sicherheitsprobleme

Verbindungsprobleme

Probleme mit der Internetverbindung können zu Unterbrechungen, verzögerter Audio- oder Videoübertragung oder im schlimmsten Fall zum Abbruch einer Online-Verhandlung führen.

Was Sie tun können:

- Prüfen Sie, ob die Internetverbindung stabil ist und eine ausreichende Bandbreite zur Verfügung steht.
- Verwenden Sie für die virtuelle Verhandlung eine kabelgebundene Internetverbindung. Diese ist oft stabiler als eine Verbindung über WLAN.
- Schließen Sie andere Programme, die die Verbindung beeinträchtigen können.
- Fahren Sie Geräte, die Bandbreite ziehen, herunter, wenn Sie diese nicht benötigen.
- Sie können die Verbindung ebenfalls verbessern, indem Sie Audio- und Videofunktionen dann deaktivieren, wenn Sie gerade keinen aktiven Redepart innehaben. Das scheint der Empfehlung zu widersprechen, wann immer möglich mit Kamera zu verhandeln. In diesem Fall hat das Aufrechterhalten der Verbindung allerdings Priorität.
- Wechseln Sie den Browser, wenn Sie Probleme mit dem aktuellen Browser haben.
- Wählen Sie sich von einem anderen Gerät aus ein, um zu überprüfen, ob es an Ihrem aktuellen Gerät liegt.
- Schließen Sie das Meeting und wählen Sie sich neu ein, um zu überprüfen, ob die Verbindung sich dabei verbessert.
- Wählen Sie sich über einen persönlichen Hotspot ein.
- Verschieben Sie die virtuelle Verhandlung, wenn sich die Probleme nicht beheben lassen.

Schlechte Audio- und Videoqualität

Ein verzögerter Ton oder ein verrauschtes Bild kann die Kommunikation in der virtuellen Verhandlung beeinträchtigen und es schwierig machen, die Verhandlungspartner:innen zu verstehen oder dem Inhalt der Verhandlung zu folgen.

Was Sie tun können:

- Überprüfen Sie Ihre Ausrüstung. Checken Sie, ob Ihr Mikrofon, Ihre Kamera und Ihre Lautsprecher richtig angeschlossen und eingerichtet sind.
- Stellen Sie sicher, dass Sie auf dem neuesten Stand und Ihre Programme richtig konfiguriert sind.
- Überprüfen Sie die Position Ihrer Ausrüstung. Stellen Sie sicher, dass Mikrofon und Kamera den idealen Abstand zu Ihnen haben.
- Führen Sie einen Testlauf vor der virtuellen Verhandlung durch und sorgen Sie für Ersatz, falls nötig.
- Stellen Sie sicher, dass die Umgebung gut ausgeleuchtet ist, damit die Kamera Sie optimal erfassen kann. Berücksichtigen Sie sich verändernde Lichtverhältnisse im Laufe des Tages.
- Verwenden Sie ein Headset, um Hintergrundgeräusche zu reduzieren und eine klare Audioübertragung sicherzustellen.

Kompatibilitätsprobleme

Unterschiedliche Geräte oder Softwareversionen können dazu führen, dass bestimmte Funktionen nicht funktionieren oder Probleme bei der Einrichtung eines Meetings verursachen.

Was Sie tun können:

- Überprüfen Sie, ob Ihr Computer und Ihre Software die Mindestanforderungen für das geplante Meeting erfüllen.
- Überprüfen Sie, ob Sie die neueste Version der Meeting-Software verwenden.

- Verwenden Sie eine von Ihrer Meeting-Software offiziell empfohlene und unterstützte Version Ihres Betriebssystems und Browsers.
- Installieren Sie die neuesten Treiber für Ihre Kamera, Ihr Mikrofon und die Lautsprecher, damit alles reibungslos funktioniert.
- Deaktivieren Sie Browser-Erweiterungen, die möglicherweise die Kompatibilität beeinträchtigen.
- Halten Sie Ihre Meeting-Software up to date und aktualisieren Sie sie regelmäßig.
- Verwenden Sie bei Problemen mit der Meeting-Software die Web-App-Version und öffnen Sie Ihre virtuelle Verhandlung direkt im Browser.
- Wählen Sie sich telefonisch in die Konferenz ein, wenn Sie Kompatibilitätsprobleme nicht anderweitig lösen können, damit Sie sicherstellen, dass Sie an der Verhandlung teilnehmen können.

Störungen durch Hintergrundgeräusche

Hintergrundgeräusche sind oft für andere lauter zu hören als für die Verursachenden. Auch Mikrofon- oder Kameraprobleme können virtuell Verhandelnde ablenken und dadurch die Kommunikation erschweren.

Was Sie tun können:

- Wählen Sie eine ruhige Umgebung ohne Hintergrundumgebung wie Straßenlärm, Haushaltsgeräusche oder Gespräche. Schalten Sie die Klingel im Homeoffice aus, wenn der Postbote nicht zweimal klingeln soll.
- Reservieren Sie rechtzeitig einen ruhigen Besprechungsraum.
- Verwenden Sie ein Headset mit Noise-Cancellation. Die Geräuschunterdrückung hilft Ihnen dabei, die Hintergrundgeräusche auszublenden und Ihre Stimme klar zu übertragen.

- Nutzen Sie die Stummschaltung, wenn Sie nicht sprechen, und bitten Sie Verhandlungspartner:innen, das ebenfalls zu tun.
- Schaffen Sie sich ein qualitativ hochwertiges Mikrofon oder Headset an.
- Überprüfen Sie die Audioeinstellungen Ihres Mikrofons und passen Sie seine Empfindlichkeit an.
- Schließen Sie Fenster und Türen, dadurch reduzieren Sie den Lärm von draußen.
- Verwenden Sie eine Geräuschunterdrückungssoftware, um Hintergrundrauschen auf ein Minimum zu reduzieren.
- Teilen Sie Ihren Verhandlungspartner:innen vor der virtuellen Verhandlung gegebenenfalls mit, dass Sie sich in einer lauten Umgebung befinden, und bitten Sie um Verständnis.

Sicherheitsprobleme

Unsichere Verbindungen oder nicht geschützte Passwörter können im schlimmsten Fall dazu führen, dass unerwünschte Teilnehmende in das Meeting eintreten oder vertrauliche Informationen ungewollt preisgegeben werden.

Was Sie tun können:

- Benutzen Sie nur eine zuverlässige Videokonferenz-Plattform, die eine sichere Verbindung gewährleistet.
- Verwenden Sie starke Passwörter, um unbefugten Zugriff zu verhindern.
- Verschicken Sie Einladungen an Verhandlungspartner:innen per E-Mail und vermeiden Sie öffentlich zugängliche Links zu Meetings.
- Begrenzen Sie den Zutritt zu Ihrer virtuellen Verhandlung durch eine Authentifizierung der teilnehmenden Verhandlungspartner:innen oder die Wartezimmerfunktion.
- Aktivieren Sie die nötigen Sicherheitsfunktionen wie Bildschirmsperren, Stummschaltung der Teilnehmenden,

Blockieren der Funktion des Aufnehmens von Meetings, Blockieren der Chatfunktion.

- Sensibilisieren Sie Ihre Verhandlungspartner:innen hinsichtlich der Bedeutung von Sicherheitsvorkehrungen wie Datenschutz oder Vertraulichkeit.
- Vergessen Sie nicht, regelmäßig Sicherheitsmaßnahmen auf ihre Gültigkeit zu überprüfen, und aktualisieren Sie Ihre Systeme und Software, um mögliche Sicherheitslücken zu beheben.
- Holen Sie sich Unterstützung von Expert:innen der IT-Sicherheit in Ihrem Unternehmen und lassen Sie sich rechtzeitig beraten.

VIRTUELL VERHANDELN. BEST PRACTICE

Übung macht den Meister! Können Sie sich noch an die ersten Online-Meetings erinnern, die im Rahmen des Lockdowns während der Corona-Pandemie geführt worden sind? Für viele Menschen war ein solches Meeting ein Buch mit sieben Siegeln. Große Verunsicherung konnte auf breiter Front beobachtet werden. Und dann? Gemeinsam hat man versucht, mit den Tücken der virtuellen Technik umzugehen. Gelacht und geflucht. Augen gerollt und gezweifelt. Verständnis haben die meisten füreinander gehabt. Beim einen ging es schneller, die nächste Person hat ein wenig länger gebraucht, Routine zu entwickeln. Und heute? Für die meisten virtuell Verhandelnden ist das Führen von Online-Meetings bereits zu einem festen Bestandteil ihres Arbeitsalltags geworden. Nach und nach werden hybride Veranstaltungen zur Selbstverständlichkeit. Besonders gut gelingt das, wenn zwei große Projektoren in einem Meetingraum nebeneinanderhängen. Auf dem einen Bildschirm werden Informationen geteilt, auf dem zweiten Bildschirm schalten sich die remote Teilnehmenden per Kamera hinzu. Denken Sie immer daran: Im Notfall Ruhe bewahren und weitermachen.

VIRTUELL VERHANDELN. TIPP #24

Miro, Mural, Conceptboard: Kerninhalte mit kollaborativen Tools visualisieren

Als die Pandemie die Menschheit in die Digitalisierung katapultierte, schossen kollaborative Tools wie Pilze aus dem virtuellen Boden. »Kollaborativ« bedeutet dabei, dass in einem geteilten virtuellen Raum alle Teilnehmenden gemeinsam und gleichzeitig an dem gleichen Dokument arbeiten können. Die Inhalte sind also in Echtzeit für alle sichtbar dargestellt und für die kollektive Bearbeitung freigegeben. Heute werden solche Tools regelmäßig in Online-Meetings genutzt, weil sie nützlich für das Entwickeln von Lösungsideen sind. Sie können auch zum Einsatz kommen, um die verschiedenen Verhandlungspunkte zu priorisieren. Das gemeinsame Arbeiten auf den virtuellen Whiteboards erhöht die Aufmerksamkeit der Verhandelnden und stärkt die Interaktion.

In Zusammenhang mit ihrem Einsatz in virtuellen Verhandlungen gehen folgende Fragen einher:

- Warum sollen kollaborative Tools in virtuellen Verhandlungen eingesetzt werden?
- Was sind die bekanntesten Tools, und wie setzen Verhandelnde diese professionell ein?
- Welche Special-Tools, die noch weniger bekannt sind, können darüber hinaus zum Einsatz kommen?

Warum sollen kollaborative Tools in virtuellen Verhandlungen eingesetzt werden?

Diese Tools zu verwenden ist in vielerlei Hinsicht sehr nützlich. Sie verbessern die Zusammenarbeit und tragen dazu bei, dass virtuell Verhandelnde effizienter und effektiver verhandeln. Werden Dokumente geteilt, können alle Verhandelnden damit schneller Entscheidungen treffen, das Hin- und Herschicken fällt weg. Auch die Kommunikation wird gefördert. Verhandelnde können einfacher Fragen stellen, Feedback geben und Probleme lösen. Die Tools lenken von den Emotionen ab und richten die Aufmerksamkeit auf das eine Dokument, an dem gerade gearbeitet wird. Aus diesem Grund wird es auch das »One-Text-Procedure« genannt. Da viele Tools online und oft kostenlos verfügbar sind, kann die Verwendung dieser Tools die Kosten für die Durchführung von Verhandlungen reduzieren.

Was sind die bekanntesten Tools, und wie setzen Verhandelnde diese professionell ein?

Viele der kollaborativen Tools sind bereits bekannt. Sie können zu verschiedenen Aufgaben während des Verhandelns benutzt werden. Hier finden Sie eine Zusammenstellung der am häufigsten genutzten Tools:

1. **Teilen von Präsentationen:** Die Funktion der Bildschirmfreigabe ist die wohl bekannteste Anwendung, die neben Online-Meetings ebenso in virtuellen Verhandlungen eingesetzt wird.
2. **Gemeinsame Dokumentenbearbeitung:** Tools wie Google Docs oder Microsoft Teams eignen sich, damit alle in der Verhandlung beteiligten Personen gleichzeitig an einem Dokument arbeiten und Änderungen in Echtzeit sehen können.
3. **Brainstorming:** Für ein Brainstorming können Tools wie Trello, Miro oder Conceptboard verwendet werden, um Ideen zu sammeln, weiterzuentwickeln und zu organisieren. Verhandelnde können damit auch in komplexen Verhandlungen den Überblick behalten, ohne dass es zu Unordnung kommt.
4. **Abstimmungen:** Verhandelnde können mit Tools wie Mentimeter oder Google Forms abstimmen lassen und so schnell Feedback zu Vorschlägen von Verhandlungspartner:innen einholen.
5. **Chatten:** Alle Meeting-Softwares bieten die Möglichkeit, Fragen zu stellen und sich während der Verhandlung auszutauschen.

Das ist besonders hilfreich, wenn die Verhandlungspartner:innen aus verschiedenen Kulturen kommen und Englisch als Verhandlungssprache nutzen. Es gibt Verhandlungspartner:innen, die ihre Fragen lieber schriftlich stellen als mündlich. Bekannte Text-Chat-Tools sind Slack oder der Chatkanal von Microsoft Teams.

6. **Projektmanagement-Tools:** Mit Projektmanagement-Software wie Asana oder Trello können Verhandelnde Aufgaben und Fristen organisieren und verwalten.

Welche Special-Tools, die noch weniger bekannt sind, können darüber hinaus in virtuellen Verhandlungen eingesetzt werden?

- **E-Signature-Software:** Damit können Unterschriften auf digitalen Dokumenten geleistet werden, die nun nicht mehr extra ausgedruckt, unterschrieben und wieder eingescannt werden müssen. Darüber hinaus können unterschriebene Dokumente sofort an die zuständigen Abteilungen weitergeleitet werden. Das bekannteste E-Signature-Tool ist DocuSign mit einem Marktanteil von 75 Prozent.
- **Digital Data Room:** Im digitalen Datenraum können vertrauliche Daten und Dokumente sicher verwaltet und gespeichert werden. Oft werden digitale Datenräume schon im Rahmen von Due-Diligence-Prozessen während M&A-, Private Equity- und Venture Capital-Transaktionen genutzt. Der Digital Data Room ist ein Extranet, das Partner:innen, Anbietenden und Bietenden die Gelegenheit bietet, auf Daten zurückzugreifen, die sich normalerweise in Intranets befinden. Bekannte Tools sind iDeals, CapLinked, DocSend oder Firmex.
- **Übersetzungstools:** Verwenden Sie Übersetzungstools wie DeepL oder Google Translate, um Texte in Echtzeit in verschiedene Sprachen zu übersetzen, wenn die Verhandlung mit Teilnehmenden aus verschiedenen Kulturkreisen stattfindet.
- **Online-Umfrage-Tools:** Wenn Sie während der Verhandlung schnell ein Feedback einholen wollen, dann können Sie Online-

Umfrage-Tools wie SurveyMonkey, Mentimeter, Poll Everywhere oder slido verwenden.

VIRTUELL VERHANDELN. TIPP #25

Entlasten Sie sich: Co-Moderation nutzen

Sie wissen bereits: An virtuellen Verhandlungen teilnehmen erschöpft. Doch was noch mehr ermüdet, ist, zu verhandeln und gleichzeitig die Session zu moderieren. Schließen Sie sich deshalb mit einem Teammitglied zusammen, um eine Co-Moderation mit ins Boot zu holen. Ein:e Co-Moderierende:r entlastet nicht nur Sie, sondern hilft allen Verhandelnden, durch eine klarere Führung und mehr Struktur erfolgreichere Verhandlungsergebnisse zu erzielen.

1. **Schritt: Legen Sie mit Co-Moderierenden das Ziel und die Methode der virtuellen Verhandlung fest**
   Die ersten Fragen bei der Vorbereitung für eine virtuelle Verhandlung sind immer: Ist die Verhandlung wirklich notwendig, oder gibt es Alternativen? Virtuelle Verhandlungen werden Sie dann einberufen, wenn Sie die Gegenseite brauchen, um Probleme zu lösen (Problemdefinition, Ursachenforschung, Ideenfindung, Lösungssuche ...) oder Entscheidungen zu treffen (Alternativen bewerten und priorisieren, Konsens erreichen, Aktionsschritte vereinbaren). Achtung: Reines Socializing (Kennenlernen, Netzwerke bilden ...), Informationsaustausch (Ankündigungen, Ergebnispräsentationen, Statusberichte ...), die Koordination von Projekten, Terminen und Aufgaben oder Planungen (Ziele bestimmen und setzen, Strategien entwickeln ...) sind KEINE Verhandlungen.

2. **Schritt: Klären Sie mit Co-Moderierenden, wo und wie Sie verhandeln wollen**
   Virtuell, hybrid, am Telefon oder doch Face-to-Face? Sind Ihnen Zweck und Ziel der Verhandlung oder des Teilschritts der Verhandlung klar, fällt die Wahl der geeigneten Kommunikationsmethode viel leichter. Face-to-Face-Verhandlungen empfehlen sich, wenn Sicherheit und Vertraulichkeit von großer Bedeutung sind, Beziehungen gestärkt werden sollen (Teambuilding), sensible Themen behandelt werden und natürlich bei schwelenden oder offenen Konflikten. Virtuell wird verhandelt, wenn es schnell gehen muss, Zeit und Geld gespart werden sollen und/oder Verhandlungspartner:innen räumlich weit getrennt sind.

3. **Schritt: Co-Moderierende laden die richtigen Teilnehmenden ein**
   Stellen Sie sich folgende Fragen: Wer hat die Autorität, um Entscheidungen zu fällen? Wessen Unterstützung ist unerlässlich? Wer ist von zu beschließenden Maßnahmen betroffen? Es sind nur Teilnehmende einzuladen, die …

   - zur Problemlösung relevante Informationen und Spezialkenntnisse haben.
   - eine Entscheidung treffen können.
   - von der Entscheidung betroffen sind oder sie ausführen werden.

   Tipp: Sie können auch nur Part-Time-Teilnehmende einladen, die nur zu bestimmten Punkten der Tagesordnung anwesend sind.

4. **Schritt: Bereiten Sie mit Co-Moderierenden eine klare Agenda vor**
   Unter Umständen haben Sie, je nach Komplexität der Verhandlung, zur Erreichung von Teilzielen mehrere Punkte auf der Tagesordnung. Bei einfachen Verhandlungen wird Ihre Agenda vermutlich direkt die Teilziele widerspiegeln. Bedenken Sie beim Aufbau der Agenda Folgendes:

- Priorisieren Sie die Tagesordnungspunkte.
- Gehen Sie einfache, leicht zu lösende Probleme in der virtuellen Verhandlung zuerst an, um den Beteiligten Erfolgserlebnisse zu vermitteln.
- Beschäftigen Sie sich dann mit dringenden und wichtigen Dingen.
- Fokussieren Sie im Anschluss die Verhandlung auf nicht dringende, aber wichtige Dinge.
- Jeder Punkt bekommt eine maximale Zeitdauer zugewiesen.

Um die Konzentration der Teilnehmenden in langen Verhandlungen von mehr als einer Stunde aufrechtzuerhalten, sollten Sie auch Pausen einplanen. Diese bieten Zeit zur Regeneration, und oft steigt die Effektivität anschließend deutlich. Die Länge der Pausen können Sie vom Schwierigkeitsgrad des Themas und der Dauer der Verhandlung abhängig machen. Analysieren Sie, welche Tagesordnungspunkte nicht für alle Verhandelnden relevant sind, und planen Sie so, dass es den Teilnehmenden, die nicht an allen Punkten interessiert sind, möglich ist, sich entweder später dazuzuschalten oder die virtuelle Verhandlung früher zu verlassen.

VIRTUELL VERHANDELN. BEST PRACTICE

Planen Sie am Ende der Verhandlung Zeit ein für »Parking Lot«-Themen, die während der Verhandlung aufgetaucht sind. Ein Parking-Lot ist ein Nebendokument, auf dem offene Fragen, zu klärende Sachverhalte oder bei Nebenthemen auftauchende Aufgaben geparkt wurden, damit sie nicht verloren gehen. Im Anschluss wird geklärt, wer, was und wie man mit diesen Punkten weitermachen will.

5. Schritt: Co-Moderierende bereiten die Teilnehmenden bestmöglich vor
Was die Teilnehmenden vor der Verhandlung brauchen, ist …

- Informationen über Zweck und Ziel der virtuellen Verhandlung
- Ggf. das Protokoll der letzten Verhandlung
- Die Teilnehmer:innenliste und die Agenda mit Ansprechpartner:innen für die einzelnen Tagesordnungspunkte
- Informationen über notwendige Dokumente, die die Teilnehmenden mitbringen sollen
- Ein Prework mit Links und Informationen zu Themen, die vorbereitet werden müssen
- Der Einladungslink für das Meeting

Tipp: Co-Moderierende können die Teilnehmenden in der Einladung freundlich darauf hinweisen, wie wichtig die Vorbereitung der virtuellen Verhandlung ist, um effizienter an den Themen arbeiten zu können. Bei komplexen und vielschichtigen Verhandlungsgegenständen hilft es, wenn Co-Moderierende den Verhandlungspartner:innen vorab per E-Mail Unterlagen mit den relevanten Informationen übermitteln – und diese Dokumente so exakt bezeichnen, dass Verhandelnde sich auch während des Videocalls gut zurechtfinden und nicht erst suchen müssen.

Aufgaben des/der Co-Moderierenden zu Verhandlungsbeginn

Zu Beginn der Verhandlung erwarten virtuell Verhandelnde eindeutige Signale, wer die Zügel in den Händen hält. Je klarer Sie von Beginn an signalisieren, dass Sie gerne die Moderation übernehmen, desto eher wird die Steuerung durch Sie akzeptiert und desto leichter wird Ihnen diese Rolle auch in kritischen Augenblicken zugestanden.

1. **Aufgabe: Co-Moderierende erklären Zweck, Ziel und Agenda**
   Auch wenn diese Punkte bereits in der Einladung erwähnt wurden, ist es sinnvoll, am Anfang einer virtuellen Verhandlung noch einmal explizit darauf hinzuweisen. Überprüfen Sie im nächsten Schritt, ob die Teilnehmenden das gleiche Verständnis haben beziehungsweise damit einverstanden sind. Das heißt, Verhandlungspartner:innen haben nun die Möglichkeit, sich zu melden, falls sie etwas vermissen. Hat eine Person das Gefühl, ihre persönlichen Ziele werden nicht mit der Agenda abgedeckt, wird sie sich nicht an die Tagesordnung gebunden fühlen. Ergänzen Sie deshalb bei Bedarf die Agenda oder beschließen Sie, fehlende Punkte gesondert zu behandeln.

2. **Aufgabe: Co-Moderierende stellen Grundregeln für Verhaltensweisen auf und halten sich daran**
   Wenn Sie am Anfang einer Verhandlung Grundregeln aufstellen, haben Sie die Möglichkeit, jederzeit während des Verlaufs der virtuellen Verhandlung auf diese zu verweisen, sollten Sie das Gefühl haben, dass jemand sich nicht daran hält. Es ist immer schwierig, während einer laufenden Verhandlung Regeln einzuführen, da einem dies immer nur dann einfällt, wenn sie von einem der Verhandelnden verletzt werden.

VIRTUELL VERHANDELN. BEST PRACTICE

Je regelmäßiger die Verhandelnden zusammenkommen, desto bekannter sind Ground Rules und umso kürzer kann der Hinweis auf die Regeln ausfallen.

VIRTUELL VERHANDELN. WISSEN

Goldene Regeln für virtuelle Verhandlungen

- Pünktlichkeit: Die virtuelle Verhandlung beginnt und endet pünktlich, es sei denn, es wird während des Meetings etwas anderes beschlossen.
- Vertraulichkeit: Dinge, die in der Verhandlung besprochen werden, werden vertraulich behandelt.
- Respekt: Alle Meinungen sind zulässig, es wird keiner für seine Meinung kritisiert.
- Regelmäßige Pausen: Alle 60 Minuten zehn Minuten Pause.
- Es spricht immer nur eine:r, Nebengespräche finden nicht statt.
- Pausen: Jede:r Verhandelnde hat die Möglichkeit, eine Kurzpause einzufordern.

VIRTUELL VERHANDELN. BEST PRACTICE

Legen Sie, wenn eine virtuelle Verhandlung doch mal länger dauert, eine kurze Pause ein, damit die Teilnehmenden ihre Anschlusstermine verlegen können.

Aufgaben des/der Co-Moderierenden während der Verhandlung

1. **Aufgabe: Co-Moderierende achten auf das Timing**
   Teilnehmende sind zufrieden, wenn die Verhandlung pünktlich aufhört, glücklich, wenn es schneller ging, und verärgert, wenn überzogen wird.

VIRTUELL VERHANDELN. WISSEN

Zeitmanagement in virtuellen Verhandlungen

- Auch wenn es schon in der Einladung stand, sprechen Co-Moderierende die geplante Dauer der virtuellen Verhandlung erneut an.
- Co-Moderierende weisen darauf hin, ob man gut oder schlecht in der Zeit liegt.
- Co-Moderierende sind bei der Planung der Agenda realistisch. In vielen Fällen ist die Agenda so überfrachtet, dass es unmöglich ist, die Themen auch nur annähernd abzudecken.
- Co-Moderierende haben auch die Rolle des »Timekeepers« inne, der einzelne Agendapunkte und auch die Gesamtverhandlung zeitlich überwacht.

2. **Aufgabe: Co-Moderierende halten den richtigen Kurs**
   Als Steuernde der virtuellen Verhandlung haben sie die Aufgabe, dafür zu sorgen, dass die Verhandelnden nicht vom Thema abweichen.

3. **Aufgabe: Co-Moderierende halten die Motivation im Verhandlungsteam aufrecht**
   Verhandeln ist anstrengend. Die Konzentrationsfähigkeit ist von Mensch zu Mensch unterschiedlich, deshalb ist es auch Aufgabe von Co-Moderierenden, die Verhandlungsparteien zu motivieren. Verhandeln darf auch Spaß machen!

4. **Aufgabe: Co-Moderierende repräsentieren eine lebendige Feedbackkultur, um ihre Verhandlungen zu verbessern**
   Menschen meinen häufig, sie wüssten, was andere denken. Das ist leider oft falsch. Nutzen Sie besser während der Verhandlung die vielen Möglichkeiten, sich Feedback zu holen und auch zu geben. Dann stehen Sie im direkten Kontakt zu den

Verhandlungspartner:innen und zeigen ihnen durch Ihr Verhalten, dass Sie bemerken, wie es den anderen geht.

5. **Aufgabe: Co-Moderierende holen alle ins Boot**
   Achten Sie auf Stimmungswechsel einzelner Verhandlungspartner:innen. Sprechen Sie Beobachtungen früh und zuversichtlich an.

6. **Aufgabe: Co-Moderierende nutzen Arbeitstechniken professionell**
   Als Co-Moderierende sind Sie idealerweise ein absoluter Methodenprofi. Sie benötigen die richtigen Werkzeuge: Sie müssen wissen, wie Sie richtig visualisieren, auf welchen Regeln ein sauberes Brainstorming basiert und wie Sie professionell Diskussionen steuern.

7. **Aufgabe: Co-Moderierende visualisieren wichtige Punkte**
   Auch virtuell Verhandelnde sind in erster Linie Augenmenschen. Dinge, die virtuell Verhandelnde auch sehen, behalten sie besser in Erinnerung. Nutzen Sie jede Gelegenheit, Dinge schriftlich oder bildlich festzuhalten. Mit den kollaborativen Tools stehen Ihnen kreative Möglichkeiten zur Verfügung.

VIRTUELL VERHANDELN. QR

Sehr zu empfehlen! Mit den Präsentationsvorlagen von PresentationLoad fällt es leicht, professionell zu visualisieren. Hier kommen Sie direkt auf die Website von PresentationLoad.

VIRTUELL VERHANDELN. WISSEN

Warum es sich lohnt, virtuell zu visualisieren

- Jede:r virtuell Verhandelnde weiß, worum es gerade geht. Das ist vor allem wichtig, wenn nach einer kurzen Gesprächspause wieder zum Thema zurückgekehrt wird.
- Punkte werden nur einmal besprochen und können dann abgehakt werden.
- Der Mensch behält Gehörtes nur zu 20 Prozent, Gesehenes zu 40 Prozent und Gehörtes & Gesehenes zu 60 Prozent.
- Alle Verhandelnden behalten den Überblick, wenn viele Zahlen im Spiel sind.
- Co-Moderierende haben, während sie schreiben, Zeit nachzudenken.
- »Wer schreibt, der bleibt!« An der einen oder anderen Stelle können Co-Moderierende Formulierungen mit beeinflussen.

8. Aufgabe: Co-Moderierende protokollieren

Die wichtigste Fähigkeit eines Protokollanten (»Note Taker«) ist die Fähigkeit, zuzuhören und zusammenzufassen, ohne zu bewerten. Es werden nur Stichpunkte festgehalten. Die Stichpunkte entsprechen im Wortlaut dem der Verhandelnden und werden, wenn möglich, nicht umformuliert. Das unterstreicht die Wertschätzung der einzelnen Beiträge. Dank einer Dokumentation können Co-Moderierende auf schon behandelte Punkte verweisen, wenn die virtuelle Verhandlung anfängt, sich im Kreis zu drehen.

Warum Brainstorming eine wichtige kreative Technik beim virtuellen Verhandeln ist

Gerade beim Verhandeln nach dem Harvard-Konzept ist das gemeinsame Entwickeln von Ideen von großer Bedeutung. Hier finden Sie die wichtigsten Empfehlungen zum regelkonformen und konstruktiven Brainstormen. Ziel eines Brainstormings ist es, möglichst viele Ideen zu einem Thema zu produzieren. Der größte Fehler, der beim Brainstorming immer wieder gemacht wird, ist, dass die Ideensammlungsphase nicht von der Bewertungsphase getrennt wird. Das macht den Prozess langsam, anstrengend und wenig ergiebig. Grundsätzlich gilt: Erst die Regeln vorstellen. Bei Verhandlungsprofis muss das nicht in epischer Breite erfolgen. Dann anfangen. Das erleichtert es Co-Moderierenden, später auf die Regeln zu verweisen.

- Phase 1: Ideen sammeln und mitschreiben.
- Phase 2: Bewertung der Ideen und auswählen, welche weiterverfolgt werden.

VIRTUELL VERHANDELN. WISSEN

Die vier wichtigsten Regeln für ein Brainstorming

1. Jede Idee ist wertvoll.
2. In Phase 1 – der Ideensammlung – wird nicht bewertet.
3. Gerade »verrückte« Ideen haben ein großes Potenzial.
4. Die Ideen der Verhandlungspartner:innen als Inspiration sehen und weiterentwickeln.

Wie Diskussionen von Co-Moderierenden professionell gesteuert werden

Der Austausch von Meinungen ist ein wichtiges Element beim Verhandeln. Je hitziger das Thema diskutiert wird, umso schwieriger ist es für den Co-Moderierenden, die Zügel in der Hand zu halten. Deshalb fassen Co-Moderierende Zwischenergebnisse regelmäßig zusammen und haken nach: »Habe ich Sie richtig verstanden ...?« Sie fördern ruhige Verhandlungspartner:innen, sprechen sie mit Namen an und bitten diese gezielt um ihre Meinung. Vielredner und Vorlaute werden eingebremst.

VIRTUELL VERHANDELN. BEST PRACTICE

Wenn sich Diskussionen für einige Zeit um einen bestimmten Punkt drehen und Argumente nur noch wiederholt werden, ist eine Zwischenzusammenfassung sehr hilfreich. Sie zeigt den Verhandlungspartner:innen auf, wo Übereinstimmung herrscht und wo nicht, sodass Co-Moderierende dadurch der festgefahrenen Situation wieder eine neue Richtung geben können.

Wie Co-Moderierende alle Klippen umschiffen und professionell mit Störungen in virtuellen Verhandlungen umgehen

Störungen entstehen aus unterschiedlichen Gründen. Manchmal haben einzelne Verhandelnde das Gefühl, ihre Zeit würde verschwendet, oder sie fühlen sich und ihre Bedürfnisse nicht verstanden. Vielleicht wollen sie sich auch um jeden Preis durchsetzen, weil sie wissen, dass das Ergebnis sehr genau beobachtet werden wird. Als Verhandlungsleitende:r können Sie viele Störungen schon im Vorfeld vermeiden, indem Sie bei der Einladung der Teilnehmenden große Sorgfalt walten lassen (»Wen brauche ich wann und wozu?«), aktives Zeitmanagement betreiben und die optimale Methode wählen. Empfehlungen dazu sind bereits besprochen worden. Sollten Sie in Ihrer virtuellen Verhandlung dennoch mit Störungen konfrontiert werden, helfen Ihnen folgende Hinweise, professionell damit umzugehen: Verweisen Sie auf die am Anfang aufgestellten Grundregeln. Geben Sie Störenden ein Vier-Augen-Feedback, zum Beispiel wenn Sie diese in einer Pause kurz anrufen. Wenden Sie dabei die bekannten Feedbackregeln an. Beschreiben Sie genau, warum Sie das Verhalten der Person als unangemessen/problematisch einschätzen und was es bei Ihnen bewirkt hat. Wenn das Verhalten einer einzelnen Person sehr stört und Sie keine Pause machen können, sprechen Sie das Thema im Meeting direkt an. Als Orientierung können Sie das WAVE-Modell nutzen.

VIRTUELL VERHANDELN. WISSEN

Das WAVE-Modell

Das WAVE-Modell dient der schnellen Deeskalation in einer virtuellen Verhandlung. Das Akronym WAVE steht für:

W = Wahrnehmen der Störung

A = Aufgreifen/Anerkennen der aktuellen Störung

V = Vorschlag zur Lösung machen

E = Einverständnis einholen

Wahrnehmen der Störung: Überprüfen Sie Ihre Wahrnehmung auf Objektivität. Was sehen Sie? Was hören Sie? Gibt es Wiederholungen des wahrgenommenen Verhaltens? Was genau daran stört Sie?

Aufgreifen/Anerkennen: Sprechen Sie an, was Sie wahrnehmen, was den konstruktiven Flow der virtuellen Verhandlung behindert: »Mir fällt auf, dass …« Versuchen Sie einen positiven Spin: »Ich kann verstehen, dass …« Damit zeigen Sie, dass Sie nachvollziehen können, wo die Ursache der Störung liegt.

Vorschlag zur Lösung machen: »Deshalb schlage ich vor …« Im Idealfall verbinden Sie den Vorschlag mit einem Nutzen für alle Verhandlungspartner:innen: »Das hat für uns alle den Vorteil, dass …«

Einverständnis holen: »Sind Sie damit einverstanden?« Sind Verhandelnde nicht mit Ihrem Vorschlag einverstanden, haben sie die Gelegenheit, ihn zu korrigieren. Sind Verhandlungspartner:innen allerdings einverstanden und nicken den Vorschlag ab, dann haben Sie damit das offizielle Okay, mit den Inhalten der Verhandlung fortzufahren.

VIRTUELL VERHANDELN. BEST PRACTICE

Wenn die Emotionen hochkochen und an der Auseinandersetzung nur zwei Personen beteiligt sind, gehen Sie dazwischen. Sie dürfen ihnen auch ins Wort fallen. Halten Sie dann kurz inne und sprechen Sie die »Streithähne« mit Namen an. Wenn deren Streitigkeiten persönlicher Natur oder für die Verhandlung und die anderen Beteiligten nicht relevant sind, dann bitten Sie sie, ihre Differenzen außerhalb des Meetings zu klären.

Wie Co-Moderierende die virtuelle Verhandlung professionell beenden

Dank guter Planung gelingt es Co-Moderierenden als Kapitän:in der Verhandlung, digitale Klippen zu umschiffen und virtuelle Untiefen zu umfahren. Sie trotzen allen Winden, am Horizont ist Land in Sicht. Der sichere Hafen nähert sich. Jetzt heißt es nur noch unbeschadet einlaufen und den Anker werfen. Bevor Sie das Protokoll der Verhandlung und damit in den meisten Fällen die Übereinkunft verabschieden, ist es wichtig, die Ergebnisse noch einmal zusammenzufassen und zu überprüfen, ob alle Verhandlungspartner:innen ein gleiches Verständnis der nächsten Schritte haben.

VIRTUELL VERHANDELN. WISSEN

Den Abschluss professionell moderieren

- Co-Moderierende werden so konkret wie möglich: Wie genau sieht die Übereinkunft aus? Auf was haben Sie sich verständigt? Was soll getan werden?
- Bis wann soll es getan werden? Die Zeitfrage beinhaltet den Endtermin sowie Zwischentermine für die Milestones. Wer wird für das Monitoring zuständig sein?
- Die Verantwortung für die einzelnen Aufgaben wird konkret an Einzelpersonen übertragen und deren Zustimmung zur Übernahme der Verantwortung eingeholt.
- Am Ende werden die Entscheidungen, nächste Schritte und offene Fragen final zusammengefasst.

Zusammenfassungen bisher vereinbarter Entscheidungen, weiterer Schritte und unerledigter Fragen sind ein wichtiges Werkzeug für Co-Moderierende und Teilnehmende einer virtuellen Verhandlung. Die einzelnen Teilnehmenden erhalten das Gefühl, dass ihre Auffassungen berücksichtigt würden, und werden weiterhin engagiert bleiben. Eine objektive Zusammenfassung der Fakten zeigt den Verhandlungspartner:innen, welche Schlüsse gezogen oder welche Maßnahmen ergriffen werden. Eine effiziente Zusammenfassung unterstreicht Ihre Kompetenz als Verhandlungsleitende:r.

Co-Moderierende führen ein Abschluss-Feedback im eigenen Team durch

Förderlich für die Zusammenarbeit im eigenen Verhandlungsteam ist es, nach der virtuellen Verhandlung ein kurzes Feedback einzuholen und zu geben: Wie zufrieden sind wir mit dem Ergebnis? Wie zufrieden sind wir mit der Zusammenarbeit der verhandelnden

Parteien? Was ist uns gut gelungen? Was können wir beim nächsten Mal besser machen? Das Abschluss-Feedback kann direkt nach der virtuellen Verhandlung durchgeführt werden, dann sind die Eindrücke noch frisch, oder zeitnah in einem extra Teammeeting stattfinden.

Co-Moderierende verteilen das Protokoll umgehend

Am unkompliziertesten und auch einfachsten ist es, mithilfe kollaborativer Tools bereits während der Verhandlung ein Simultanprotokoll zu erstellen. Oft wird auch ein Ergebnisprotokoll erstellt, das sich meist an den Punkten der Agenda orientiert und ergänzt werden kann.

VIRTUELL VERHANDELN. WISSEN

Das Protokoll einer virtuellen Verhandlung:

- liegt den Teilnehmenden so schnell wie möglich vor.
- ist kurz, knapp und präzise geschrieben.
- macht deutlich, wer was bis wann zu erledigen hat
- beinhaltet formale Punkte:
  - Datum, Uhrzeit und Ort des Meetings
  - Teilnehmende
  - Besprochene Tagesordnungspunkte, wichtige Argumente
  - Gefällte Entscheidungen einschließlich Angaben darüber, was bis wann von wem getan wird
  - Datum, Uhrzeit eines etwaigen weiteren Meetings

Co-Moderierende verfolgen die Vereinbarungen

Die virtuelle Verhandlung ist von geringem Nutzen, wenn es Ihnen nicht gelingt, konkrete Ergebnisse zu vereinbaren, deren tatsächliche Durchführung gemonitort wird. Eine Verhandlung und das Ergebnisprotokoll werden nur ernst genommen, wenn die Einhaltung der Maßnahmen gewährleistet ist. Vereinbaren Sie bei größeren Aufgaben weitere Zwischentermine zur Umsetzungskontrolle. Zeigen Sie Interesse für die Ergebnisse und bieten Sie Unterstützung bei Fragen an, statt den / die Kontrollierende:n zu spielen. Vorsicht vor Rückdelegation! Zur Erinnerung schicken Co-Moderator:innen freundliche Mails an verspätete Umsetzende.

VIRTUELL VERHANDELN. DENKZEIT

Kapitel 7 beendet dieses Buch. Sie haben vier abschließende Tipps erhalten, wie Sie in virtuellen Verhandlungen stets den Überblick behalten. Jetzt haben Sie die Gelegenheit, eine persönliche Checkliste anzufertigen, damit Sie die für Sie acht wichtigsten Punkte auf einen Blick immer griffbereit haben.

1. ....

....

2. ....

....

3. ....

....

4. ....

....

5. ....

....

6. ....

....

7. ....

....

8. ....

....

Fazit. Virtuell verhandeln ist nicht schlechter. Es ist anders

Virtuelles Verhandeln wird auch in den kommenden Jahren nicht an Bedeutung verlieren. Die Verlagerung der Geschäftsaktivitäten vieler Unternehmen in den digitalen Raum und die damit verbundene Verbreitung von Online-Tools funktioniert inzwischen im Großen und Ganzen reibungslos und wird laufend durch immer bessere Software, leistungsfähigere Hardware und stabilere Netze optimiert. Verhandelnde werden routinierter im Umgang mit den Tools. So wird virtuelles Verhandeln nach und nach zur selbstverständlichen Ergänzung von persönlichem Verhandeln werden. Je nach Branche und Thema wird es persönliches Verhandeln teilweise ganz ersetzen. Es ist flexibler und bequemer. Verhandelnde können von überall auf der Welt teilnehmen, ohne reisen zu müssen, was Zeit und Geld spart. Die virtuellen Verhandlungen können unkompliziert aufgezeichnet werden, was später als Nachweis oder Informationsquelle dienen kann. Die Fortschritte im Bereich der Künstlichen Intelligenz werden Verhandlungen in einem noch unbekannten Maße revolutionieren. Es bleibt spannend.

Und doch sind wir Menschen mit Emotionen. Wir sind keine Maschinen. Wir interpretieren Aussagen anderer. Da kann es zu Missverständnissen und Fehleinschätzungen kommen. Aber wir können andere auch beruhigen, besänftigen und überzeugen. Ganz ohne Kommunikation wird es auch auf Dauer nicht gehen. Virtuell Verhandelnde müssen auf ihre persönlichen Ressourcen achten, um fit für das neue Spiel mit den neuen Regeln zu bleiben. Mit Yoga, zum Beispiel. Der erfahrene Yoga-Lehrer Alexander Eichhorn vermittelt in Office-Yoga-Sessions ein tieferes Verständnis für die ganzheitliche Yoga-Philosophie und zeigt anhand kleiner, unkomplizierter praktischer Übungen, wie man diese Erkenntnisse ganz einfach am Arbeitsplatz umsetzen kann. Yoga-Übungen fördern sofort sehr viel: Körperbewusstsein, Koordination, Gleichgewicht, Beweglichkeit, Konzentration, Ausgeglichenheit, Fantasie und Kreativität. Damit sind sie eine hervorragende Quelle, auf Dauer erfolgreich virtuell zu verhandeln. Viel Erfolg!

VIRTUELL VERHANDELN. INTERVIEW

Alexander Eichhorn

Alexander Eichhorn ist schon in den 1990er-Jahren bis nach China gereist, wo er als Mitglied der deutschen Nationalmannschaft für WuShu (Chinesisch für Kampfkünste) Wettkämpfe ausgetragen hat. Seine Yoga-Lehrer-Ausbildung hat er in New York absolviert. Seit über 16 Jahren praktiziert er in München als professioneller Yoga-Lehrer, seit 2020 bietet er mit großem Erfolg Business Yoga im virtuellen Umfeld an.

J. P.: Alex, was sind für dich aus dem Blickwinkel des Yoga-Experten die wichtigsten Empfehlungen, mit Nervosität und Anspannung in virtuellen Verhandlungen umzugehen?

A. E.: 1. Achtsamkeit mit sich selbst: sich erst mal überhaupt der Tatsache bewusst zu werden, dass Nervosität und Anspannung vorhanden sind, und zu erkennen, was für Glaubenssätze und Trigger diese auslösen. So können diese mit der Zeit verändert werden, und mehr Resilienz kann sich entwickeln.

2. Üben, sich nicht in Gedankenspiralen zu verlieren. Dies kann gut durch das Üben von bewusstem Atmen und Body-Scanning gemacht werden.

3. Bewusstes, tiefes und gleichmäßiges Atmen: sich immer wieder und besonders vor Verhandlungen kurz Zeit nehmen, um am

besten ein paar Minuten bewusst zu atmen. Z.B. vier Sekunden einatmen, vier Sekunden entspannt halten, vier Sekunden ausatmen, vier Sekunden halten und das Ganze für fünf bis zehn Runden oder drei bis fünf Minuten wiederholen.

4. Bodyscan: die Aufmerksamkeit einfach nur zur Körperwahrnehmung bringen und üben, ihn bewusst zu entspannen. Tief und gleichmäßig atmen und den Körper Bereich für Bereich durchgehen, wo Spannung ist, probieren zu entspannen/loszulassen.

5. »Alles nicht zu ernst nehmen«: sich klarmachen, dass kleine Fehler passieren und dass das menschlich ist.

Durch 4. und 5. lernt man immer mehr, entspannt in sich zu ruhen und präsent zu sein.

J. P.: Was können virtuell Verhandelnde tun, wenn sie während der Verhandlung den Faden verlieren?

A. E.: Wenn ich mich verspreche, den Faden verliere oder Ähnliches, gehe ich möglichst locker, natürlich und souverän damit um – es ist nur menschlich. Merken meine Gegenüber, dass ich entspannt und locker mit meiner »Fehlbarkeit« umgehe, wirkt das oft sehr sympathisch und lockert auch die Stimmung auf.

J. P.: Können Routinen aus der Welt des Yoga virtuell Verhandelnde über einen längeren Zeitraum dabei unterstützen, fokussiert zu bleiben?

A. E.: Übungen aus dem Yoga können uns helfen, entspannter, gelassener, präsenter, klarer, vitaler und konzentrierter den Anforderungen der Arbeitswelt gegenüberzutreten. Anspannung und Stress können sehr viel Energie »fressen«. Halten wir diese durch unsere Übungen regelmäßig in Grenzen, bleibt uns mehr Energie und Fokus, um unsere Aufgaben effizienter und leichter zu bewältigen. Ruhe ich in mir und habe ich genügend Energie zur Verfügung, habe ich automatisch leichteren und besseren Zugriff zu meinem Potenzial – zu meinen Fähigkeiten, meiner Kreativität usw. … Eine regelmäßige Routine, auf das Individuum angepasst, kann hier sehr helfen. Dabei muss gar nicht viel oder lange geübt werden, eher regelmäßig und mit der richtigen inneren Haltung, das erzielt hier optimale Ergebnisse.

VIRTUELL VERHANDELN. QR

Hier erfahren Sie mehr über
Alexander Eichhorn.

Danke

Muito obrigada!
Ich danke Doreen.
Ich danke Agnes und Lisa.
Ich danke meinen Musen M&C.
Ich danke meinen Söhnen Jannic, Julien und Justin.

Lissabon, Februar 2023

Anmerkungen

1 https://pactum-advisory.de/13-tipps-um-erfolgreich-online-zu-verhandeln/#Wir_sind_gestresst (28.07.2022).
2 https://www.c4-quadriga.eu/c4-negotiation-survey/ (26.07 2022).
3 https://de.wikipedia.org/wiki/Maslowsche_Bedürfnishierarchie (30.07.2022).
4 https://www.lots.de/digitale-workshops (30.07.2022).
5 Reed, Stanley Foster und Lajoux, Alexandra Reed: *The Art of M&A: A Merger Acquisition Buyout Guide*. New York City, USA, McGraw-Hill, 1999, S. 468.
6 Bulow, Jeremy und Klemperer, Paul: »Auctions versus Negotiations«. *American Economic Review* Nr. 86, 1996, S. 180.
7 Subramanian, Guhan: *Negotiauctions. So gewinnen Sie mit neuen Verhandlungsstrategien*. Frankfurt am Main, Campus Verlag, 2012. Kapitel 3, Eine wichtige Entscheidung: Auktion oder Einzelverhandlung, S. 60.
8 Portner, Jutta: *Flexibel verhandeln. Die vier Fälle der NEGO-Strategie*. Offenbach, GABAL Verlag, 2017. Kapitel 2.2, Sie wollen führen? Folgen Sie dem Prozess, S. 65 ff.
9 Portner, Jutta: *Besser verhandeln. Das Trainingsbuch*. Offenbach, GABAL Verlag, 2010, S. 92.
10 https://en.wikipedia.org/wiki/Continuous_partial_attention (29.08.2022).
11 https://hbr.org/2014/08/what-people-are-really-doing-when-theyre-on-a-conference-call (29.08.2022).
12 https://www.haufe.de/personal/hr-management/zoom-fatigue_80_542234.html (30.08.2022).
13 https://www.ibe-ludwigshafen.de/zoom_fatigue/ (30.08.2022).
14 Kennedy, Gavin: *Everything is NEGOTIABLE – How to get the Best Deal Everytime*. London, United Kingdom, Random House Business, 2008.
15 http://www.negotiate.co.uk/staff-member/gavin-kennedy (07.06.2016).

16 Kennedy, Gavin: *Negotiation*. Edinburgh, United Kingdom, Edinburgh Business School / Heriot-Watt University, 2011.

17 https://cdn2.hubspot.net/hubfs/4000014/Data%20Capture%20Documents/Global%20Negotiation%20Research.pdf?__hstc=235931038.f116d2a4ceddd8ced4554f44c91fecb5.1680421741217.1680421741217.1680421741217.1&__hssc=235931038.3.1680421741217&__hsfp=2459201453&hsCtaTracking=580af107-32b7-4362-aa21-3bb881c2295c%7C1591987a-80ca-4f77-94b0-39a8197db28b (02.04.2023).

18 https://listeninginstitute.com/richard-mullender/ (22.02.2022).

19 https://hbr.org/2022/07/working-through-your-on-camera-meeting-anxiety (02.08.2022).

20 https://de.wikipedia.org/wiki/Selbstwirksamkeitserwartung (02.08.2022).

21 https://de.wikipedia.org/wiki/Mentales_Training (01.08.2022).

22 https://de.wikipedia.org/wiki/Selbstregulation_(Psychologie) (01.08.2022).

23 https://de.wikipedia.org/wiki/Netiquette (02.08.2022).

24 https://carolinefloritz.de/Referenzen.html (21.08.2022).

25 https://www.kleiderkontor.de/2020/03/21/neue-herausforderungen-der-kleine-business-knigge-für-videokonferenzen/ (21.08.2022).

26 Portner, Jutta: *Besser verhandeln. Das Trainingsbuch*. Offenbach, GABAL Verlag, 2010, S. 326 ff.

27 https://www.4tiitoo.com/de/nuia-full-focus-fuer-natuerlichen-blickkontakt-in-video-calls (22.08.2022).

28 Loschky, Eva: *Gut klingen – gut ankommen: Effektives Stimmtraining mit der Loschky-Methode®*. München, Goldmann Verlag, 2009.

29 Voss, Chris mit Raz, Tahl: *Kompromisslos verhandeln: Die Strategien und Methoden des Verhandlungsführers des FBI*. München, Redline Verlag, 2017.

30 https://de.wikipedia.org/wiki/Paradoxon (23.02.2023).

31 https://de.wikipedia.org/wiki/Spieltheorie (23.02.2023).

32 Kennedy, Gavin: *Everything is NEGOTIABLE – How to get the Best Deal Everytime*. London, United Kingdom, Random House Business, 2008.

33 Kennedy, Gavin: *Negotiation*. Edinburgh, United Kingdom, Edinburgh Business School / Heriot-Watt University, 2002, Modul 9.

34 Nach Karrass, Chester L.: *In Business As In Life – You Don't Get What You Deserve, You Get What You Negotiate*. Beverly Hills, USA, Stanford Street Press, 1996. S. 203 ff.

35 Zitiert aus Koch, Dirk: »Die Brüsseler Republik«. *DER SPIEGEL* 52/1999, S. 136.

36 Voss, Chris mit Raz, Tahl: *Kompromisslos verhandeln: Die Strategien und Methoden des Verhandlungsführers des FBI.* München, Redline Verlag, 2017.

37 Ury, William: *Getting Past No. Negotiating Your Way from Confrontation to Cooperation,* New York, USA, Bantam Books, 1991.

38 Fisher, Roger, Ury, William und Patton, Bruce: *Das Harvard-Konzept. Die unschlagbare Methode für beste Verhandlungsergebnisse.* Frankfurt am Main, Campus Verlag, 2015, S. 79.

39 Malhotra, Deepak und Bazerman, Max H.: *Negotiation Genius: How to Overcome Obstacles and Achieve Brilliant Results at the Bargaining Table and Beyond.* New York, USA, Bantam Books, Harvard Business School, 2007.

40 Malhotra, Deepak: *Negotiating the Impossible. How to Break Deadlocks and Resolve Ugly Conflicts (Without Money or Muscle).* Oakland, USA, Berrett-Koehler Publishers, 2016.

Literaturverzeichnis

Axelrod, Robert: *Die Evolution der Kooperation*. Übersetzt und mit einem Nachwort von Werner Raub und Thomas Voss. Potsdam, De Gruyter Oldenbourg, 2009.

Brandenburger, Adam M. und Nalebuff, Barry J.: *Coopetition: Kooperativ konkurrieren – Mit der Spieltheorie zum Geschäftserfolg*. Übersetzt von Hartmut Rastalsky und Christian Rieck. Eschborn, Rieck Verlag, 2013.

Bulow, Jeremy und Klemperer, Paul: »Auctions versus Negotiations«. *American Economic Review* Nr. 86, 1996, S. 180.

Cialdini, Robert B.: *Die Psychologie des Überzeugens: Ein Lehrbuch für alle, die ihren Mitmenschen und sich selbst auf die Schliche kommen wollen*. Übersetzt von Matthias Wengenroth. Bern, Verlag Hans Huber, 2005.

Fisher, Roger und Shapiro, Daniel: *Erfolgreicher verhandeln mit Gefühl und Verstand*. Übersetzt von Jürgen Neubauer. Frankfurt am Main, Campus Verlag, 2007.

Fisher, Roger, Ury, William und Patton, Bruce: *Das Harvard-Konzept. Die unschlagbare Methode für beste Verhandlungsergebnisse*. Mit einem Vorwort von Ulrich Egger. Übersetzt von Wilfried Hof, Jürgen Neubauer und Werner Raith. Frankfurt am Main, Campus Verlag, 2015.

Gigerenzer, Gerd: *Bauchentscheidungen: Die Intelligenz des Unbewussten und die Macht der Intuition*. Übersetzt von Hainer Kober. München, Bertelsmann Verlag, 2007.

Huthwaite International Institute: »How well are you negotiating?« United Kingdom, Studie von 2014.

Karrass, Chester L.: *Give and Take: The Complete Guide to Negotiating Strategies and Tactics*. New York, USA, Ty Crowell Co, 1974.

Karrass, Chester L.: *The Negotiating Game*. New York, HarperBusiness, 1994.

Karrass, Chester L.: *In Business As In Life – You Don't Get What You Deserve, You Get What You Negotiate*. Beverly Hills, USA, Stanford Street Press, 1996.

Kennedy, Gavin: *Essential Negotiation. An A–Z Guide.* London, United Kingdom, Profile Books Ltd., 2004.

Kennedy, Gavin: *Everything is NEGOTIABLE – How to get the Best Deal Everytime.* London, United Kingdom, Random House Business, 2008.

Kennedy, Gavin: *Negotiation.* Edinburgh, United Kingdom, Edinburgh Business School / Heriot-Watt University, 2002.

Koch, Dirk: »Die Brüsseler Republik«. *DER SPIEGEL* 52/1999.

Lax, David A. und Sebenius, James K.: *3-D Negotiation. Powerful Tools to Change the Game in Your Most Important Deals.* Boston, USA, Harvard Business Review Press, 2006.

Levine, Robert: *Die große Verführung: Psychologie der Manipulation.* Übersetzt von Christa Broermann. München, Piper Verlag, 2005.

Loschky, Eva: *Gut klingen – gut ankommen: Effektives Stimmtraining mit der Loschky-Methode®.* München, Goldmann Verlag, 2009.

Malhotra, Deepak und Bazerman, Max H.: *Negotiation Genius: How to Overcome Obstacles and Achieve Brilliant Results at the Bargaining Table and Beyond.* New York, USA, Bantam Books, Harvard Business School, 2007.

Malhotra, Deepak: *Negotiating the Impossible. How to Break Deadlocks and Resolve Ugly Conflicts (Without Money or Muscle).* Oakland, USA, Berrett-Koehler Publishers, 2016.

Mastenbroek, Willem F. G.: *Verhandeln: Strategie – Taktik – Technik.* Wiesbaden, Dr. Th. Gabler Verlag, 1992.

Molcho, Samy: *Körpersprache des Erfolgs.* München, Ariston, 2005.

Navarro, Joe: *Menschen lesen. Ein FBI-Agent erklärt, wie man Körpersprache entschlüsselt.* Übersetzt von Dr. Kimiko Leibnitz. München, mvg Verlag, 2010.

Navarro, Joe: *Menschen verstehen und lenken. Ein FBI-Agent erklärt, wie man Körpersprache für den persönlichen Erfolg nutzt.* Übersetzt von Dr. Kimiko Leibnitz. München, mvg Verlag, 2011.

Portner, Jutta: *Besser verhandeln. Das Trainingsbuch.* Offenbach, GABAL Verlag, 2010.

Portner, Jutta: *Flexibel verhandeln. Die vier Fälle der NEGO-Strategie.* Offenbach, GABAL Verlag, 2017.

Rackham, Neil und Carlisle, John: »The Effective Negotiator – Part 1: The Behaviour of Successful Negotiators.« *Journal of European Industrial Training,* Vol. 2, No. 6, 1978.

Reed, Stanley Foster und Lajoux, Alexandra Reed: *The Art of M&A: A Merger Acquisition Buyout Guide.* New York City, USA, McGraw-Hill, 1999.

Storch, Maja und Krause, Frank: *Selbstmanagement – ressourcenorientiert. Theoretische Grundlagen und Trainingsmanual für die Arbeit mit dem Zürcher Ressourcen Modell (ZRM)*. Erweiterte und vollständig überarbeitete Auflage. Bern, Verlag Hans Huber, 2014.

Subramanian, Guhan: *Negotiauctions. So gewinnen Sie mit neuen Verhandlungsstrategien*. Übersetzt von Birgit Hofmann. Frankfurt am Main, Campus Verlag, 2012.

Ury, William: *Getting Past No. Negotiating Your Way from Confrontation to Cooperation*. New York, USA, Bantam Books, 1991.

Ury, William: *The Power of a Positive No. How to Say No and Still Get to Yes*. New York, USA, Bantam Books, 2007.

Voss, Chris mit Raz, Tahl: *Kompromisslos verhandeln: Die Strategien und Methoden des Verhandlungsführers des FBI*. Übersetzt von Almuth Braun. München, Redline Verlag, 2017.

Register

Über die Autorin

Jutta Portner lebt am Starnberger See und ist Geschäftsführerin von C-TO-BE. THE COACHING COMPANY. Als Business Coach und Management-Trainerin ist sie seit über 20 Jahren vor allem für Unternehmen aus der Automobilindustrie und der chemischen Industrie sowie für Banken und Unternehmen der Luft- und Raumfahrttechnik tätig. Als Verhandlungsberaterin und Ghost Negotiator berät sie Geschäftsführer:innen vor und während anspruchsvoller Verhandlungen. Das Internationale Managementprogramm des Deutschen Wirtschaftsministeriums unterstützt sie seit 2011 als Verhandlungstrainerin. Dort hat sie interkulturelle Erfahrung mit Teilnehmenden aus 21 Nationen gesammelt. Als Keynote Speakerin unterhält sie auf Kunden- und Lieferanten-Workshops. Ihre große Leidenschaft ist das Schreiben. Dabei geht es immer nur um eins, um VERHANDELN.

Das letzte Wort

Sie haben eine schwierige Verhandlung vor sich? Sie stecken mitten in einem festgefahrenen Prozess? Ihre nächste Gehaltsverhandlung steht an? Sie geraten immer wieder in Sackgassen und wissen nicht, wie Sie da herauskommen? Sie wünschen sich Feedback zu Ihrem persönlichen Verhandlungsverhalten? Oder Sie möchten Ihre Mitarbeitenden fit machen für anstehende virtuelle Verhandlungen?

Dann sind Sie bei C-TO-BE. THE COACHING COMPANY richtig. Nehmen Sie Kontakt mit uns auf, wir helfen Ihnen gerne weiter. Wir freuen uns auf Ihre Anfrage!

Jutta Portner

Kontakt

C-TO-BE. THE COACHING COMPANY
Jutta Portner (Inhaltliche Ansprechpartnerin)
Agnes Kosmalski / Lisa Portner (Organisation und Koordination)
Seeuferstraße 59, D-82541 Münsing
Mobil: +49-172 83 16 701,
welcome@c-to-be.de,
www.c-to-be.de

Bildnachweise

Alle im Buch eingefügten Icons und Illustrationen mit freundlicher Genehmigung von Presentationload (https://www.presentationload.de). Autor:innenfotos Alexander Eichhorn, Bettina Kappe, Herbert Thaler und Wolfgang Schatz: @ privat. Autorinnenfoto Jutta Portner: @ Stefanie Aumiller.